AF532834

Hans-Joachim Rolof

Fußbodenschäden im Bild

Hans-Joachim Rolof

Fußbodenschäden im Bild

Betonböden, Estriche, Bodenbeläge, Beschichtungen

Fraunhofer IRB Verlag

Bibliografische Information der Deutschen Nationalbibliothek
Die Deutsche Nationalbibliothek verzeichnet diese Publikation in der Deutschen Nationalbibliografie;
detaillierte bibliografische Daten sind im Internet über http://dnb.d-nb.de abrufbar.
ISBN: 978-3-8167-8113-4

Herstellung/Layout: Sonja Frank
Umschlaggestaltung: Martin Kjer
Satz: zazudesign, Fluorn-Winzeln
Druck: Kösel GmbH & Co. KG, Altusried-Krugzell
Für den Druck des Buches wurde chlor- und säurefreies Papier verwendet.

Fraunhofer-Informationszentrum
Raum und Bau IRB
Postfach 80 04 69, D-70504 Stuttgart
Telefon (0711) 9 70-25 00
Telefax (0711) 9 70-25 08
E-Mail: irb@irb.fraunhofer.de
http://www.baufachinformation.de

Vorwort

Dem Auftraggeber und mithin seinem Planer und Verarbeiter stehen heute vielzählige Arten von Fußbodenkonstruktionen, Oberböden und/oder Oberflächenbehandlungen mit Versiegelungen und Beschichtungen zur Auswahl, deren Verwendung auf eine ebenso große Anzahl an unterschiedlichsten Untergründen abgestimmt sein will. Insbesondere unter dem Aspekt der Gebrauchstauglichkeit ist vor allem die spätere Nutzung von Bedeutung, welcher ein Fußboden unterliegt. Die unterschiedlichen Besonderheiten im Wohnungsbau, der gewerblichen Nutzung oder im Industriebau bedürfen ebenfalls der Beachtung. Beton-, Estrich- und Bodenbelagsarbeiten erfordern daher unabhängig von der Art des etwaigen Oberbodens größte Sorgfalt bei der Planung, Prüfung des Untergrundes, Auswahl der Materialien und dem Einbau oder der Verlegung. Schäden an Estrichen und Bodenbelägen stellen den größten Anteil an Bauschäden im Innenausbau dar. Nicht umsonst sprechen Juristen vom »Schlüsselgewerk Fußboden«. Damit nicht genug, ist auch die spätere Reinigung, Pflege und Wartung häufig ein Problem, welchem nicht immer genügend Aufmerksamkeit entgegengebracht wurde.

Mit dem vorliegenden Fachbuch sollen anhand von Fallbeispielen aus der Bauschadensforschung und der Sachverständigenpraxis typische Schadensbilder aufgezeigt werden, die sich durch sorgfältige Planung, Materialauswahl, Objektüberwachung und Achtsamkeit bei der Ausführung hätten vermeiden lassen. Das Werk soll eine Arbeitshilfe für alle Beteiligten auf dem Gebiet der Fußbodentechnik sein, Planer, Bauleiter, Anwendungstechniker und das ausführende Handwerk. Auch Sachverständige finden Erkenntnisquellen, um vorhandene Fehler zu erkennen, auch vorbeugend Schäden zu vermeiden, im Ereignisfall mögliche Ursachen zu erkennen und eine Sanierung zu planen.

Schäden in und an Gebäuden verursachen nicht zuletzt oft dem Auftraggeber hohe Kosten im Rahmen der Gewährleistungsverfolgung und Mangelbeseitigung, belasten dadurch auch die Ergebnisrechnung von Unternehmen der Bauwirtschaft durch oft unnötige Reklamationsbearbeitung und sind im Falle von Unternehmensinsolvenzen eine Kostenfalle für den Bauherrn, der die Leistung dann ein zweites Mal beauftragen muss.

An mehr als 120 Fallbeispielen werden schadhaft gewordene Betonfußböden, Abdichtungen, Estriche, Bodenbeläge oder Beschichtungen dargestellt, wobei zum Teil ausführlich auf die Entwicklung der Geschehnisse, Bauabläufe, das Bausoll und die vorzufindende Ist-Situation eingegangen wird. Im Anschluß daran finden sich auch Alternativen für Sanierungsmöglichkeiten, da es nicht immer den Königsweg gibt. An zahlreichen weiteren Schäden wird in der Kurzform über typische Schadensbilder, deren Erkennen und mögliche Ursachen sowie exemplarische Instandsetzung berichtet.

Das Fachbuch schildert die Erfahrungen aus der Tätigkeit des Autors als Sachverständiger im Rahmen der Bauschadensforschung am *iba*-INSTITUT und soll Bauschaffenden, Bauleitern und Sachverständigen eine Hilfe aus der Praxis für die Praxis bei der täglichen Arbeit sein, mit dem Ziel, möglichst das schadensfreie Bauen mehr und mehr erreichen zu können. Dabei sind Fehler anderer hier beispielhaft dargestellt, um solche teuren Erfahrungen nicht selbst machen zu müssen, nach dem Motto: Aus Fehlern anderer lernen.

Mein besonderer Dank gilt Frau Dipl.-Chem. Ulrike Bittorf, Erfurt, Herrn Dipl.-Chem. Heinz-Dieter Altmann, Niedersachswerfen, Herrn Uwe Bauer, Weinheim, Herrn Dr. Rolf Diemer, Abstatt, Herrn Dipl.-Ing. Heiko Eckhardt, Stuttgart, Herrn Uwe Elvert, Düsseldorf, Herrn Dipl.-Phys. Oliver Erning, Troisdorf, Herrn Martin Kupka, Fulda, Herrn Dipl.-Chem. Ingo Niedner, Alzenau, Herrn Norbert Strehle, Koblenz, Herrn Dipl.-Ing. (FH) Dirk Übelhör, Bretten, Herrn Dipl.-Kfm. Jürgen Wagner, Haan, Herrn Volker Weismann, Bietigheim-Bissingen, Herrn Stephan Winkler, Frankenthal und Herrn Dr. Roland Wahl, Hamm, Herrn Dipl.-Eng. Till Weikert, Stuttgart, für die kritische Durchsicht und wertvollen Anmerkungen vor der Veröffentlichung.

Nicht zuletzt ist Dank zu sagen an die vielen fleißigen Hände im *iba*-INSTITUT, die bei der täglichen Arbeit unterstützend wirken, damit überhaupt Zeit ist, ein Werk wie das vorliegende erstellen zu können. Deshalb danke ich insbesondere meiner Geschäftspartnerin im Institut, Frau Dipl.-Ing. (FH) Annette Gottfried und allen Kollegen sowie Mitarbeitern, insbesondere Herrn Dipl.-Ing. (FH) Nils Alfringhaus und Herrn Venu Vayalil.

Gerne freut sich der Autor über Zuschriften und Meinungen der Leser zu den dargestellten Fallbeispielen und ist für konstruktive Kritik dankbar.

Koblenz, im Januar 2010
Hans-Joachim Rolof

Inhaltsverzeichnis

1 Industrieböden

1.1 Betonboden mit Hartstoff-Verschleißschicht

1.1.1 Neubau eines Logistikzentrums

Sachlage

Im Neubau eines Logistikzentrums (Frachthalle mit circa 12.000 m^2) war als Bausoll eine erdreichangrenzende Bodenplatte aus Stahlbeton auf Polyethylen-Folie (PE-Folie) mit Hartstoff-Verschleißschicht (vertraglich geforderte Einstreumenge: 6 kg/m^2) und Curing-Mittel als Oberflächenbehandlung vereinbart worden.

Abb. 1.1: Ein Betonboden mit Hartstoff-Verschleißschicht ist als Bausoll für dieses Logistikzentrum vereinbart worden.

Schadensbild/Ist-Zustand nach fünf Jahren

- erhebliche Abnutzung an der Oberfläche
- Rissbildungen und Rissmarkierungen
- durch Verschleiß auch Glätte und behauptete Unfallgefahr

Ursachenforschung

- Prüfung der Gleitreibung mit mobilem Prüfgerät
- Bohrkernentnahme (zehn Stück, statistisch verteilt)

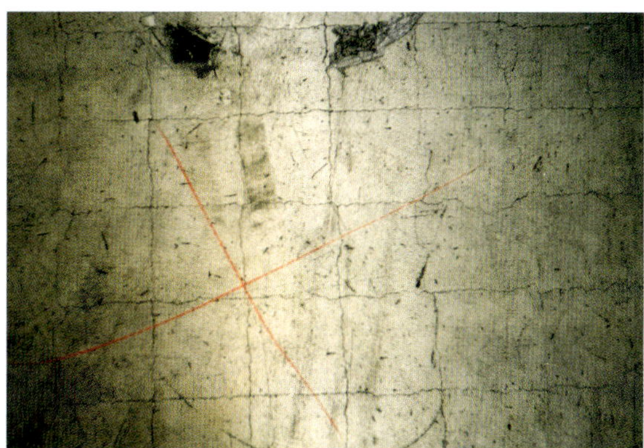

Abb. 1.2: Der Boden zeigt ein gitternetzförmiges Rissbild (Rissbreite 0,2 mm).

- Prüfung der Dicke von Stahlbeton und Verschleißschicht, Lage und Durchmesser des Bewehrungsstahls, Betonüberdeckung
- Analytik der Hartstoff-Verschleißschicht (Gemisch und Anteil an Hartstoff) nach DIN 1100

Abb. 1.3: Zur Ursachenforschung werden zehn Bohrkerne entnommen.

Ergebnis

- Bodenplatte aus Stahlbeton auf PE-Folie
- Bohrkerne: Dicke 15 – 19,5 cm, Durchmesser der Bewehrung 8,0 mm

Abb. 1.4: Die Gleitreibungsprüfung mit mobilem Prüfgerät gibt weitere Aufschlüsse.

- Betonüberdeckung an Bohrkernen 7,0 - 22 mm bis 65 - 78 mm
- Hartstoff-Verschleißschicht: Dicke 3,0 - 9,0 mm
- Hartstoffgemisch aus Quarz und Kalkstein sowie Basalt (A-Hartstoff) und Korund (KS-Hartstoff)
- Annahme zur resultierenden Schichtdicke: bei Rohdichte der Hartstoff-Verschleißschicht von 2500 kg/m^2 = circa 2,4 mm bei 6 kg/m^2 Einstreumenge
- Ermittlung der Bewertungsgruppe der Rutschgefahr (R-Wert) vor Ort nicht möglich

Ursachen

- Risse im Stahlbeton: unterschiedliche Dicke der Bodenplatte, dadurch Verzahnung mit dem Planum, freie Längenänderung auf der PE-Folie als Gleitlager behindert; zu geringe Betonüberdeckung, daher gitternetzförmige Risse bis in die Hartstoff-Verschleißschicht oberhalb der Bewehrung
- unterschiedliche Dicke und Einbringmenge der Hartstoff-Verschleißschicht, dadurch differierende Trocknungszeiten und -spannungen
- glatte Oberfläche durch Curing-Mittel, fragliche Reinigung und Pflege, Abrieb

Bewertung

- Betonüberdeckung nach DIN 1045 in der zum Zeitpunkt der Ausführung gültigen Ausgabe (Juli 1988) stellenweise zu gering (Anforderung Nennmaß bei d = 8,0 mm: nom_c = 20 mm)
- Festlegung der Hartstoff-Verschleißschicht nach DIN 18 560-7 in der zur Ausführung gültigen Fassung: Flurförderzeuge auf Bereifungsart prüfen
- für Vulkollan und Gummi Beanspruchungsgruppe II (mittel), Tabelle (1) der DIN 18 560-7, Hartstoff-Verschleißschicht nach ZE 65 A Nenndicke ≥ 10 mm und bei ZE 65 KS Nenndicke ≥ 5,0 mm. Damit war die vorgefundene Dicke zu gering
- Tritt- und Begehsicherheit nur bedingt gegeben (μ-Wert 0,33 - 0,37) - beachte: Curingmittel auf Oberfläche und Art der Reinigung!
- *prüfen:* Vorgabe der Berufsgenossenschaftlichen Regel (BGR) 181 hier nicht anzuwenden, da Boden in einer Frachthalle keiner erhöhten Rutschgefahr unterliegt, er muss aber sicher begehbar sein (Unfallverhütungsvorschriften)

Maßnahmen

Zur Herstellung einer tritt- und begehsicheren Oberfläche können dem Grundsatz nach drei Maßnahmen ergriffen werden:

- mechanisches Aufrauen der Oberfläche der glatten Hartstoff-Verschleißschicht
- oder Nachbehandlung durch Ansäuern oder Fluatieren, Abtragen des Curing-Mittels
- oder rutschhemmende Ausstattung durch rissüberbrückendes, abriebfestes Oberflächenschutzsystem (sichere Begehbarkeit gefordert, aber Verschleiß von Antriebsrädern gering halten, Aufladung durch Flurförderzeuge beachten: gegebenenfalls Ableitfähigkeit erforderlich!)

Wegen der zu geringen Dicke der Verschleißschicht (beachte Bausoll) ist theoretisch eine neue Hartstoff-Verschleißschicht einzubringen - alternativ sonst eine Minderung anzusetzen.

1.1.2 Sanierung eines Warenlagers (Kühlraum)

Sachlage

Zur Sanierung eines Warenlagers (Kühlraum für Salat und Gemüse) mit insgesamt 400 m² Fläche sollte auf der bestehenden erdreichangrenzenden Betonbodenplatte auf 200 m² eine 20 cm dicke, flügelgeglättete Stahlbetonplatte mit Hartstoff-Verschleißschicht auf Trennlage ausgebildet werden.

Etwa 100 m² der bestehenden Betonbodenplatte waren unterkellert. Dort wurde die besagte Stahlbetonplatte im Verbund auf der Kellerdecke eingebracht. Wegen unterschiedlicher Höhen der Kellerdecken wurde der neu einzubringende Boden aus dem gleichen Transportbeton schließlich auf den übrigen 100 m² zum Höhenausgleich als 3,0 cm dicker Verbundestrich verlegt. Eine Fugenplanung wurde nicht erstellt, Fugenschnitte waren vorhanden.

Bereits elf Tage nach dem Betonieren wurde der Kühlraum wieder in Betrieb genommen und durch einen Kälteverdampfer auf + 4 °Celsius zur Lagerung von Rohware dauerhaft abgekühlt.

Schadensbild/Ist-Zustand nach sechs Monaten

- krakeléeartige Rissbildungen (0,1 - 0,2 mm) und gerichtete Risse (1,0 - 3,0 mm)

Abb. 1.5: In der Geschossdecke zeigt sich ein Y-förmiger Rissverlauf (Rissbreite 0,1 - 3,0 mm).

Abb. 1.6: An der Decke des Kellerraums wird ein Riss mit Ausblühungen, Stalaktiten und Rostfahnen festgestellt.

Abb. 1.7: Der Riss verläuft im 90°-Winkel zur Scheinfuge.

Ursachenforschung

- Messung der Rissbreiten, Kartierung der Rissverläufe
- Bohrkernentnahme (sechs Stück, statistisch verteilt)
- *Prüfung:* Dicke des Stahlbetons, Lage und Durchmesser des Bewehrungsstahls, Betonüberdeckung

Abb. 1.8: Bohrkernentnahmen zeigen: Durch den gesamten Querschnitt haben sich Risse gebildet, außerdem wirkt die Scheinfuge als Sollbruchstelle.

Ergebnis

- kein Bewehrungsstahl, sondern Stahlfasern vorhanden. Daher Prüfung des Fasergehalts nach DIN EN 14721, Verfahren A-Festbetonprobe
- Risse durch den gesamten Querschnitt des neuen Betonbodens

Ursachen

- Risse im Beton: fehlende Nachbehandlung (Abdecken, Aufsprühen eines Curing-Mittels, u. a.), zu schnelles Abkühlen des jungen Betons durch Inbetriebnahme des Kühlraums elf Tage nach dem Betonieren, zu frühe Belastung des in der Erhärtung verzögerten Betons mit Flurförderzeugen, unterschiedliche Bodenaufbauten und Schichtdicken, unzureichende Anordnung von Fugen/fehlende Fugenplanung

Bewertung

- Stahlfasergehalt ausreichend, Stahlfasern jedoch nur 16 mm lang mit einem Durchmesser von 0,5 mm.
  Üblich: 60 mm Länge und 1,0 mm Durchmesser
- die verwendeten Feinstahlfasern waren zum Zeitpunkt der Ausführung nicht bauaufsichtlich zugelassen
- ein dauerhaft völlig rissfreier Beton ist technisch nicht herstellbar, durch Bewehrung kann die Rissbreite nur begrenzt werden
- eine Belastung mit Flurförderzeugen sollte bei üblichen Betonrezepturen erst nach ausreichender Erhärtung des Betons (in der Regel 28 Tage) erfolgen
- niedrige Temperaturen verlangsamen chemische Reaktionen – auch die Erhärtung von Beton. Daher sollte eine Nachbehandlung zum Beispiel durch Abdecken mit Strohballen erfolgen, damit – wie im vorliegenden Fall – eine gewollte Abkühlung erst nach ausreichender Erhärtung stattfindet. Andernfalls bedarf es spezieller Betonzusatzmittel zur Beschleunigung der Betonerhärtung

Maßnahmen

Zur Sanierung können die Risse im Beton mit 2K-Reaktionsharz kraftschlüssig verharzt werden (verpressen und querverdübeln). Die Bewegungsfugen sind mit überfahrbaren Fugenprofilen auszubilden, die auf die Belastung durch die Flurförderzeuge abzustimmen sind.

Die Vorgaben der Berufsgenossenschaftlichen Regel (BGR) 181 für Kühlräume (unverpackte Ware) müssen beachtet werden. Hier ist die Anforderung an die Bewertungsgruppe der Rutschgefahr R 12 einzuhalten. Zur Erzielung der Rutschhemmung sind mechanisches Aufrauen der Oberfläche der glatten Hartstoff-Verschleißschicht, Nachbehandlung durch Ansäuern bzw. Fluatieren oft nicht ausreichend. Dann ist ein spezieller Oberboden zu planen, z. B. ein rutschhemmendes, rissüberbrückendes und abriebfestes Oberflächenschutzsystem.

Als Problem ist zu betrachten, dass die neue Stahlbetonplatte auf Trennlage auf einer bestehenden alten Bodenplatte eingebracht wurde. Somit kann nicht ausgeschlossen werden, dass der Nutzer unnötig viel Energie aufwenden muss, die Kühlung auf + 4 °C aufrecht zu erhalten. Eine solche energetische Betrachtung war jedoch nicht Gegenstand der Untersuchung.

1.2 Versiegelung/ Imprägnierung auf Beton

1.2.1 Imprägnierung auf flügelgeglättetem Beton mit Hartstoff-Einstreuung

Sachlage

Im Neubau einer Produktionshalle für die Kunststoff-Verarbeitung (circa 3000 m^2) sollte eine Betonbodenplatte auf PE-Folie mit Einstreuung eines pigmentierten Hartstoff-Zement-Gemisches als Hartstoff-Verschleißschicht hergestellt werden.
Für die Gestaltung war eine hellgraue Betonoberfläche im RAL-Farbton 7035 (lichtgrau) durch den Bauherrn gefordert und vertraglich vereinbart worden. Die darüber hinaus geforderte leichte Reinigungsfähigkeit der Betonoberfläche sollte durch das Aufbringen einer transparenten Früh-Imprägnierung (Basis 2K-EP, wässrig) erreicht werden.

Schadensbild/Ist-Zustand zur Abnahme

- milchig-weiße Fleckenbildungen und Marmorierungen
- Wolkenbildungen
- Glanzgradunterschiede
- Abplatzungen der Imprägnierung

Abb. 1.9: Changierendes Oberflächenbild: Durch das Flügelglätten ist die pigmentierte Hartstoff-Verschleißschicht mit dem Beton vermischt worden.

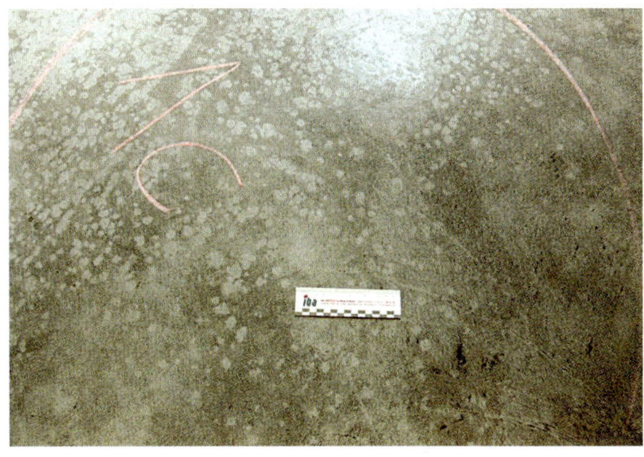

Abb. 1.10: Die Imprägnierung zeigt partielle Hohlleger und punktuelle Fleckenbildungen.

Abb. 1.11: Marmorierte Oberfläche: Durch Schichtdickenunterschiede und Bindemittelanreicherungen zeigen sich milchig-weiße Verfleckungen.

Abb. 1.12: Durch anwendungstechnologische Probleme bei der Applikation ist die Imprägnierung abgeplatzt.

Ursachenforschung

- Vergleich mit RAL-Farbtonfächer
- Gitterschnittprüfungen und/oder Tape-Tests in Anlehnung an DIN EN ISO 2409
- Prüfung des Saugverhaltens durch Benetzungstest

Abb. 1.13: Die Gitterschnittprüfung zeigt, dass die Imprägnierung einen sehr schlechten Haftverbund zum Untergrund besitzt.

Ergebnis

- dunkelgraue bis anthrazitfarbene Oberfläche des Betons mit Hartstoff-Verschleißschicht, die nur partiell dem geforderten RAL-Farbton 7035 (lichtgrau) entspricht
- changierendes Oberflächenbild durch Farbtonunterschiede und milchig-weiße Fleckenbildungen und Marmorierungen
- Gitterschnittkennwerte: überwiegend Gt 3T bis Gt 4T, das heißt: schlechtes bis sehr schlechtes Haftvermögen (Bewertung nach BFS-Merkblatt Nr. 20 – Bundesausschuss Farbe und Sachwertschutz e. V.). Bei den durchgeführten Tape-Tests haftete die Imprägnierung vollflächig an der Rückseite des Tapes an
- Saugverhalten eingeschränkt, die hydrophobierende Eigenschaft der Imprägnierung war gegeben
- aufgrund der vom Hersteller angegebenen Verbrauchsmengen können Schichtdicken von über 100 µm resultieren. Daher ist analog zu den normativen Vorgaben in der DIN 18 353, Abschnitt 3 »Ausführung«, Punkt 3.2.7, für Schutzschichten auf Estrichen und Beton statt einer porenschließenden Imprägnierung also vielmehr von einer schichtbildenden Versiegelung auszugehen, auch wenn der Hersteller das Produkt als Imprägnierung auslobt

Ursachen

- Wolken- und Fleckenbildungen, Abplatzungen: Aufbringen der Versiegelung zehn bis 16 Tage nach dem Betonieren, dadurch zu hoher Restfeuchtegehalt des Betons. Kein Aufrauen der Oberfläche zur Aufnahme einer Imprägnierung durchgeführt. Bindemittelanreicherungen und Pfützenbildungen führen zu unterschiedlichen Schichtdicken, die sich als Wolkenbildungen darstellen. Ungeeignete raumklimatische Verhältnisse während der Applikation und Trocknung. Keine ausreichende Belüftung, dadurch Durchtrocknungsstörungen der Versiegelung
- Farbtonunterschiede: Durch das Flügelglätten wird die pigmentierte Hartstoff-Verschleißschicht mit den im darunter befindlichen Beton enthaltenen Bestandteilen (Eigenfarbton der verwendeten Zementsorte und Sande verschiedener Körnungen) mehr oder weniger intensiv vermischt. Dadurch werden auch Bestandteile aus dem Beton (Zementleim als Haftvermittler und andere) mit an die Oberfläche der Hartstoff-Verschleißschicht getragen und können sich dort mit der Hartkornmischung und den Pigmenten beziehungsweise dem Zement vermischen. Dieser Vorgang lässt sich nicht gezielt steuern, und das Ergebnis ist somit vom Zufall abhängig. Dadurch bedingt ist eine changierende Farbgebung unterschiedlicher Grautöne, die einhergeht

mit einer gewissen Wolkenbildung an der Oberfläche der Hartstoff-Verschleißschicht

Bewertung

- es war kein ausreichendes Haftvermögen der Imprägnierung gegeben, die partiell Hohlleger aufzeigte und abplatzte
- die Oberfläche des Industriefußbodens war mehrheitlich dunkelgrau bis anthrazitfarben und demnach deutlich dunkler hergestellt worden als im gewünschten RAL-Farbton 7035 (lichtgrau). Sie entsprach damit nicht dem vereinbarten Bausoll

Maßnahmen

Ein gleichmäßiger Farbton, wie dieser vom Bauherrn gewünscht und auch vertraglich vereinbart war, lässt sich im Nachhinein nur noch durch den vollflächigen Abtrag der Imprägnierung und der Hartstoff-Verschleißschicht bis auf die oberflächennahe Randzone des Betons sowie den Auftrag einer pigmentierten Beschichtung aus Reaktionsharz herstellen. Es wäre empfehlenswert gewesen, wenn der Auftragnehmer hier rechtzeitig seine schriftlichen Bedenken vorgetragen hätte, um die entstehenden, unvermeidlichen Mißverständnisse hinsichtlich des Farbtons zu vermeiden.

1.3 Beschichtungen auf Betonböden

1.3.1 Gewässerschutz und Säureschutzbau

1.3.1.1 Beschichtung nach Wasserhaushaltsgesetz in einer Abwasserbehandlungsanlage

Sachlage

In der neu erbauten Abwasserbehandlungsanlage einer Galvanik (circa 1400 m^2) wurde auf die neue, erdreichangrenzende Bodenplatte (Ortbeton mit konstruktiver Bewehrung) eine Beschichtung nach § 19 Wasserhaushaltsgesetz (WHG), (Basis 2K-EP, lösemittelfrei), appliziert.
Die Bodenplatte wurde in zwei Betonierabschnitten eingebaut. Vor Ausführung der Beschichtungsarbeiten wurden durch den Auftragnehmer Fugenschnitte im Raster (alle 6,0 m) vorgenommen und anschließend verharzt.

Abb. 1.14: Auf die Bodenplatte der Abwasserbehandlungsanlage war eine Beschichtung nach § 19 Wasserhaushaltsgesetz aufgebracht worden.

Schadensbild/Ist-Zustand nach zwei Jahren

- gerichtete Rissbildung oberhalb der Arbeitsfuge zwischen den Betonierabschnitten (0,5 – 1,6 mm breit)
- Risse, Falten und Enthaftungen der WHG-Beschichtung am Sockel aufgehender Bauteile (Wände, Stützen und so weiter)

Ursachenforschung

- Bohrkernentnahme (fünf Stück, statistisch verteilt)

Ergebnis

- Riss oberhalb der Arbeitsfuge verläuft durch den gesamten Querschnitt der Bodenplatte
- Raumfuge zwischen Bodenplatte und aufgehenden Bauteilen ist mit circa 5,0 mm breitem Stellstreifen versehen
- die Raumfugen wurden jedoch nicht in die Beschichtung übernommen, sondern durch Ausbildung einer Dreieckkehle mit Kunstharzmörtel überarbeitet

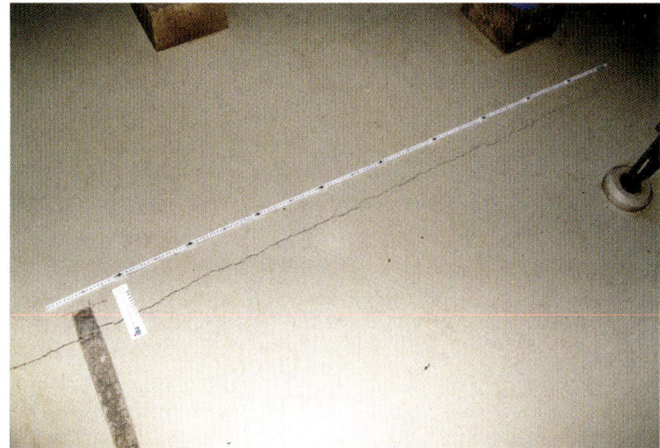

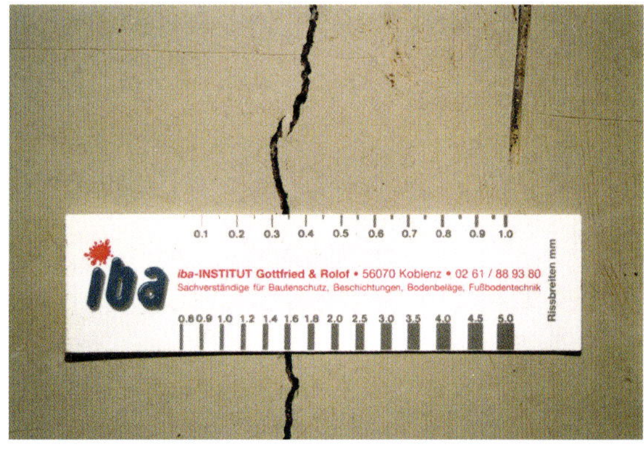

Abb. 1.15 und 1.16: Oberhalb der Arbeitsfuge zwischen den Betonierabschnitten ist ein gerichteter Riss festzustellen.

Abb. 1.17: Die Bohrkernentnahme belegt: Der »Riss« beziehungsweise die Arbeitsfuge ist über den gesamten Querschnitt vorhanden.

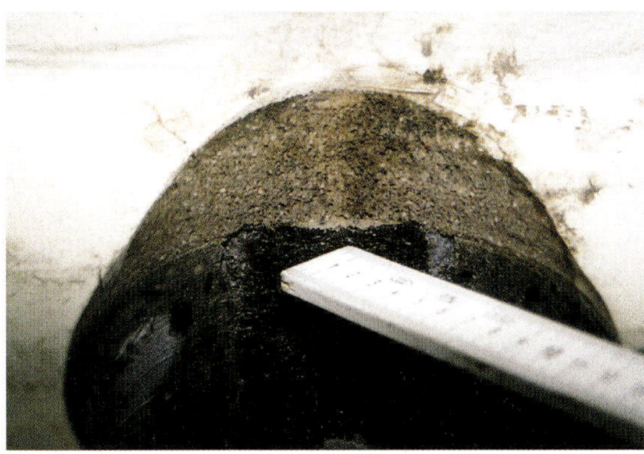

Abb. 1.18 und 1.19: Raumfugen mit Stellstreifen sind vorhanden, sie waren jedoch kraftschlüssig mit einer Dreieckkehle aus Kunstharzmörtel geschlossen worden.

Abb. 1.20 und 1.21: Angrenzend zu aufgehenden Bauteilen zeigt die Beschichtung Risse, Falten und Enthaftungen.

Ursachen

- Nichtbeachtung und fehlendes kraftschlüssiges Verharzen der Arbeitsfuge (zur freien Längenänderung durch Kriechen und Schwinden des jungen Betons)
- durch Ausbildung einer Dreieckkehle zwischen Bodenplatte und Wandbildner mit Kunstharzmörtel und anschließende Beschichtung ist ein kraftschlüssiger Verbund hergestellt worden. Wegen behinderter Längenänderung der Bodenplatte kommt es zu Rissen, Falten und Enthaftungen der Beschichtung in diesem Bereich
- fragliche Untergrundvorbehandlung der Wandflächen
- Fugen in Betonböden sind wie folgt auszubilden und zu behandeln:

Fugenart	Funktion
Pressfugen (Arbeitsfugen)	- Entstehung durch das Anbetonieren an die ausgeschalte Stirnseite des vorherigen Feldes beziehungsweise der Längsseite der vorherigen Bahn - Anordnung beim Betonieren in Bahnen oder Feldern zur Begrenzung der Plattenlänge und -breite als Längsfuge - Anordnung beim Betonieren in Feldern als Querfuge - beim Betonieren in Bahnen werden Pressfugen in Längsrichtung angeordnet - beim Betonieren in Feldern entstehen ausschließlich Pressfugen - Pressfugen trennen die Betonplatte über die gesamte Dicke - Pressfugen bieten keinen Raum zur Ausdehnung des Betons - Pressfugen müssen kraftschlüssig geschlossen werden - Pressfugen sind erst nach Abschluss des Schwindvorgangs ohne Bewegung
Scheinfugen	- als Kerbe nur im oberen Bereich der Betonplatte durch Einschneiden (Kerbschnitt circa 1/4 bis 1/3 der Plattendicke) - Scheinfugen bewirken gerichtete Rissbildung im Betonquerschnitt unterhalb des Kerbschnitts - Kerbschnitt kann offen bleiben, muss in den meisten Fällen jedoch mit Kunstharz kraftschlüssig vergossen werden (Vermeidung von Kantenausbrüchen, nachfolgende Beschichtung, hygienische Anforderungen und anderes) - Anordnung beim Betonieren in Bahnen oder Feldern zur Begrenzung der Plattenlänge als Querfuge - Anordnung beim großflächigen Betonieren als Längsfuge - beim Betonieren in Bahnen werden Scheinfugen in Querrichtung angeordnet - Scheinfugen sind erst nach Abschluss des Schwindvorgangs ohne Bewegung - Scheinfugen sind in Abständen von 6,0 – 8,0 m Seitenlänge anzuordnen, bei Betonplatten sind dabei quadratische Felder anzustreben
Raumfugen (Dehnfugen)	- in der Fläche nur in seltenen Fällen notwendig (zum Beispiel zur Berücksichtigung unterschiedlicher Setzung durch verschiedene Auflasten oder Untergrundverhältnisse) - Raumfugen unterteilen die Betonplatte über die gesamte Dicke - sie dienen nicht zur Unterteilung der Fläche - sie sind stets erforderlich zur Trennung von anderen Bauteilen (aufgehende Bauteile, Einbauten wie beispielsweise Bodenabläufe und anderes) - Bewegungsmöglichkeit muss in nachfolgende Schichten übernommen werden

Bewertung

- der nach dem Wasserhaushaltsgesetz (WHG) geforderte Grundwasserschutz ist durch die schadhafte Beschichtung nicht mehr gegeben
- bei dem Riss entlang der Arbeitsfuge handelt es sich um eine Scheinfuge, die (auch gemäß Fugenplan des Gebäudes) vor Ausführung der Beschichtung der Bodenplatte hätte eingeschnitten und anschließend kraftschlüssig verschlossen werden müssen (zum Beispiel mit niedrigviskosem Reaktionsharz , z. B. Verpressen und Überschuss Abstreuen mit feuergetrocknetem Quarzsand während der Abbindereaktion)

Maßnahmen

Zunächst sind die Behälter und Anlagen zu demontieren. Die Beschichtung muss in Abhängigkeit der Schichtdicke durch Abfräsen und/oder ein- oder mehrmaliges Kugelstrahlen (gegebenenfalls im Kreuzgang) bis auf die tragfähige Oberfläche der Bodenplatte entfernt werden. Die Haftzugfestigkeit der mechanisch vorbehandelten Fußbodenkonstruktion sollte Messwerte $> 1{,}5\ N/mm^2$ aufzeigen.

Anschließend kann eine neue Beschichtung nach geeigneter Untergrundvorbehandlung (Verschließen von Rissen, gegebenenfalls Kratzspachtelung, je nach Rautiefe der Bodenplatte nach dem Kugelstrahlen) in den für das ausgewählte System erforderlichen Arbeitsschritten (Grundierung, Absanden, Schlussbeschichtung) appliziert werden.

Die Beschichtung ist von den aufgehenden Bauteilen und/oder Durchdringungen zu entkoppeln, die Hohlkehlen durch Stellstreifen hiervon zu trennen (Raumfugen) und mit elastischen, spritzbaren Fugendichtstoffen abzudichten (Wartungsfuge!). Der spritzbare elastische Fugendichtstoff muss gegen die anfallenden Medien chemisch beständig sein. Dabei muss die Höhe der Beschichtung an den aufgehenden Bauteilen auf das erforderliche Volumen der als Auffangwanne fungierenden Beschichtung abgestimmt sein.

Für die gesamte Ausführung der Beschichtung sind die Vorgaben des Herstellers und/oder die Vorgaben der jeweiligen systemspezifischen Allgemeinen bauaufsichtlichen Zulassung (AbZ) zwingend zu beachten!

Für galvanische Betriebe sind die Vorgaben der Berufsgenossenschaft für die Ausstattung der Oberfläche der Beschichtung zu beachten, damit eine ausreichende Tritt- und Begehsicherheit der beschichteten Bodenplatte für die Mitarbeiter des Nutzers gegeben ist. Nach den Vorgaben der Berufsgenossenschaftlichen Regel (BGR) 181 gilt für Galvanikbetriebe und/oder Abwasserbehandlungsanlagen eine Anforderung an die Bewertungsgruppe der Rutschgefahr von R 12.

Es ist zu prüfen, ob nach dem bauherrenseitigen Beanspruchungsprofil und/oder den Vorgaben der Genehmigungsbehörden eine (ab-)leitfähige Gewässerschutzbeschichtung erforderlich wird.

1.3.1.2 Beschichtung nach Wasserhaushaltsgesetz in einer Druckerei

Sachlage

Auf der erdreichangrenzenden Bodenplatte aus Stahlbeton (auf PE-Folie) in einer neu erbauten Druckerei mit circa 1000 m^2 Grundfläche wurde eine Reaktionsharz-Beschichtung nach § 19 Wasserhaushaltsgesetz (WHG), (Basis 2K-EP, lösemittelfrei), aufgebracht.

Schadensbild/ Ist-Zustand rund anderthalb Jahre nach Abnahme

- Blasenbildung in der Beschichtung

Abb. 1.22: Nach nur anderthalb Jahren ist die Beschichtung ein flächiger Blasenteppich.

Ursachenforschung

- Bohrkernentnahme zur Überprüfung der Schichtdicken
- Messung des pH-Wertes des flüssigen Blaseninhalts
- Stempelhaftzugprüfungen in Anlehnung an DIN EN ISO 4624
- orientierende, elektrische Feuchtemessung des Betons vor Ort
- gravimetrische Bestimmung des Feuchtigkeitsgehalts des Betons (zerstörende Prüfung/Darrmethode) im Labor
- lichtmikroskopische Untersuchung der Bohrkerne (Accutom-Schnitt und Querschliff) zur Bestimmung der Schichtenfolgen und Schichtdicken der WHG-Beschichtung
- Flugzeit-Sekundärionen-Massenspektroskopie (TOF-SIMS), ESEM/EDX-Analyse zur hochauflösenden Abbildung und Elementaranalyse des Blaseninhalts

Abb. 1.23: Typisches Bild: Hohe Werte der Haftzugfestigkeit – der Haftverbund ist nicht flächig, sondern punktuell im Bereich der Blasen gestört.

Ergebnis

- zahlreiche Blasen in der Beschichtung mit Durchmesser 10 – 20 mm und hochalkalischer Flüssigkeit gefüllt (pH 12)
- Haftzugfestigkeit zwischen 3,10 und 5,01 N/mm^2
- Feuchtigkeit des Betons (Darrmethode an zwei Bohrkernen): 4,35 – 5,25 Gewicht-Prozent in 20 mm Tiefe, in tieferen Zonen trockener
- herstellerseitig vorgegebene Schichtdicken sind eingehalten worden, zusätzlich sind zwingend die Vorgaben zur Ausführung der Allgemeinen bauaufsichtlichen Zulassung durch das DIBt zu beachten

Abb. 1.24: Vorsicht beim Einstechen von osmotischen Blasen: Die hochalkalische Flüssigkeit steht unter Druck!

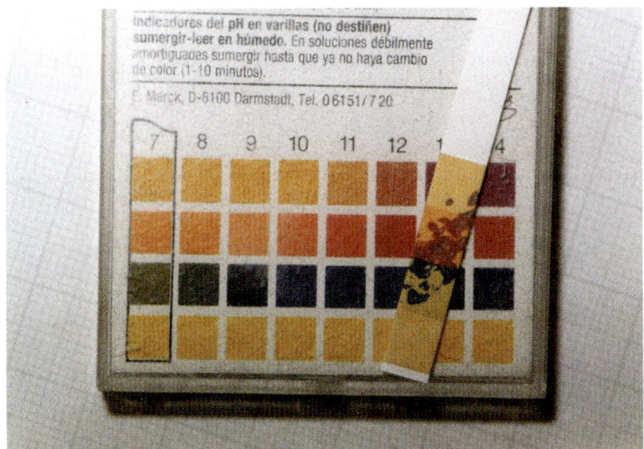

Abb. 1.25: Der Test beweist: Die Blasenflüssigkeit besitzt einen pH-Wert von 12.

Ursachen

- hygroskopisch wirkende anorganische Verunreinigungen in Form von salzartigen Verbindungen auf der Oberfläche der Bodenplatte
- wasserlösliche organische Bestandteile der zweikomponentigen, lösemittelfreien Grundierung auf der Oberfläche des Betons (z. B. Aromaten, Nonylphenol, Alkohole; Nachweis durch TOF-SIMS), die osmosefördernd wirken können
- nicht ausgeschlossen werden kann, dass nicht reagierte aminische Bestandteile der Härterkomponente der Grundierung auf der Oberfläche der Bodenplatte verblieben sind.
  Anmerkung: Es muss differenziert werden zwischen Aminen, die während der Aushärtung aus dem EP-System diffundieren können, und solchen Aminen, die infolge von Mischfehlern oder ungeeigneten klimatischen Bedingungen während der Applikation nicht an der Reaktion teilnehmen können
- Perforierung der Grundierung durch den Abstreusand bei gleichzeitigem Unterschreiten der Mindestschichtdicke (Nachweis durch lichtmikroskopische Untersuchung)
- nicht auszuschließen ist auch, dass eine Blasenbildung in der Grenzfläche zwischen der Grundierung und der Beschichtung als solcher stattfindet, die dann zusätzlich zu den oben genannten Faktoren gegebenenfalls durch eine nicht ausreichend alkalibeständige Beschichtung und/oder infolge löslicher Bestandteile in der Beschichtung (zum Beispiel Propylencarbonat, Benzylalkohol) beziehungsweise nicht reagierte wasserlösliche Bestandteile ausgelöst werden kann
- bei ausreichendem Feuchtigkeitsangebot kann sich unter einer praktisch dampfdichten Beschichtung dabei ein osmotischer Druck aufbauen, sodass es zur Blasenbildung in der Beschichtung kommt, wenn der osmotische Druck der Flüssigkeit größer ist als der Haftverbund der Beschichtung zum Untergrund, wobei die Steifigkeit der Beschichtung der Blasenbildung entgegenwirkt

Bewertung

- als Osmose bezeichnet man die einseitig gerichtete Diffusion von Flüssigkeiten durch eine halbdurchlässige (semipermeable) Membran/Trennwand zum Zwecke des Konzentrationsausgleichs, wenn sich auf beiden Seiten einer solchen Membran/Trennwand Lösungen mit unterschiedlichen Konzentrationen befinden, das heißt ein Konzentrationsgefälle besteht. Voraussetzung für die Osmose ist dabei, dass die Membran/Trennwand nur für das Lösungsmittel durchlässig ist, nicht aber für den darin gelösten Stoff
- durch den Konzentrationsausgleich zur Herstellung des osmotischen Gleichgewichts kann es zur Erhöhung des Flüssigkeitsvolumens auf der Seite der Membran/Trennwand mit der höheren Konzentration kommen. Dabei entsteht ein osmotischer Druck, der zu Ablösungen beziehungsweise zur Blasenbildung einer Beschichtung führen kann
- damit osmotische Blasenbildungen überhaupt entstehen können, müssen zusammengefasst alle folgenden Rahmenbedingungen zwingend gegeben sein:
- die Beschichtung muss plasto-elastisch (dehnbar) und druckdicht sein, da der Druck sonst entweichen würde und keine Blasenbildung stattfinden kann
- eine semipermeable Membran/Trennwand (Grundierung, oberflächennahe Randzone von Beton oder Estrich) muss vorhanden sein
- es müssen wasserlösliche Stoffe in der Beschichtung beziehungsweise in der Grenzfläche zum für diese Stoffe undurchlässigen Untergrund (Grundierung, oberflächennahe Randzone von Beton oder Estrich) vorhanden sein
- es muss ein Konzentrationsgefälle zwischen den beiden Seiten der halbdurchlässigen Membran/Trennwand geben
- der osmotische Druck muss (lokal) größer sein als der Haftverbund zum Untergrund, er kann dabei 2,5 N/mm^2 überschreiten
- das Vorhandensein osmotischen Drucks kann bei Öffnung der Blasen durch Einstechen oder Anschneiden veranschaulicht werden, da der Blaseninhalt dann infolge des herrschenden Drucks herausgepresst wird. Der Blaseninhalt ist in der Regel stark alkalisch (*Achtung:* Augen und Hände schützen!)
- zu prüfen ist, ob Flugasche im Beton die Osmose begünstigen konnte (Silikat-Osmose)
- im BEB-Arbeitsblatt (Bundesverband Estrich und Belag e. V.) KH-0/U ist unter Punkt 3.16 »Osmose« aufgeführt, dass sich osmotische Blasenbildungen auch bei ordnungsgemäßer Prüfung des Untergrunds und größter Sorgfalt bei der Applikation sowie der Beachtung der Herstellerangaben unter ungünstigen Umständen und in seltenen Fällen nicht völlig vermeiden lassen. Sie sind dann aber auch nicht durch den Ausführenden zu vertreten
- daher sollte in jedem Falle der Auftraggeber/Bauherr auf die mögliche Bildung von osmotischen Blasen hingewiesen werden

Maßnahmen

Ein Rezept zur absolut sicheren Vermeidung osmotischer Blasenbildungen existiert demnach nicht. Die Wahrscheinlichkeit ihrer Entstehung kann aber durch folgende Maßnahmen reduziert werden:

- Schutz der Bodenplatte vor Durchfeuchtung (Abdichtung und anderes)
- Überprüfung des Feuchtegehalts des Untergrundes, im Zweifelsfall mittels gravimetrischer Feuchtigkeitsbestimmung
- ausreichende (mechanische) Untergrundvorbehandlung

- zeitnahes Aufbringen der Beschichtung nach der Untergrundvorbehandlung (Kugelstrahlen und Absaugen nach mechanischer Untergrundvorbehandlung sowie zwischen jedem Arbeitsgang)
- Aufbringen einer Pufferzone aus (grobporiger) wasserdampfdurchlässiger Zwischenspachtelung (zum Beispiel Epoxid-Zementmörtel (ECC), 2,0 - 3,0 mm, als Alternativposition)
- Einhaltung von Mindestschichtdicken von Grundierung und Beschichtung
- Mischdauer und Mischungsverhältnisse von zweikomponentigen Systemen einhalten (Waage benutzen, Umtopfen nicht vergessen!)
- Auswahl eines diffusionsoffenen Beschichtungssystems (falls technisch sinnvoll und für die vorgesehene Nutzung hinreichend gebrauchstauglich, Chemikalienbeständigkeit beachten!)
- Verwendung eines lösemittelfreien Beschichtungssystems
- geeignetes Beschichtungssystem auswählen, das gegen Osmose nicht anfällig ist und/oder auf rückseitige Feuchteeinwirkung geprüft ist (Hersteller befragen)
- bei sinkenden Lufttemperaturen arbeiten, Taupunkt beachten

1.3.1.3 Blasenbildungen einer Beschichtung nach Wasserhaushaltsgesetz

Sachlage

In einer bestehenden Galvanik stand die Überarbeitung des Fußbodens der Abwasserbehandlungsanlage an. Dazu sollte der durch Flurförderzeuge über die Dauer der Nutzung in Mitleidenschaft gezogene Fliesenboden ausgebaut werden. Auf der erdreichangrenzenden Betonbodenplatte sollte dann eine Gewässerschutzbeschichtung (2K-EP) hergestellt werden. Das Gebäude wurde 1990 errichtet.

Abb. 1.26: In der Gewässerschutzbeschichtung haben sich Blasen gebildet.

Abb. 1.27: Flüssiger, hochalkalischer Blaseninhalt ist ein Anzeichen für osmotische Vorgänge.

Schadensbild/Ist-Zustand

- Blasenbildungen mit Durchmessern von 10 - 100 mm

Ursachen

- osmotische Blasenbildungen durch überhöhte Restfeuchtigkeit des Betonuntergrunds (vergleiche Abschnitt 1.3.1.2)
- Feuchtigkeit im Beton durch fehlende Abdichtungsmaßnahmen nach DIN 18195-6 gegen drückendes Grundwasser
- unzureichende Bestandsanalyse durch den Planer im Vorfeld der Maßnahme (fehlende Bodengutachten)

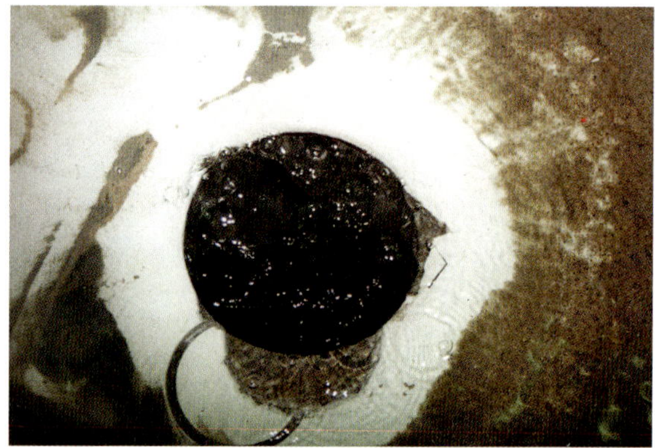

Abb. 1.28: Quelle der Feuchtigkeit im Beton: Nach Bohrkernentnahme steigt Grundwasser auf.

Maßnahmen

Durch die Blasen ist der Gewässerschutz nicht mehr gewährleistet, da diese bei Belastung (Nutzung auch durch Flurförderzeuge!) aufbrechen können. Die vorhandene Beschichtung muss daher durch ein- oder mehrmaliges Kugelstrahlen (gegebenenfalls im Kreuzgang) bis auf die tragfähige Oberfläche der Fußbodenkonstruktion entfernt werden.

Die Haftzugfestigkeit des mechanisch vorbehandelten Betons sollte Messwerte > 1,5 N/mm² aufzeigen. Dann kann eine neue Beschichtung (Gewässerschutzbeschichtung nach § 19 WHG-Wasserhaushaltsgesetz) nach geeigneter Untergrundvorbehandlung in den erforderlichen Arbeitsschritten (Grundierung, Absanden, Schlussbeschichtung) appliziert werden. Zur Vorbeugung der Osmose ist das Aufbringen einer Pufferzone aus grobporiger, wasserdampfdurchlässiger Zwischenspachtelung, zum Beispiel aus Epoxid-Zementmörtel (ECC) als Kratzspachtelung, je nach Rautiefe der Bodenplatte nach dem Kugelstrahlen, zweckmäßig.

Es sollte ein gegenüber der rückseitigen Feuchtigkeitseinwirkung geprüftes Beschichtungssystem Verwendung finden. Hierzu sollte der Hersteller der Beschichtungsmaterialien ein Prüfzeugnis nachweisen können.

Die Beschichtung der Bodenplatte ist von den umlaufenden Raumfugen der aufgehenden Bauteile und/oder Durchdringungen zu entkoppeln und die Hohlkehlen durch Stellstreifen hiervon zu trennen sowie mit elastischen, spritzbaren Fugendichtstoffen abzudichten (Wartungsfuge).

Für die gesamte Ausführung der Beschichtung sind die Vorgaben des Herstellers und/oder die Vorgaben in der jeweiligen systemspezifischen Allgemeinen bauaufsichtlichen Zulassung (AbZ) zwingend zu beachten.

Zu beachten sind ferner die Vorgaben der Berufsgenossenschaft für die Ausstattung der Oberfläche der Beschichtung, damit eine ausreichende Tritt- und Begehsicherheit der beschichteten Bodenplatte für die Mitarbeiter der Beklagten gegeben ist. Hierzu muss das Merkblatt der Berufsgenossenschaftlichen Regel (BGR) 181 Berücksichtigung finden. Danach gilt für Galvanikbetriebe und/oder Abwasserbehandlungsanlagen eine Anforderung an die Rutschhemmklasse von R12 für die jeweiligen Oberböden. Es ist zu prüfen, ob eine leitfähig eingestellte Gewässerschutzbeschichtung erforderlich ist.

1.3.1.4 Bodenbeschichtung in einer Autowerkstatt

Sachlage

Ein bestehendes Büro- und Werkstattgebäude wurde erweitert. Die Autowerkstatt wurde vergrößert und ein neuer zementärer Verbundestrich (circa 120 m²) an die alte, erdreichangrenzende Fußbodenkonstruktion (circa 180 m²) angearbeitet. Anschließend ist der Estrich nach Untergrundvorbereitung mit einer neuen Bodenbeschichtung (Bindemittel: Acrylat) versehen worden.

Nachdem das Ergebnis wegen sichtbarer bahnenförmiger Ansätze nicht zufriedenstellend gewesen ist, soll eine weitere Überarbeitung mit farbigen Einstreuchips erfolgt sein.

Abb. 1.29: Blick in eine Autowerkstatt. Bodenbeschichtungen müssen gegen anfallende Medien wie Diesel, Benzin, Öl und Schmierstoff beständig sein.

Schadensbild/Ist-Zustand

- Risse
- Ablösungen
- Erweichung der Beschichtung
- Abdrücke von Autoreifen, Schuhen und anderem

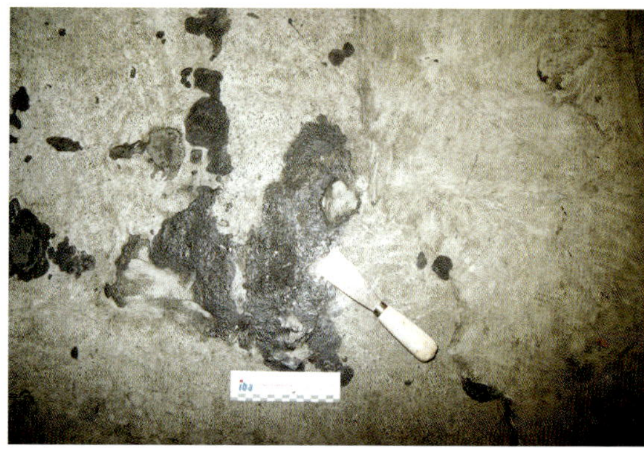

Abb. 1.30: Die Beschichtung zeigt Risse.

Ursachen

- anwendungstechnologische Problemstellungen bei der Applikation, dadurch Beschichtung nicht ausgehärtet
- fehlende Beständigkeit gegen anfallende oder in den Untergrund über die Zeitdauer der Nutzung eingewanderte Medien (Diesel, Benzin, Öl und Schmierstoff), folglich für den Anwendungszweck ungeeigneter Beschichtungsstoff

Abb. 1.31: Die Beschichtung ist an der Rückseite erweicht beziehungsweise nicht ausgehärtet und lässt sich ablösen.

Abb. 1.32: Ein Test ergibt, dass die Beschichtung durch Diesel und Benzin quillt und erweicht.

Abb. 1.33: Die Gefahr des Ausrutschens und Ausgleitens ist dadurch erhöht.

Abb. 1.34: Die erweichte Beschichtung unter den Schuhsohlen wirkt gleitfördernd.

Maßnahmen

Die schadhaft vorzufindende Bodenbeschichtung in der Autowerkstatt ist durch geeignete Maßnahmen vollständig zu entfernen (beispielsweise durch maschinelles Abschälen der nicht ausgehärteten Bodenbeschichtung und/oder mechanisch durch Fräsen). Anschließend ist auf dem entschichteten zementären Verbundestrich eine gründliche mechanische Untergrundvorbehandlung unerlässlich (zum Beispiel Kugelstrahlen, gegebenenfalls im Kreuzgang, die Haftzugfestigkeit der mechanisch vorbehandelten Fußbodenkonstruktion sollte Messwerte > 1,5 N/mm^2 aufzeigen).

Danach ist eine neue Kunstharzbeschichtungsebene herzustellen, die aus einer Grundierung, Kratzspachtelung (zur Erzielung einer ausreichenden Ebenheit nach DIN 18 202, Tabelle 3, Zeile 3) und Verschleißbeschichtung (eventuell abgestreut, mit Kopfversiegelung) bestehen kann.

Sollten in der Autowerkstatt betriebsbedingt Schmiermittel und/oder Treibstoffe verwendet werden, die einer Wassergefährdungsklasse (WGK) im Sinne des Wasserhaushaltsgesetzes (WHG) zuzuordnen sind, muss die Beschichtung für die Einwirkung solcher Medien geeignet sein. Für diesen Fall ist mit der zuständigen Unteren Wasserbehörde zu klären, ob und inwieweit die Vorgaben des § 19 WHG zu erfüllen sind, weil es sich hier gegebenenfalls um eine LAU-Anlage (Lagern, Abfüllen und Umschlagen von wassergefährdenden Flüssigkeiten) oder eine HBV-Anlage (Herstellen, Behandeln und Verwenden von wassergefährdenden Flüssigkeiten) handelt. Hierzu ist unter Umständen auch Einsicht in die Baugenehmigung zur Erweiterung der Werkstatt vorzunehmen. Ferner sind für die Beschaffenheit der neuen Kunstharzbeschichtungsebene die Vorgaben der Berufsgenossenschaft zu beachten, damit eine ausreichende Tritt- und Begehsicherheit der Fußbodenkonstruktion für die Mitarbeiter des Antragstellers gegeben ist. Hierzu muss das Merkblatt BGR 181 »Fußböden in Arbeitsräumen und Arbeitsbereichen mit Rutschgefahr« (vormals ZH 1/571), herausgegeben vom Hauptverband der gewerblichen Berufsgenossenschaften, Berücksichtigung finden.

Erhöhte Anforderungen gelten für Werkstätten mit Instandsetzungs- und Wartungsräumen. Hier ist die Rutschhemmstufe R 11, für Arbeits- und Prüfgruben sogar die Rutschhemmstufe R 12 mit dem Verdrängungsraum V4 herzustellen.

Hinweis: Für Beschichtungen auf Estrichen oder Betonböden finden sich in der VOB, Teil C, DIN 18 363 »Maler- und Lackierarbeiten – Beschichtungen« in der Fassung von Oktober 2006 keine Hinweise. Bis zur Fassung Ausgabe Dezember 2002 war für den Geltungsbereich dieser Norm das Beschichten von Estrichen ausgenommen, mit dem Verweis auf DIN 18 353 »Estricharbeiten«. In dieser Norm finden sich zu Nutz- und Schutzschichten für Versiegelungen, Beschichtungen und Beläge aus Kunstharzen entsprechende Vorgaben z. B. zur Mindestnenndicke. Weitere Hinweise zur Planung und Ausschreibung solcher Oberflächenschutzsysteme finden sich sonst in den Arbeitsblättern des BEB Bundesverband Estrich und Belag e. V. über Industrieböden aus Reaktionsharzen als Estrich, Versiegelung, Beschichtungen oder Belag.

2 Estricharten

2.1 Zementestriche

2.1.1 Rohre in Zementestrichen

Sachlage

Im neu errichteten Anbau eines Krankenhauses wurde auf einem schwimmenden Zementestrich ein plankenförmiger PVC-Design-Bodenbelag verlegt.

Abb. 2.1: Im Bereich der Fenster hat sich der Bodenbelag abgelöst.

Schadensbild/Ist-Zustand

- Ablösungen des Bodenbelags, Wurm- und Faltenbildungen im Bereich von Fenstern
- unterhalb der Ablösungen gab es einen gerichteten Riss im Estrich
- während der Sanierung zeigte sich unerwartet, dass unterhalb der Risse Versorgungsrohre der Heizung verliefen

Ursachen

- die Estrich-Überdeckung des Versorgungsrohrs für die Heizung beläuft sich auf circa 25 mm
- entsprechend der DIN 18 560-2 muss bei Heizrohren im Estrich eine Mindestüberdeckung von 30 mm eingehalten werden (auch wenn es sich hier nicht um einen Heizestrich handelt!)

Abb. 2.2: Unterhalb der Ablösung werden Risse festgestellt.

- Estriche dürfen keine punktförmigen Erhebungen, Rohrleitungen oder Ähnliches aufweisen, da dies zu Schallbrücken und/oder Schwankungen in der Estrichdicke führen könnte
- nach DIN 18 353, Punkt 3.1.1, hat der Auftragnehmer bei »[...] Rohrleitungen und dergleichen auf dem Untergrund [...]« Bedenken nach VOB, Teil B, § 4, Nr. 3, anzumelden
- nicht ausgeschlossen werden kann, dass eine zu hohe Temperatureinwirkung auf Kleber und Oberboden zu Ablösungen führte

Abb. 2.3: Bei einer Bauteilöffnung anlässlich der Sanierung zeigen sich im Estrich unerwartet Versorgungsrohre der Heizung.

- durch die nicht ausreichende Überdeckung und gleichzeitige Sonneneinstrahlung durch die raumhohen Fensterelemente, deren außenseitiger Sonnenschutz den Bodenbelag nicht verschattet, kommt es zu einer nachteiligen Beeinflussung der Materialeigenschaften des Oberbodens
- oberhalb des Heizrohrs lag die Oberflächentemperatur des Estrichs um etwa 2,5 °Celsius höher als auf der übrigen Estrichoberfläche
- daher kann nicht ausgeschlossen werden, dass die in der herstellerseitigen Verarbeitungsempfehlung für den Bodenbelag geforderte maximale Temperatur von 27 °Celsius überschritten wird: Neben den Temperatureinwirkungen aus dem Untergrund ist die Sonneneinstrahlung zu berücksichtigen, die für eine zusätzliche Erwärmung des Belags sorgt. Die Folge sind Ablösungen.

Maßnahmen

Im vorliegenden Fall hätten zur Vermeidung der Rissbildungen höhenausgleichende Maßnahmen ergriffen werden müssen (beispielsweise Ausgleichsestrich, Ausgleichsschüttung oder fachgerechte Verlegung

Abb. 2.4: Die Überdeckung der Rohre ist mit nur circa 25 mm unzureichend.

in der Dämmschicht. Siehe auch Merkblatt des Bundesverbandes Estrich und Belag (BEB) »Rohre, Kabel und Kabelkanäle auf Rohdecken – Hinweise für Estrichleger und Planer«). Dies ist im Nachhinein nicht mehr möglich. Daher bleibt nur das Anordnen einer Bewegungsfuge im Estrich, ein Fugenprofil im Oberboden oder alternativ das Abdecken mit einer Metallplatte im Leibungsbereich passend zu den Fensterelementen.

2.1.2 Ungeeigneter »Zementestrich« in einem Einfamilienhaus

Sachlage

Im Zuge der Sanierung eines Einfamilienhauses aus den 30er Jahren sollte im unterkellerten Erdgeschoss ein zementärer Verbundestrich eingebracht werden. Tatsächlich wurde allerdings ein 70 mm dicker Beton (B 35) auf der bestehenden Deckenkonstruktion (Stahlträger mit Betonziegeln) eingebaut.

Abb. 2.5: Auf der bestehenden Deckenkonstruktion war ein neuer »Zementestrich« mit 70 mm Schichtdicke eingebaut worden.

Abb. 2.6: Ein Riss im Wandbildner geht vom Auflager der Stahlträger der bestehenden Deckenkonstruktion aus.

Schadensbild/Ist-Zustand

- netzartige, gerichtete Rissbildungen mit Breiten bis zu 2,0 mm
- Unebenheit der Oberfläche des Estrichs
- Risse im Wandbildner an Auflagern der alten Deckenkonstruktion

Ursachen

- Schwindrisse durch Trocknung, Zugluft und/oder Sonneneinstrahlung
- keine Nachbehandlung des Betons
- Trocknungsspannungen der Spachtelmasse bei zu frühem Aufbringen auf noch nicht ausreichend erhärtetem Beton
- Überlastung der vorhandenen Deckenkonstruktion, daher Durchbiegung der Decke und Rissbildungen oberhalb der Stahlträger

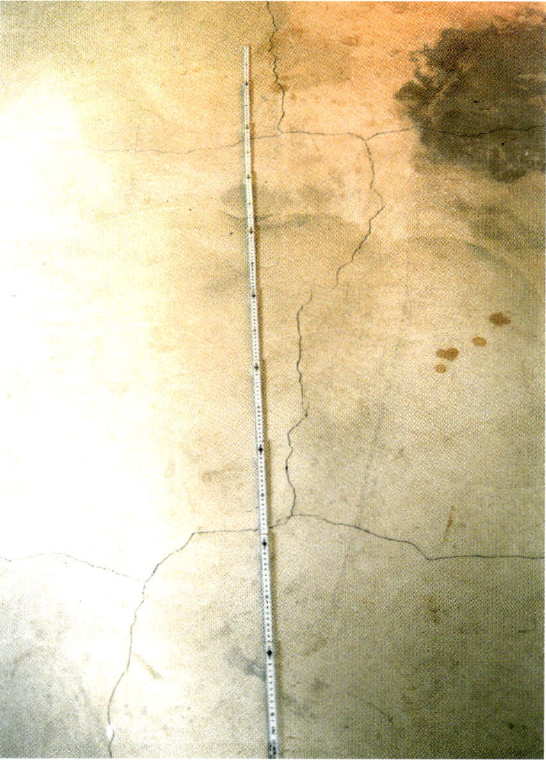

Abb. 2.7: Die netzartigen Risse sind bis zu 2,0 mm breit.

Maßnahmen

Der aufgebrachte Estrich schöpfte nach statischer Berechnung bereits die Tragfähigkeit der alten Deckenkonstruktion vollständig aus. Der Estrich ist demnach ungeeignet, weil überdimensioniert und die aufnehmbare Verkehrslast der alten, tragenden Decke erreicht wurde. Daher ist die Nutzung auch dadurch erheblich eingeschränkt und der Estrich muss rückgebaut werden. Dabei sollte möglichst ohne starke Vibrationen vorgegangen werden, um die Bausubstanz nicht zusätzlich zu schädigen.
Auf der freigelegten alten Deckenkonstruktion kann beispielsweise ein Trockenestrich oder Unterboden aus Holzspanplatten auf einer ungebundenen Ausgleichsschüttung eingebaut werden.

Abb. 2.8: Die netzartigen Risse sind bis zu 2,0 mm breit.

2.1.3 Prüfung eines Zementestrichs vor der Verlegung von Naturstein-Platten

Sachlage

Im Neubau eines Produktionsgebäudes sollten in der Verwaltung auf neuem Zementestrich Naturstein-Platten verlegt werden. Vor der Verlegung war die Belegreife des Estrichs fraglich, obwohl die Restfeuchte < 2,0 CM-% betrug. Der Auftragnehmer rügte die Beschaffenheit der Oberfläche des Estrichs.

Abb. 2.9: Gitterritzprüfung und Drahtbürstenbehandlung ergeben, dass die Oberflächenfestigkeit nur gering ist.

Schadensbild/Ist-Zustand

- geringe Oberflächenfestigkeit bei Gitterritzprüfung und Drahtbürstenbehandlung
- Oberflächenzugfestigkeit < 0,7 N/mm^2
- kein fachgerechtes Schließen von Rissen, da das 2K-Kunstharz in der Frischphase nicht mit feuergetrocknetem Quarzsand abgestreut worden war
- *Fazit:* keine Belegreife gegeben

Ursachen

- zu schnelles Austrocknen des Zementestrichs durch Sonneneinstrahlung oder Zugluft, dadurch Störung der Abbindereaktion
- Estrichmischung war möglicherweise überwässert (3 mm bis 5 mm Sedimentationsschicht oberhalb des Zuschlags, s. Abb. 2.9)
- zu intensives Abreiben, dadurch Transport von Bindemittelanteilen an die Oberfläche
- *Folge:* keine feste Zementmatrix

Abb. 2.10: Die Bruchzone liegt in der labilen Oberfläche: kein Stützkorn/Zuschlag sichtbar.

Maßnahmen

Es besteht die Möglichkeit, eine verfestigende Grundierung vor der Verlegung der Naturstein-Platten aufzubringen. Dabei muss jedoch eine Kontrolle des Erfolgs der Maßnahme durchgeführt werden (Stempelhaftzugprüfung, Bewertung der Bruchzone, Tiefenwirkung der Verfestigung).

Abb. 2.11: Kein fachgerechtes Schließen von Rissen: Hier fehlt die Abstreuung mit Quarzsand in der Frischphase.

Ist die Verfestigungsmaßnahme erfolglos, bleibt nur der Abtrag des Estrichs bis auf den tragfähigen

Untergrund durch Kugelstrahlen. (Zuschlag freilegen, Oberflächenzugfestigkeit prüfen!). Ausreichend für eine Belastung mit Fahrbeanspruchung sind 1,0 N/ mm^2 Oberflächenzugfestigkeit, sonst reichen auch 0,5 N/ mm^2. Vergessen werden sollte dabei nicht, dass auch im Bereich der Verwaltung durch Stuhlrollen von Bürodrehstühlen und Aktenwagen, u. a., hohe Radpreßlasten entstehen können! Anschließend muss eine Einzelrissbehandlung erfolgen (Aufweiten der Risse, Querverdübelung, Vergießen mit Kunstharz, Abstreuen mit feuergetrocknetem Quarzsand in der Frischphase).

Nach Grundierung und Kratzspachtelung zum Ausgleich von Unebenheiten durch das Kugelstrahlen kann dann die Verlegung der Naturstein-Platten – nach Prüfung der Belegreife! – erfolgen.

Hinweis: bei Zweifeln an der Eignung empfiehlt sich grundsätzlich eine Bestätigungsprüfung an Ausbaustücken der Estrichkonstruktion.

2.1.4 Zementestrich als Nutzestrich mit Bodenbeschichtung

Sachlage

Im künstlerisch anspruchsvollen Neubau eines Einfamilienhauses sollte aus architektonischen Gründen der schwimmend einzubringende Zementestrich (Heizestrich) statt mit einem Bodenbelag mit einer einkomponentigen Bodenbeschichtung (Bindemittelbasis Acrylat) versehen werden.

Abb. 2.12: Auf die Rolle kommt es an: Harte Stuhlrollen können Schäden an Beschichtungen verursachen.

Schadensbild/Ist-Zustand

- klein- und großflächige Enthaftungen und Abplatzungen der Beschichtung, insbesondere im Bereich von Sitzgelegenheiten
- mürbe und labile oberflächennahe Randzone des Estrichs

Ursachen

- Verwendung harter, ungeeigneter Stuhlrollen
- zu schnelles Austrocknen des Zementestrichs durch Sonneneinstrahlung oder Zugluft, dadurch Störung der Abbindereaktion
- Estrichmischung war möglicherweise überwässert (vgl. Abb. 2.14)
- zu intensives Abreiben und dadurch Transport von Bindemittelanteilen an die Oberfläche
- *Folge:* keine feste Zementmatrix

Abb. 2.13: Die oberflächennahe Randzone des Estrichs ist mürbe und labil.

- fehlende Untergrundvorbehandlung durch Abschleifen vor der Applikation
- möglicherweise auch zu hohe Restfeuchtigkeit des Estrichs
- grundsätzlich: Fragliche Eignung der Beschichtung für Heizestriche in Bereichen mit intensiver Nutzung und Frequentierung
- fehlendes Aufheizprotokoll, fehlender Nachweis der Belegereifeprüfung zur Aufnahme von Beschichtungen

Abb. 2.14: Beim Tape-Test löst sich die Beschichtung mit oberflächennaher Randzone des Estrichs vollflächig ab.

Maßnahmen

Zur Sanierung muss zunächst die nicht tragfähige graue Beschichtung mit der weichen, labilen und nicht tragfähigen oberflächennahen Randzone der Estrichkonstruktion (zum Beispiel durch Kugelstrahlen und/oder Schleifen) bis auf den festen tragfähigen Kern abgetragen werden.

Anschließend ist die vorbehandelte zementäre Estrichkonstruktion einer erneuten Prüfung auf Belegreife zu unterziehen. Fällt diese positiv aus, kann nach Applikation einer niedrig viskosen 2K-EP-Grundierung und Abstreuen in der Frischphase eine vollflächige 2K-EP-Kratzspachtelung mit feuergetrocknetem Quarzsand ausgeführt werden. Sie dient dem Ausgleich von Untergrundunebenheiten, die durch das Abschleifen beziehungsweise Kugelstrahlen und Abstreuen in der Frischphase der Abbindereaktion entstanden sind.

Danach wird eine 2K-EP-Beschichtung (Verlaufsbeschichtung 2 - 3 mm dick) mit einer transparenten Versiegelung mit 2K-Reaktionsharz ausgeführt. Alternativ kann nach der Grundierung auch eine wasserverdünnbare Deckbeschichtung [zum Beispiel EP-Versiegelung - wasserverdünnbar (*Hinweis:* vergilbt unter Sonneneinstrahlung/Tageslicht!)] oder eine Acrylatharz-Beschichtung) aufgebracht werden.

Hinweis: Für Beschichtungen auf Estrichen finden sich in der VOB, Teil C, DIN 18 363 »Maler- und Lackierarbeiten - Beschichtungen« in der Fassung von Oktober 2006 keine Hinweise. Bis zur Fassung Ausgabe Dezember 2002 war für den Geltungsbereich dieser Norm das Beschichten von Estrichen ausgenommen, mit dem Verweis auf DIN 18 353 »Estricharbeiten«. In dieser Norm finden sich zu Nutz- und Schutzschichten für Versiegelungen, Beschichtungen und Beläge aus Kunstharzen entsprechende Vorgaben z. B. zur Mindestnenndicke. Weitere Hinweise zur Planung und Ausschreibung solcher Oberflächenschutzsysteme finden sich sonst in den Arbeitsblättern des BEB Bundesverband Estrich und Belag e. V. über Industrieböden aus Reaktionsharzen als Estrich, Versiegelung, Beschichtungen oder Belag.

2.1.5 Schnellzementestrich vor der Verlegung von keramischen Fliesen

Sachlage

Im Neubau einer Produktionshalle für hochwertige Motoren (Show-Produktion) sollte auf eine Stahlbetondecke ein Schnellzementestrich schwimmend auf Dämmstoffschicht aufgebracht werden. Der Schnellzementestrich war herstellerseitig für eine Belegereife bereits nach 24 Stunden ausgelobt. Anschließend sollten keramische Fliesen verlegt werden. Erst nachdem der neue Estrich bereits mehrere Tage fertiggestellt war, führte der Auftragnehmer für Fliesenarbeiten Feuchtigkeitsmessungen durch und ermittelte 4,5 CM-% Restfeuchte. Noch am gleichen Tag wurde eine PE-Folie (0,5 x 0,5 m) auf den Estrich geklebt, wobei am nächsten Tag keine Feuchtigkeit an der Unterseite der Folie festgestellt worden ist. Die Schnellzement-Estrichkonstruktion wurde daraufhin für die Aufnahme des Oberbodens als geeignet angesehen.

Im Zuge der Fertigstellung der Estrichkonstruktion wurden vom Estrichleger einzelne Felder angelegt, wobei jedoch die Feldbegrenzungsfugen mit Reaktionsharz kraftschlüssig verschlossen und abgestreut worden sind. Grund dafür war eine Vereinbarung, die besagte, dass der Fliesenleger unmittelbar im Anschluss daran die für den Oberboden - aus keramischen Fliesen - notwendigen Feldbegrenzungsfugen an gleicher Stelle auch in den Estrich einschneiden würde, sodass wieder neue, einzelne Estrichfelder entstünden.

Da der Fliesenleger jedoch eine zu hohe Restfeuchte ermittelte, hatte er mit dem Fugenschneiden der Estrichkonstruktion erst gar nicht begonnen.

Schließlich war die Restfeuchte der Estrichkonstruktion nach vier Tagen auf 3,5 CM-% gesunken, und lag damit jedoch immer noch über dem vom Hersteller des Estrichbindemittels geforderten Wert von ≤3,0 CM-%.

Es stellten sich dann zunächst vereinzelt kleinere Risse ein, nach weiteren Tagen der Wartezeit traten schließlich immer mehr Rissbildungen und Rissmarkierungen sowie Aufschüsselungen der Estrichfelder im Randbereich auf.

Abb. 2.15: Im Schnellzementestrich haben sich zahlreiche Risse gebildet.

Schadensbild/Ist-Zustand vor Verlegung der keramischen Fliesen

- dichtpassende Anarbeitung an angrenzende Bauteile beziehungsweise Durchdringungen
- Rissbildungen und/oder Rissmarkierungen
- kraftschlüssig geschlossene Feldbegrenzungsfugen
- unterschiedliche Fugenbreiten von Feldbegrenzungsfugen
- Aufwölbungen des Schnellzementestrichs

Abb. 2.16: Dichtes Anarbeiten an Einbauteile führt zu Rissen.

Ursachenforschung

- Inaugenscheinnahme
- Herstellung von Probeplatten

Ergebnis

- anlässlich der Bestandsaufnahme vor Ort war zu konstatieren, dass die zementäre Schnellzement-Estrichkonstruktion, die vor Ort schwimmend eingebracht worden war, zahlreiche Rissbildungen und/oder Rissmarkierungen in unterschiedlichem Ausmaß aufwies
- diese Rissbildungen wurden partiell mit Reaktionsharz verschlossen – jedoch nur teilweise abgestreut und teils erneut durch Rissmarkierungen behaftet – vorgefunden
- die vorhandenen Feldbegrenzungsfugen zeigten Feldaufteilungen, die nicht immer gedrungen und unterschiedlich groß bemessen waren. Wobei diese Fugen in der Estrichkonstruktion auch verharzt vorzufinden waren (kraftschlüssig geschlossen mit Reaktionsharz, teilweise abgestreut) und teilweise erneut Risse gebildet hatten.
- ausgehend von Durchdringungen (Stützen und Säulen und/oder Anschlussrohre für Heizkörper, Bodentanks der Ackermann-Kanäle) war die schwimmende Estrichkonstruktion partiell knirsch, das heißt hart beziehungsweise dicht angrenzend angearbeitet worden und nicht entkoppelt vorzufinden
- weiterhin war festzustellen, dass die Stützen im Sockelbereich mit Reaktionsharz beschichtet und abgestreut vorzufinden waren, sodass eine feste, kraftschlüssige Verbindung zwischen Estrich und aufstrebenden Bauwerksteilen (Stützen) die Folge war.
  In solchen Anschlussbereichen war es wegen der behinderten Längenänderung zu Rissbildungen und/oder Rissmarkierungen in der schwimmenden zementären Estrichkonstruktion gekommen, die zum großen Teil bereits kraftschlüssig geschlossen, aber nicht immer auch abgesandet vorzufinden waren.
- neben diesen Schadensbildern waren teilweise wilde Rissbildungen in Form krakeléeartiger Verläufe und/oder nahezu geradlinig verlaufende Risse in der Fläche der Estrichkonstruktion zu konstatieren
- im Zuge der Bestandsaufnahmen waren daher insgesamt 131 Rissbildungen und/oder Rissmarkierungen festzustellen, deren Längen, Verläufe und Breiten unterschiedlich waren
- außerdem zeigten die einzelnen, kraftschlüssig miteinander verbundenen Estrichfelder in unterschiedlicher Art und Weise Formveränderungen

durch Aufschüsselungen, die von den Randbereichen der einzelnen Estrichfelder ausgingen. Die Höhenunterschiede betrugen dabei im Einzelnen 5,0 - 12 mm sowie teilweise 15 - 20 mm auf kurzen Nennmaßbereichen. Wurden die aufgeschüsselten Teilflächenbereiche mechanisch belastet, war ein Wippen der Estrichkonstruktion die Folge

- bezogen auf die vorgenannten negativen Erscheinungs- und/oder Schadensbilder war die vorgefundene Estrichkonstruktion für die Aufnahme von keramischen Fliesen und Platten als Oberboden ungeeignet. Eine Belegreife lag nicht vor.

Abb. 2.17: Neben dem kraftschlüssig geschlossen Riss ist ein neuer entstanden.

Abb. 2.18: Das Gießharz ist in der Frischphase nicht mit Quarzsand abgestreut worden, daher kann kein Haftverbund mit nachfolgenden Schichten erzielt werden.

Ursachen

- ungeeignete raumklimatische Bedingungen zum Einbauzeitpunkt der Estrichkonstruktion (zu hohe Lufttemperaturen bei zu hoher Luftfeuchtigkeit) beziehungsweise Temperaturschwankungen im Hochsommer
- keine Verschattung der Außenwandöffnungen und/oder Dachfenster während des Einbaus der Estrichkonstruktion und dadurch zu schnelles Austrocknen der oberflächennahen Randzone
- keine temporäre Abdeckung von Bauteilöffnungen und dadurch Zugluft und zu schnelles Austrocknen der oberflächennahen Randzone
- keine Baufreiheit für den Auftragnehmer zur Herstellung der Schnellzement-Estrichkonstruktion während des Einbringens und/oder zu frühe mechanische Beanspruchung durch zu frühes Benutzen durch Fremdgewerke während des zeitgleich fortschreitenden Innenausbaus und/oder Baustofflagerung auf der jungen Schnellzement-Estrichkonstruktion und dadurch behinderte Austrocknung
- partiell waren Rohrleitungen auf dem tragenden Untergrund und/oder punktförmige Erhöhung der Stahlbetondecke im Bereich der Scheinfuge vorzufinden. Dadurch kam es zu Schwankungen in der Estrichdicke und in der Folge zu Rissen.
- fehlende Detailplanung zur Einbindung von Stützen und Pfeilern in die Lastverteilungsschicht beziehungsweise den Oberboden, dadurch Risse
- fehlender Randstreifen zwischen aufstrebenden Bauwerksteilen (Metallplatten der Stützen) und Estrichkonstruktion und dadurch fehlende Randfuge und behinderte Längenausdehnung der schwimmenden Lastverteilungsschicht. Als Folge der Zwängung: Risse
- ungeeignete Bemessung und Anordnung von Feldbegrenzungsfugen (keine gedrungenen Felder), fehlende Bewegungsfugen in der schwimmenden Estrichkonstruktion

- kraftschlüssiges Schließen von Feldbegrenzungsfugen ohne zeitnahes Einschneiden neuer Feldbegrenzungsfugen nach Absprache mit dem Auftragnehmer für Fliesen- und Plattenarbeiten, dadurch behinderte Längenausdehnung der schwimmenden Schnellzement-Estrichkonstruktion und Rissbildungen
- kraftschlüssiges Schließen von Rissbildungen und/oder Feldbegrenzungsfugen ohne Abstreuen mit feuergetrocknetem Quarzsand in der Frischphase der Abbindereaktion
- unterschiedliche Trocknungszeiten der Schnellzement-Estrichkonstruktion aufgrund schwankender Estrichdicke und/oder ungeeigneter Baustellenbedingungen
- zu hoher Feuchtegehalt der schwimmenden Schnellzement-Estrichkonstruktion $>3{,}0$ CM-%
- *Ergebnis:* Aufwölbungen und vielzählige Risse in der schwimmenden Schnellzement-Estrichkonstruktion
- zur Ursachenforschung wurden aus Rückstellmustern des Estrichbindemittels neue Probeplatten unter Laborbedingungen und verschiedenen Klimaverhältnissen hergestellt. Es galt festzustellen, ob die herstellerseitige Auslobung bei ordnungsgemäßer Verarbeitungs- und Anwendungstechnologie nach 24 Stunden einen Feuchtegehalt von $\leq 3{,}0$ CM-% für den Estrich ergibt. An den Proben konnte CM-Prüfung nachgewiesen werden, dass die Restfeuchte <3 CM-% und damit die Belegereife nicht nach 24 Stunden, sondern erst im Alter des Estrichs von drei Tagen erreicht wurde!

Bewertung

- neben den vorgenannten Fehlern bei Planung, Baustellenkoordination und Ausführung war die zugesicherte technische Eigenschaft (Verlegereife nach 24 Stunden mit Feuchtegehalt $\leq 3{,}0$ CM-%) auch unter Laborbedingungen und wechselnden Klimabedingungen nicht gegeben (Rechtsfrage, die der juristischen Würdigung des Werkvertrags bedarf!)

Abb. 2.19 und 2.20: Von den Randbereichen der einzelnen Estrichfelder gehen Aufschüsselungen aus.

Maßnahmen

Es wurden verschiedene Mangelbeseitigungs- und/oder Sanierungsmöglichkeiten der schadhaft gewordenen schwimmenden Schnellzement-Estrichkonstruktion aufgezeigt und diskutiert:

Variante 1

- Schließen der aufgetretenen Rissbildungen und Rissmarkierungen durch Einschneiden, Querverdübeln und kraftschlüssiges Verbinden mit niedrigviskosem 2K-Reaktionsharz, Abstreuen in der Frischphase mit feuergetrocknetem Quarzsand
- Schneiden der Estrichkonstruktion im aufgeschüsselten Randbereich in einer Schnittweite von 0,8 – 1,2 m, je nach Schüsselung über die gesamte Estrichfeldlänge, sodass sich die aufgeschüsselten Teilflächen wieder legen
- kraftschlüssiges Verbinden der eingeschnittenen, ehemals geschüsselten Teilflächen

Restrisiko: Nicht vollständiges Aufliegen der eingeschnittenen geschüsselten Teilflächen, da diese Flächen nach wie vor eine Aufwölbung zeigen und nicht planeben auf der Dämmstoffebene aufliegen können. Daher möglicherweise eine Rissgefahr für keramische Fliesen und Platten bei mechanischer Beanspruchung durch Hubwagen.

Variante 2

- Entkoppelung der (unter Variante 1 sanierten) Estrichkonstruktion durch einen armierten Belagsträger ohne Verklebung auf dem Untergrund
- somit keine Gefahr für dampfdichte Oberböden durch hohe Restfeuchte und/oder andauerndes Schwinden mineralischer Lastverteilungsschichten

Restrisiko: Hersteller der armierten Belagsträger konnten keine Gewährleistung für die bauherrenseitige Beanspruchung durch Handhubwagen geben.

Variante 3

- mechanische Untergrundvorbehandlung durch Kugelstrahlen der Estrichkonstruktion
- Schneiden der Estrichkonstruktion im aufgeschüsselten Randbereich in einer Schnittweite von 0,8 – 1,2 m, je nach Schüsselung über die gesamte Estrichfeldlänge, sodass sich die aufgeschüsselten Teilflächen wieder legen
- kraftschlüssiges Verbinden der eingeschnittenen ehemals geschüsselten Teilflächen
- Schließen der aufgetretenen Rissbildungen und Rissmarkierungen durch Einschneiden, Querverdübeln und kraftschlüssiges Verbinden mit niedrigviskosem 2K-Reaktionsharz, Abstreuen in der Frischphase mit feuergetrocknetem Quarzsand
- zweifache Beschichtung mit 2K-EP (wasserbasiert) und zweifaches Einlegen von Glasgewebematten über die gesamte Fläche der Lastverteilungsschicht

Restrisiko: Siehe unter Variante 1.

Variante 4

- mechanische Untergrundvorbehandlung durch Kugelstrahlen der Estrichkonstruktion
- Schneiden der Estrichkonstruktion im aufgeschüsselten Randbereich in einer Schnittweite von 0,8 bis 1,2 m, je nach Schüsselung über die gesamte Estrichfeldlänge und Entfernen dieser schadhaften Teilflächen
- Ersetzen dieser Teilflächen durch Reaktionsharzmörtel
- Schließen der aufgetretenen Rissbildungen und Rissmarkierungen durch Einschneiden, Querverdübeln und kraftschlüssiges Verbinden mit niedrigviskosem 2K-Reaktionsharz, Abstreuen in der Frischphase mit feuergetrocknetem Quarzsand
- zweifache Applikation von 2K-EP (wasserbasiert) und zweifaches Einlegen von Glasgewebematten über die gesamte Fläche der Lastverteilungsschicht

Restrisiko: Gewährleistungsübernahme fraglich!

Variante 5

Rückbau und Erneuerung: Eine Kostenkalkulation für das teilweise Herstellen eines Estrichs aus Reaktionsharzmörtel sowie für das Herstellen einer zweifachen armierten Reaktionsharzbeschichtung auf der gesamten Estrichoberfläche ergab, dass die Sanierung der schadhaften Estrichkonstruktion im Verhältnis zu deren Neuherstellung - wie ursprünglich geplant und beauftragt - mit höheren Kosten verbunden gewesen wäre.

Auch wenn die Zeitschiene für Maßnahmen zur Mangelbeseitigung und Wiederherstellung der Verlegereife der schadhaft gewordenen schwimmenden Estrichkonstruktion im Vergleich zur Einbringung einer neuen schwimmenden Estrichkonstruktion berücksichtigt und bewertet wird, erschien es technisch und wirtschaftlich zu diesem Zeitpunkt sinnvoller, den Rückbau zu betreiben und eine neue Fußbodenkonstruktion auf der vorhandenen Rohbetondecke vorzunehmen. Da an den Schallschutz keine Anforderungen gestellt wurden, konnte die Erneuerung der Estrichkonstruktion auf Trennlage auf der Stahlbetondecke erfolgen.

Die Erneuerung war auch deshalb geboten, weil vorbehaltlich der juristischen Bewertung durch Dritte der Bauherr/Auftraggeber einen Anspruch auf eine erfolgreiche und fehlerfreie Werklieferleistung gegenüber dem Auftragnehmer besitzt, die den Wert oder die Tauglichkeit der nach dem Vertrag vorgesehenen Nutzung und Frequentierung nicht mindern oder einzuschränken vermag.

Die dargestellten Sanierungsvarianten beinhalteten zudem noch ein Restrisiko für den Bauherrn/Auftraggeber und/oder den Auftragnehmer für das Gewerk Estricharbeiten.

Der Bauherr/Auftraggeber war jedoch nicht bereit, nach Ablauf der Gewährleistung oder im Insolvenzfall des Auftragnehmers ein wie auch immer geartetes Restrisiko im Nachgang der Sanierung der Estrichkonstruktion verantworten zu wollen. Diese Maßnahme hätte ebenso für den Auftragnehmer für Estricharbeiten ein hohes finanzielles Engagement mit verbleibendem Restrisiko über die Dauer der Gewährleistung bedeutet.

Da der Erfolg der Sanierung nicht sicher war, wurde die schadhaft gewordene Estrichkonstruktion zurückgebaut und durch eine neue ersetzt. Besonderes Augenmerk legte man dabei auf die Baufreiheit. Wenn Schnellzementestriche eingebaut werden, müssen diese zum Zeitpunkt der herstellerseitig vorgegebenen Belegreife tatsächlich auch mit dem vorgesehenen Oberboden belegt werden, da es sonst zu einer Rückfeuchtung kommt und Verformungen sowie Risse die Folge sein können. Während der neue Schnellzementestrich (Belegereife nach 24 h) noch in Teilflächen eingebracht wurde, erfolgte bereits die Verlegung der keramischen Fliesen. So wurde Estrich und Oberboden Zug um Zug eingebracht und das Bauvorhaben erfolgreich abgeschlossen.

2.2 Calciumsulfatestrich, Anhydritestrich

2.2.1 Anhydritestrich mit Beschichtung in einer Tierpension

Sachlage

In der Erweiterung einer Tierpension (circa 100 m²) sollte ein neuer Anhydritestrich auf Trennlage eingebaut werden. Dieser sollte anthrazit eingefärbt sein, wurde aber tatsächlich in dem typischen cremeweißen Eigenfarbton eingebaut. Nach Verfehlung des Bausolls durch fehlende Einfärbung wurde daher eine einkomponentige, anthrazitfarbene Beschichtung appliziert, um den gewünschten Farbton zu erzielen.

Schadensbild/Ist-Zustand nach zwei Jahren

- erhebliche Abnutzung an der Oberfläche
- Abplatzungen der Beschichtung
- generell: fehlende Durchfärbung

Abb. 2.21: Ein Blick in die Tierpension zeigt den unbehandelten Estrich (links), daneben den beschichteten Estrich mit sichtbaren Fehlstellen.

Abb. 2.22: Unterschiedliche Gegenstände – darunter eine Getränkekiste – haben ihre Abdrücke in der Beschichtung hinterlassen.

Abb. 2.23: Die Beschichtung im Laufzonenbereichen zum Bad ist erheblich abgerieben.

Abb. 2.24: Auch die Beschichtung im Arbeitsbereich ist stark abgenutzt.

Ursachenforschung

- Bohrkernentnahme (zwei Stück, exemplarisch zum Nachweis der fehlenden Durchfärbung)
- Bindemittelanalyse des Estrichs
- Gitterschnittprüfungen und/oder Tape-Tests in Anlehnung an DIN EN ISO 2409

Ergebnis

- Fehlstellen in der Beschichtung, dadurch zeichnet sich die helle Estrichoberfläche in der dunklen, anthrazitfarbenen Beschichtung ab beziehungsweise scheint durch
- Abdrücke von Einrichtungs- und Gebrauchsgegenständen
- abgelaufene beziehungsweise abgenutzte Beschichtung in unterschiedlicher Intensität je nach Nutzung und Frequentierung
- Bindemittelanalyse zeigte kein Aufschäumen von 5-prozentiger Salzsäure. Daher handelt es sich dem Aussehen nach um einen konventionellen Anhydritestrich (genaue Bestimmung nur durch Laboranalyse möglich).
- Tape-Tests: 70 - 80-prozentiger Kohäsionsbruch in der Beschichtung, 20 - 30-prozentiger Adhäsionsbruch zwischen Beschichtung und Estrichoberfläche

Abb. 2.25: Der Tape-Test deutet auf ein eingeschränktes Haftvermögen der Beschichtung hin.

Abb. 2.26: Bindemittelanalyse: Die 5-prozentige Salzsäure schäumt nicht auf - ein Hinweis auf konventionellen Anhydritestrich.

Ursachen

- ungeeignete Beschichtung

Bewertung

- die Beschichtung unterlag erheblichem Verschleiß
- auf einem Gebinde der verwendeten Beschichtung fand sich folgender Vermerk: »Der Hersteller lobt diese Beschichtung als Polymergrundierung mit hoher Deckkraft für strapazierte Asphaltböden aus«.
- die Anwendung auf Anhydritestrich statt auf bituminösem Estrich ist daher als unsachgemäß anzusehen
- das Haftvermögen konnte als unzureichend bezeichnet werden

Maßnahmen

Grundsätzlich können Anhydritestriche auch als Nutzestriche ohne Belag oder Beschichtung verwendet werden. Sie sind dazu jedoch nicht dauerhaft geeignet, da die oberflächennahe Randzone durch Nutzung, mechanische Beanspruchungen und auch Feuchtigkeitseinwirkung im Laufe der Zeit erweichen kann. Dies bedeutet in der Folge den Verlust der Festigkeit, labile Oberflächen und Kornausbrüche mit entsprechender Staubentwicklung. Daher ist ein

Oberflächenschutz immer vorzusehen (Imprägnierung, u. a.) oder die Anordnung eines Bodenbelags technisch sinnvoll. Im vorliegenden Fall kann dies auf folgende Art und Weise geschehen:

- Ausräumen der Möblierung, Entfernen der ungeeigneten Beschichtung durch Abschleifen und mechanische Vorbehandlung des Untergrunds

Variante 1

- Applikation einer Kratzspachtelung (2K-EP), Abstreuen in der Frischphase
- Herstellen von Hohlkehlen mit Stellstreifen und elastischer Fugenabdichtung
- Applikation einer Grundierung (2K-EP), Abstreuen in der Frischphase
- Deckbeschichtung mit ausreichender Rutschhemmung (gegebenenfalls zusätzliche Versiegelung mit Einstreuung erforderlich)

Variante 2

- stuhlrollengeeignete Spachtelung (mindestens 2,0 mm Dicke)
- Verlegen eines geeigneten Oberbodens (PVC, Linoleum und anderes)
- Montage von Sockelleisten

2.2.2 Anhydritestrich mit elastischem Bodenbelag in einer Gaststätte

Sachlage

Eine Gaststätte der Erlebnisgastronomie wurde auf einer Fläche von circa 100 m^2 neu errichtet. Als Bausoll war ein Anhydritestrich (60 mm) auf PE-Folie und Wärmedämmung (60 mm), schwimmend verlegt, vereinbart. Der Untergrund bestand aus einer ebenfalls neu erstellten, erdreichangrenzenden Betonbodenplatte (20 cm). Darauf sollte ein bahnenförmiger Synthesekautschuk-Bodenbelag vollflächig verklebt werden.

Abb. 2.27: Der Synthesekautschuk-Bodenbelag zeigte Blasen.

Schadensbild/Ist-Zustand zur Abnahme

- Blasen- und Beulenbildung
- wegen des Ausmaßes der Blasenbildung und der daraus resultierenden Unfallgefahr wurde der dampfdichte Synthesekautschuk-Bodenbelag bereits teilflächig durch einen Nadelfilz-Bodenbelag ersetzt

Abb. 2.28: Wegen erhöhter Unfallgefahr durch Blasenbildungen ist der Bodenbelag bereits teilflächig gegen einen diffusionsoffenen Belag (Nadelvlies) ausgetauscht worden.

Ursachenforschung

- Messung der Restfeuchtigkeit der Estrichkonstruktion vor Ort sowie mittels gravimetrischer Feuchtebestimmung (Darrmethode) im Prüflabor
- Bauteilöffnung

Ergebnis

- die Messung des Feuchtegehalts des Anhydritestrichs ergab Werte von 0,8 - 1,3 Prozent
- diese elektronisch vor Ort ermittelten Werte bestätigten sich bei der gravimetrischen Feuchtebestimmung im Labor (0,8 - 1,8 Gewicht-Prozent)
- die Dicke des Estrichs lag an den Prüfstellen statt der geforderten 60 mm bei bis zu 85 mm

Abb. 2.29: Der Anhydritestrich weist unmittelbar nach der Aufnahme des Bodenbelags eine überhöhte Restfeuchte auf.

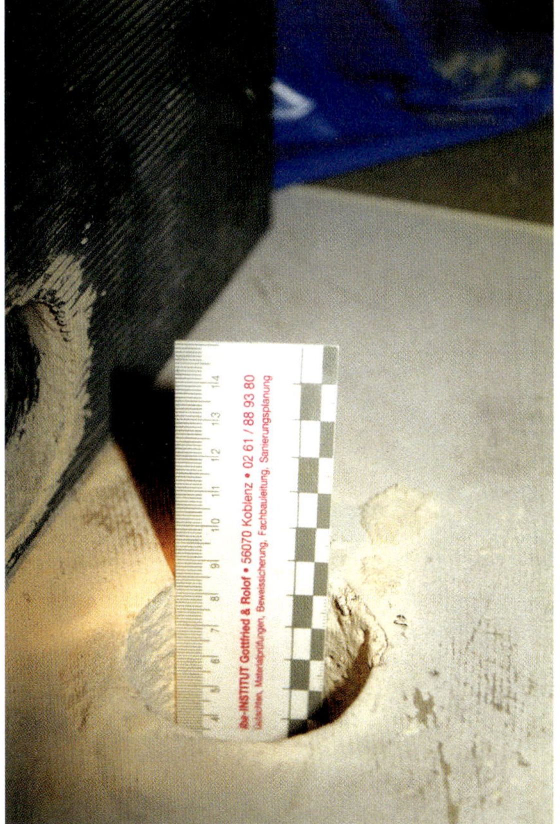

Abb. 2.30: Die Bohrkernentnahme zeigt: Der Anhydritestrich ist in unerwartet hohen Schichtdicken eingebracht worden.

Ursachen

- der Estrich wies einen Feuchtigkeitsgehalt von 0,8 - 1,3 Prozent auf
- für gipshaltige Estriche ist dieser Feuchtegehalt als zu hoch anzusehen, für unbeheizte Anhydritestriche wird in den einschlägigen Merkblättern ein Maximalwert <0,5 CM-% angegeben
- wegen der hohen Estrichdicke hätte eine verlängerte Wartezeit bis zur Belegung eingehalten werden müssen
- es lagen Feuchtigkeitsnester der Estrichkonstruktion in Teilflächen höherer Schichtdicke vor, die jedoch für den Auftragnehmer für Bodenbelagsarbeiten visuell nicht erkennbar waren
- fraglich ist zum einen, ob und inwieweit der Auftragnehmer für Bodenbelagsarbeiten seiner Prüfungs-, Sorgfalts- und Hinweispflicht nachgekommen ist. Und zum anderen, ob er hätte erkennen können, dass der Estrich noch zu feucht und die Schichtdicke zu hoch ist. (Rechtsfrage!)
- fragliche Abdichtung der Bodenplatte oder alternativ: Abdichtungsebene auf Betonbodenplatte zur Vermeidung nachstoßender Feuchtigkeit in die Fußbodenkonstruktion

Bewertung

- gemäß den normativen Anforderungen der DIN 18 353, Abschnitt 3 »Ausführung«, Punkt 3.1.4, sind Estriche gleichmäßig dick und ebenflächig herzustellen. Analog zu den normativen Anforderungen der DIN 18 560 muss die Dicke eines Estrichs auf die jeweilige Estrichart und den jeweiligen Verwendungszweck abgestimmt sein.

- soweit nichts anderes bestimmt ist, soll die Dicke eines Estrichs aus den Werten der Tabelle 1, DIN 18 560, Teil 1, 1. Spalte, ausgewählt werden. Für Estrichdicken mit einer Nenndicke von 60 mm (wie vertraglich vereinbart) muss nach der genannten Tabelle der kleinste Einzelwert ≥50 mm betragen, wobei der Mittelwert der Proben ≥60 mm liegen soll. Ermittelter Ist-Zustand: Dicke bis zu 85 mm!
- somit liegt hier ein handwerklicher Fehler des Auftragnehmers für Estricharbeiten vor: Sind höhere Schichtdicken der Estrichkonstruktion vorhanden und/oder untergrundbedingt variierende Schichtdicken eingebracht worden, muss er hiervon den Bauherrn/Auftraggeber im Rahmen seiner Hinweispflichten in Kenntnis setzen. Dieser wiederum muss seine Informationspflicht gegenüber dem Auftragnehmer für Bodenbelagsarbeiten wahrnehmen.

Maßnahmen

Wegen der eingetretenen Blasenbildungen und der daraus resultierenden Unfallgefahr ist aus technischer Sicht das Aufnehmen der verlegten Bodenbelagbahnen unerlässlich. Da sie dampfdicht sind, wird überschüssige Feuchtigkeit aus der Anhydrit-Estrichkonstruktion nicht abgegeben, sondern eingeschlossen. Sie kann dort zur Rekristallisation führen und den Estrich erweichen, der daraufhin zum Beispiel durch punktartige Lasten einbrechen kann (Stuhlbeineinbrüche).

Nach dem Aufnehmen des schadhaften Bodenbelags kann folgendermaßen vorgegangen werden:

- mechanische Untergrundvorbehandlung (zum Beispiel durch Abschleifen der Oberfläche mit der Einscheibenschleifmaschine, Schleifmittel mit 16er-Korn und/oder Kugelstrahlen) bis zum festen Kern der Estrichkonstruktion
- gegebenenfalls Einsatz eines niedrigviskosen 2K-Vorstrichs/einer Grundierung, Abstreuen in der Frischphase mit feuergetrocknetem Quarzsand
- Ausgleich von Rautiefen und anderem durch Kratzspachtelung
- vollflächige Spachtelung zur Erzielung der notwendigen Ebenheit nach DIN 18 202, Tabelle 3, Zeile 3
- Schleifen und Absaugen
- vollflächiges Verkleben und Arretieren eines Synthesekautschuk-Bodenbelags
- Abdichten der Nahtkanten um das Eindringen von Feuchtigkeit – beispielsweise durch Reinigungsmaßnahmen – vermeiden zu können (Pflegehinweise des Bodenbelagherstellers beachten!)

Hinweis: Im Zuge der Sanierung wird empfohlen, stichprobenartig zu prüfen, ob und inwieweit die Abdichtungsebene nach DIN 18 195 der erdreichangrenzenden Fußbodenkonstruktion fehlerfrei und funktionstüchtig vorliegt, da aufsteigende Feuchtigkeit unweigerlich zu Schadensbildern an der Estrichkonstruktion und/oder der Bodenbelagsebene führt.

2.2.3 Prüfung der Belegreife eines alten Anhydritestrichs in einer Klinik

Sachlage

Der Anhydritestrich in den Bettenzimmern einer Klinik wurde rund 20 Jahre mit PVC-Bodenbelag als Oberboden genutzt. Anlässlich einer Modernisierung war auch aus Schallschutzgründen die Neuverlegung eines PVC-Belags mit Schaumrücken geplant.
Nach Entfernen des alten Oberbodens war seitens des Bodenlegers die Belegreife des alten Untergrunds (zementäre Spachtelung auf Anhydritestrich mit Trennschicht auf Stahlbetondecken) fraglich.

Abb. 2.31: Estrichoberfläche mit Spachtelmasse: 20 Jahre Nutzung haben ihre Spuren hinterlassen.

Abb. 2.32: Durch die Belastung ist die oberflächennahe Randzone des Estrichs mürbe geworden und lässt sich mit der Drahtbürste abreiben.

Abb. 2.33: Zu geringe Oberflächenzugfestigkeit: Für eine Beanspruchung durch Patientenbetten ungeeignet.

Schadensbild/Ist-Zustand

- aufgrund eingeschränkter Oberflächenfestigkeit und Weichzonen lässt sich die zementäre Spachtelung mittels Drahtbürste nahezu vollständig von der Oberfläche des hellen Estrichs entfernen
- Haftzugfestigkeit Estrich mit Spachtelmasse: 0,77 N/mm², Bruchbild: circa 50 Prozent Kohäsionsbruch in der oberflächennahen Randzone des Estrichs, circa 50 Prozent in der Spachtelmasse, Ausbruchtiefe: circa 1,0 - 2,0 mm

Ursachen

- für die Verlegung von elastischen Bodenbelägen sind entsprechend dem Merkblatt des Bundesverbandes Estrich und Belag e. V. (BEB) – »Oberflächenzug- und Haftzugfestigkeit von Fußböden« – Mindestanforderungen der Oberflächenzugfestigkeit des unbehandelten Estrichs einzuhalten
- unter elastischen Belägen ohne Fahrbeanspruchung: mindestens 0,8 N/mm²; im Bürobereich sind wegen der Fahrbeanspruchung durch Stuhlrollen 1,0 N/mm² notwendig
- da es sich um ein Bettenhaus mit Fahrbeanspruchung durch Patientenbetten handelt, können die Werte für die Oberflächenzug- beziehungsweise Haftzugfestigkeit nicht ohne Weiteres übernommen werden

- für solche Beanspruchungen sind die Mindestanforderungen an die Oberflächenzugfestigkeit auf mindestens 1,2 – 1,4 N/mm² zu erhöhen
- Grund hierfür ist, dass sich Radpresslasten von mindestens 1,25 N/mm² ergeben. Sie resultieren aus dem Gewicht des Bettes und des Patienten. Diese Last wirkt über Doppelrollen mit nur wenigen Quadratmillimetern Auflagerfläche auf den Oberboden, das Klebstoffbett, die Spachtelmasse und die Estrichkonstruktion ein.
- die Belastung ist jeweils anhand des tatsächlich vorhandenen Bettentyps zu errechnen

Maßnahmen

Um eine ausreichend tragfähige Oberfläche der Estrichkonstruktion zu erzielen, können verfestigende Grundierungen, meist auf Epoxidharzbasis, eingesetzt werden. Es wird jedoch empfohlen, die Oberflächenfestigkeit im Anschluss an durchgeführte Verfestigungsmaßnahmen erneut zu prüfen, insbesondere um festzustellen, ob und bis in welche Tiefe der Estrichschicht die verfestigende Wirkung erzielt wurde. Auch die Biegezugfestigkeit sollte überprüft werden, um festzustellen, ob der Estrich nach heutigen Lastannahmen noch ausreichend dimensioniert und tragfähig ist.

Für die Verlegung ist auch der Einsatz eines faserverstärkten Klebstofftyps sinnvoll, der genügend lange nach der Verlegung der geplanten PVC-Bodenbelagsqualität mit Schaumrücken bei ausreichenden raumklimatischen Bedingungen aushärten muss. Andernfalls kann es durch die Komprimierung des Klebstoffbetts zu bleibenden, sichtbaren Eindrücken im Oberboden kommen.

Vor Verlegung des Oberbodens sollte geprüft werden, ob er für die geplante Nutzung geeignet ist. Es ist empfehlenswert, sich von den Herstellern der entsprechenden Betten und Stühle eine schriftliche Zusage über die Verwendbarkeit der Laufrollen geben zu lassen. So können Schäden am Oberboden – wie Spaltung des Schaumrückens – infolge »falscher« Laufrollen beziehungsweise mangelnder »Stuhlrolleneignung« im besten Fall gänzlich vermieden werden.

2.2.4 Calciumsulfat-Fließestrich mit PVC-Design-Bodenbelag

Sachlage

Im Anbau eines Friseursalons sollte auf neuem, beheiztem Calciumsulfat-Fließestrich (Bausoll: 55 mm Dicke) ein PVC-Design-Bodenbelag verlegt werden. Seitens des Estrichlegers wurden allerdings keine Messpunkte angelegt, sodass eine zerstörende Prüfung (CM-Methode) nur im Randbereich risikolos möglich war. Die übrige Fläche wurde mit einem elektrischen Prüfgerät gemessen und als belegreif beurteilt (< 0,3 CM-%) und der Oberboden verlegt. Es kam zum Schaden!

Abb. 2.34: Stolper- und Sturzgefahr durch Blasen und Beulen: Der PVC-Bodenbelag ist bereits teilflächig durch Nadelvlies ersetzt worden.

Abb. 2.35: Ein unansehnlicher Flickenteppich ist die Folge.

Schadensbild/Ist-Zustand

- kurze Zeit nach der Verlegung: Blasen- und Beulenbildungen im PVC-Design-Bodenbelag
- der Bodenbelag musste wegen Stolper- und Sturzgefahr durch Blasen und Beulen und damit einhergehenden Ablösungen teilflächig gegen einen diffusionsoffenen Bodenbelag ausgetauscht werden

Ursachen

- lokal zu hohe Restfeuchte des Estrichs
- lungleichmäßige Schichtdicken > 50 mm bis 85 mm, dadurch längere Trocknung
- zu wenige CM-Messungen durchgeführt (wegen fehlender Meßpunkte)

Abb. 2.36: Überhöhte Estrichdicken führen zu längerer Trocknungsdauer.

Maßnahmen

Es ist notwendig, den schadhaften PVC-Design-Bodenbelag vollflächig zurückzubauen. Im Anschluss ist die Estrichkonstruktion auf Feuchtigkeit (Festlegung von Prüfstellen durch spezielle Wärmebildfolien, wegen fehlender Meßpunkte) und Belegereife zu überprüfen. Erst dann kann ein neuer Bodenbelag verlegt werden. Wegen der fehlenden Meßpunkte sind Bedenken anzumelden, das Risiko der CM-Prüfung muss zunächst der Bauherr tragen!

2.2.5 Beheizter Calciumsulfat-Fließestrich in einem Einfamilienhaus

Sachlage

Der Besitzer eines Einfamilienhauses wünschte den nachträglichen Einbau einer beheizten Estrichkonstruktion. Dazu sollten die vorhandenen Bodenbeläge zurückgebaut und stattdessen ein 65 mm dicker, mit einer Warmwasser-Fußbodenheizung ausgestatteter Calciumsulfat-Fließestrich eingebaut und anschließend mit keramischen Fliesen belegt werden.

Abb. 2.37: Stolper- und Sturzgefahr: Nach Einbringen des neuen Estrichs resultieren zwischen benachbarten Räumen Höhenunterschiede von bis zu 11 mm.

Abb. 2.38: Infolge des Höhenversatzes schleifen die Türen am Sturz.

Schadensbild/Ist-Zustand

- Höhenunterschiede bis zu 11 mm zwischen benachbarten Räumen
- Raumhöhen < 2,50 m
- Türen wurden in der Höhe versetzt und schleifen nun am Sturz
- Einbauteile wie Toiletten, Waschbecken und Fenster liegen um die Schichtdicke der neuen Fußbodenkonstruktion näher am Boden; die Benutzung wird dadurch erschwert

Ursachen

- planerische Fehlleistung hinsichtlich der resultierenden Anschluss- und Raumhöhen
- Ausführungsfehler hinsichtlich der Stolperkanten (Höhenversätze > 4,0 mm)

Abb. 2.39: Die Waschbecken liegen nach Einbau der neuen Fußbodenkonstruktion nur noch in einer Höhe von etwa 80 cm.

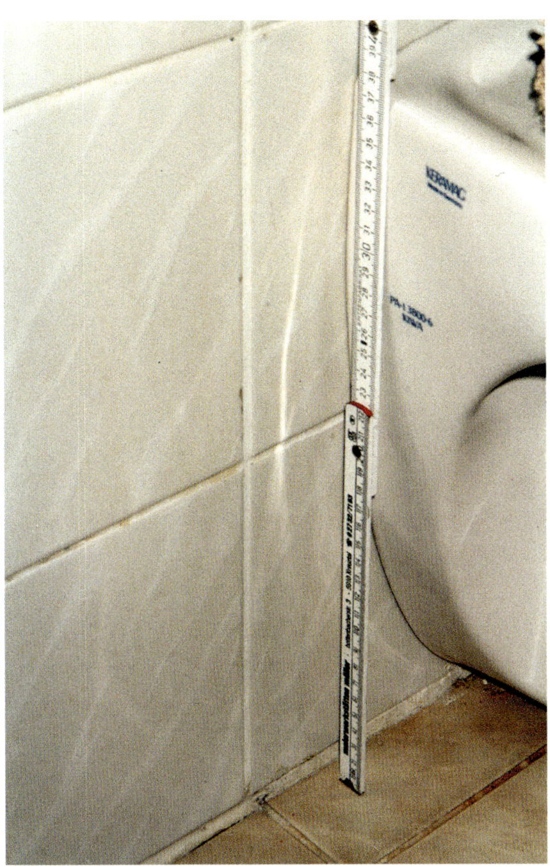

Abb. 2.40: Auch die Toilettennutzung wird aufgrund des erhöhten Bodenaufbaus erschwert.

Maßnahmen

Durch die verminderten Raumhöhen (erschwerte Benutzung von Waschbecken, Toiletten und anderem) ist der Wert des Einfamilienhauses herabgesetzt beziehungsweise ein eventueller Verkauf erschwert. Daher bleibt nur ein Rückbau der eingebrachten Fußbodenkonstruktion und der Einbau einer neuen in geringerer Schichtdicke (zum Beispiel mit einer dünnen Elektro-Fußbodenheizung, die in eine Spachtelmasse eingelegt werden kann).

Achtung: Planer und Auftragnehmer sollten beachten, dass der Wunsch des Bauherrn nicht immer erfolgversprechend verwirklicht werden kann. Sonst droht der Wertverlust auch ohne Schaden, da die übliche Nutzung eingeschränkt wird (Wertminderung).

2.2.6 Blasen in einem Synthesekautschuk-Bodenbelag auf Calciumsulfatestrich

Sachlage

Ein Fitness-Studio in Räumlichkeiten der sechziger Jahre sollte modernisiert und erweitert werden. Im zweigeschossigen Anbau der bestehenden Trainingshalle wurde daher ein konventioneller Calciumsulfatestrich eingebracht.

Zur Herstellung eines höhengleichen Übergangs zwischen dem Alt- und Neubau sowie zum Ausgleich von Unebenheiten der alten Fußbodenkonstruktion wurde vor Einbringen des neuen Estrichs im Bereich des Altbaus eine mit Wasser angemachte, gebundene (Ausgleichs-)Schüttung eingebracht und darauf der Calciumsulfatestrich verlegt.

Vor dem Verlegen des Bodenbelags wurden durch den Bodenleger und/oder dessen Klebstoff-Lieferanten mittels CM-Methode Feuchtigkeitsmessungen an der Estrichkonstruktion durchgeführt. Außerdem wurde die Feuchtigkeit elektrisch gemessen. Aus der CM-Prüfung resultierte schließlich ein Messergebnis von 0,5 CM-% Restfeuchtigkeit, sodass der Verlegung des Bodenbelags nichts im Wege zu stehen schien. Anschließend verlegte der Bodenleger auf dem belegreifen Calciumsulfatestrich einen plattenförmigen Elastomer-Bodenbelag.

Bereits wenige Monate nach Eröffnung des Fitness-Studios bildeten sich im dampfdichten Elastomer-Bodenbelag diverse Beulen. Der Auftraggeber rügte die Mängel, und der Bodenleger führte teilflächige Nachbesserungen durch. Aber auch die erneuerten Bereiche wurden kurze Zeit später wieder schadhaft. Schließlich hatten sich Blasen und Beulen über die gesamte Fläche des Hallenbodens gebildet. Der Bodenleger weigerte sich, weitere Nachbesserungen auf eigene Kosten durchzuführen. Der Auftraggeber hingegen drängte auf eine Mangelbeseitigung, denn sein Fitness-Studio konnte aufgrund von Stolper- und Sturzgefahr nicht mehr ohne Weiteres genutzt werden.

Schadensbild/
Ist-Zustand etwa ein Jahr nach der Abnahme

- auf 500 m² Hallenboden hatten sich 19 Blasen und Beulen gebildet: kreisrunde, im Durchmesser von 5 – 50 cm und ovale bis rechteckige Varianten im Durchmesser von 10 x 20 cm – 30 x 200 cm

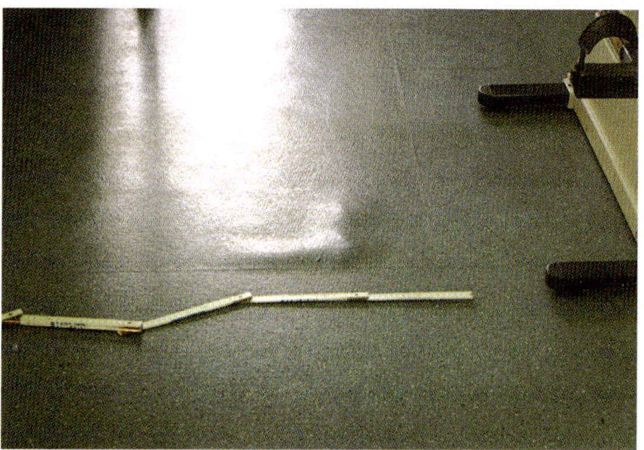

Abb. 2.41 und 2.42: Aufgrund Blasen, Beulen und offenen Nähten besteht Stolpergefahr.

Ursachenforschung

- Inaugenscheinnahme
- Bauteilöffnung
- gravimetrische Feuchtigkeitsbestimmung

Ergebnis

Zur Ursachenforschung wurde der Fußboden im Altbau an Prüfstellen geöffnet. Dabei zeigte sich folgender Aufbau:

- Fußboden aus dem Altbestand
- Erdreich
- schwach gebundene Monokorn-Schicht, etwa 100 mm dick
- verdichtete Betonschicht, 70 - 80 mm dick
- Gussasphaltschicht, circa 20 mm dick
- rötlich-braune Nutzschicht, 2,0 - 5,0 mm dick

- neuer Aufbau durch den Estrichleger
- aluminium-kaschierte Folienabdeckung
- schwach gebundene Schüttung, circa 20 mm dick
- schwarze Folienabdeckung (Trennlage)
- Calciumsulfatestrich, 65 - 70 mm dick

- vom Bodenleger ausgeführt und verlegt:
- Spachtelung, 1,0 - 3,0 mm dick
- Klebstoffbett
- plattenförmiger Elastomer-Bodenbelag

- nach Öffnung der Fußbodenkonstruktion an den Prüfstellen lag die Ausgleichsschüttung an der Oberfläche im Farbton zunächst hellgrau vor und erschien augenscheinlich-visuell trocken. Bei der Entnahme in tieferen Zonen stellte sich dann jedoch heraus, dass die Schüttung im Querschnitt einen deutlich dunkleren Farbton aufzeigte und fühlbar feucht war.
- im Prüflabor konnten für die entnommenen Proben der gebundenen Ausgleichsschüttung mittels gravimetrischer Feuchtigkeitsbestimmung (Darrmethode) 22 - 23,5 Gewicht-Prozent Restfeuchtegehalt ermittelt werden
- auch an den Proben des Calciumsulfatestrichs wurde eine grenzwertige bis erhöhte Restfeuchte von 0,5 - 1,05 Gewicht-Prozent festgestellt

Abb. 2.43: Die Schüttung erscheint oberflächlich zunächst trocken.

Abb. 2.44: Mittels gravimetrischer Feuchtigkeitsbestimmung (Darrmethode) wird jedoch ein Restfeuchtegehalt von 22 - 23,5 Gewicht-Prozent ermittelt.

Ursachen

- nach den Vorgaben im Technischen Merkblatt des Herstellers soll die verwendete Schüttung vor Einbringen eines neuen Estrichs einen Feuchtigkeitsgehalt von maximal 12 Gewicht-Prozent aufweisen. Zum Zeitpunkt des Gutachtertermins besaß die Schüttung somit eindeutig eine überhöhte Restfeuchte
- demnach muss nachstoßende Feuchtigkeit aus der Ausgleichsschüttung als schadensursächlich angesehen werden
- nicht auszuschließen ist, dass auch der Estrich bereits eine zu hohe Restfeuchte hatte und/oder die Feuchtemessung falsch oder unzureichend durchgeführt worden ist

Bewertung

- zur Feststellung der Belegreife sollte vor dem Aufbringen eines Estrichs eine CM-Prüfung an der gebundenen Ausgleichsschüttung (*Vorgabe:* maximal 12 Gewicht-Prozent!) durchgeführt werden – so lautet die Forderung des Herstellers in seinem Merkblatt. (Nur am Rande sei bemerkt, dass der Estrichleger mit der CM-Prüfung kein Ergebnis in Gewicht-Prozent ermitteln kann!). In der Konsequenz ergibt sich daraus aber eine erweiterte Hinweispflicht des Estrichlegers gegenüber seinem Auftraggeber und eine Prüfpflicht in eigener Sache. Denn es obliegt ihm, den richtigen Zeitpunkt der Herstellung der lastverteilenden Estrichplatte festzulegen.
- unter Berücksichtigung der zwei praktisch dampfdichten Schichten [Gussasphalt und aluminium-kaschierte Folienabdeckung (Herstellerangabe: s_d-Wert ≥ 3400 m, Wasserdampfdurchlässigkeit ≤ 0,00 g/m²/d)] unterhalb der Schüttung kann eine nachstoßende Feuchtigkeit aus der verdichteten Betonschicht, der schwach gebundenen Monokorn-Schicht und/oder dem Erdreich weitgehend als Schadensursache ausgeschlossen werden

Abb. 2.45: Unter der Schüttung befindet sich eine aluminium-kaschierte Folienabdeckung, deshalb kann nachstoßende Feuchtigkeit aus darunterliegenden Schichten ausgeschlossen werden.

- vielmehr konnte sich überschüssiges Anmachwasser der teilgebundenen Ausgleichsschüttung wegen bauphysikalischer Transportvorgänge von Feuchte durch Feststoffe in die Estrichkonstruktion unterhalb des dampfdichten, plattenförmigen Synthesekautschuk-Bodenbelags anreichern. Dies führte zu Blasen- und Beulenbildung in der Belagsebene.
- anhand der Überprüfungen konnte nicht sicher ausgeschlossen werden, dass der Estrich selbst zum Zeitpunkt der Ausführung der Bodenbelagsarbeiten noch eine überhöhte Restfeuchte aufzeigte. Für die Belegreife von Elastomer-

Bodenbelägen sind bestimmte maximale Feuchtegehalte der Estrichkonstruktion zulässig. Die zulässige Restfeuchte des Untergrunds variiert je nach Art des eingebauten Estrichs. So beträgt der maximal zulässige Feuchtegehalt bei Calciumsulfatestrichen 0,5 CM-% (siehe beispielsweise TKB-Merkblatt 3 (Technische Kommission Bauklebstoffe), »Kleben von Elastomer-Bodenbelägen«, und BEB-Merkblatt (Bundesverband Estrich und Belag e. V.) »Beurteilen und Vorbereiten von Untergründen«.

Maßnahmen

Dem Grundsatz nach besteht die Möglichkeit, die zu feuchte Ausgleichsschüttung und/oder die dadurch aufgefeuchtete calciumsulfatgebundene Estrichkonstruktion zu trocknen, ohne die gesamte Fußbodenkonstruktion rückbauen zu müssen.

Hierfür können Bautrockner eingesetzt werden, mit denen trockene, warme Luft über einzubringende Bohrlöcher in die Fußbodenkonstruktion geblasen werden. Damit ist höchste Achtsamkeit bei der Auswahl und Anwendung der Verfahren geboten, damit nicht andere Schäden die Folge sind. Die Bohrlöcher mit Durchmessern von circa 50 mm und einem Abstand zur Wand von circa 2,5 m sollten zueinander im Abstand von jeweils 6,0 m angeordnet werden.

Das erste Loch fungiert als Einlassöffnung und wird mit Schläuchen versehen, wobei die Luft über einen Seitenkanalverdichter eingeblasen wird. Die eingeblasene warme Luft nimmt die Feuchtigkeit aus dem Estrich beziehungsweise der Schüttung auf und wird entweder über die Randfugen der Estrichkonstruktion oder die Fugen zwischen dem plattenförmigen Elastomer-Bodenbelag wieder austreten oder über ein Vakuum abgesaugt.

Über Trockner beziehungsweise Kondensatoren wird der auf diese Weise feuchtigkeitsgeschwängerten Raumluft der Wasserdampf wieder entzogen. Für eine ausreichende Trocknung – in solchen Fällen reicht eine Phase von zwei Wochen meist aus – werden mehrere Geräte benötigt.

Ob die Trocknung der feuchtebelasteten Fußbodenkonstruktion gelingt, hängt allerdings auch davon ab, inwieweit die trockene Warmluft überhaupt durch die teilgebundene Ausgleichsschüttung »hindurchgeblasen« werden kann, also davon, ob diese Schicht hinreichend luftdurchlässig ist. Keinesfalls darf es zum Absaugen der Schüttung selbst kommen.

Infolge der für die Bautrocknung benötigten zahlreichen Bohrlöcher und der ohnehin erforderlichen Erneuerung der Bodenbelagsebene mit schadhaften Fliesen des plattenförmigen Elastomer-Bodenbelags (lokal fehlender Verbund mit dem Untergrund durch Blasenbildung, Festigkeitsverlust der Spachtelmasse und anderes) ist es wirtschaftlicher, den derart schadhaft gewordenen Oberboden zu entfernen, zu entsorgen und oberhalb der Estrichkonstruktion eine neue, gleichartige Bodenbelagsebene zu verlegen.

Die Alternative, den Oberboden nur dort zu erneuern, wo Schadensbilder vorliegen oder Bohrlöcher entstanden sind, führt produktionsbedingt zu einem nicht vermeidbaren Farbtonunterschied zum bereits gealterten Elastomer-Bodenbelag. Dies scheint einerseits nicht wirtschaftlich, andererseits ist fraglich, ob der Bauherr/Auftraggeber oder Besteller diese Herangehensweise tolerieren muss.

Hinweis: Vor Verlegung eines dampfdichten Oberbodens ist es erforderlich, den getrockneten Estrich und/oder die teilgebundene Ausgleichsschüttung mittels der CM-Methode hinsichtlich der zulässigen Restfeuchte zu überprüfen. Sollte es dabei noch Anzeichen für weitere nachstoßende Feuchtigkeit geben, kann alternativ gegebenenfalls ein andersartiger Oberboden (zum Beispiel Nadelvlies) verlegt werden, der als relativ diffusionsoffen bezeichnet werden kann.

Diese Maßnahme ist dann sinnvoll, wenn die Bautrocknung einen zu langen Zeitraum bedingt und die weitere Nutzung der Räumlichkeiten zu lange behindern würde. Für die vorgesehene Art der Einbringung auf solch einer feuchtebelasteten Estrichkonstruktion in einem Raum, der zu Trainingszwecken genutzt wird, bedarf es aber der Zustimmung der Hersteller der Systemkomponenten - Vorstrich, Spachtelmasse, Kleber und Oberboden.

Bei erfolgloser Trocknung ist der Rückbau der Fußbodenkonstruktion und des Oberbodens sowie die Entsorgung von Bauschutt aus dem Krafttrainingsraum und Foyer unerlässlich. Anschließend muss dann ein neuer Estrich eingebaut und ein neuer Oberboden verlegt werden. Diese Alternative bedingt die höchsten Aufwendungen, zumal die Folgekosten beträchtlich sind. Die zuvor aufgezeigten Maßnahmen sollten daher favorisiert werden.

2.2.7 Fugen in beheizten Calciumsulfat-Fließestrichen

Sachlage

Der Eigentümer eines alten Bauernhofs ließ das Stallgebäude zu einem Einfamilienwohnhaus umbauen. Als Fußboden wurde durch den Architekten ein beheizter Calciumsulfat-Fließestrich geplant, der mit einem hochwertigen, plattenförmigen Marmor-Bodenbelag belegt wurde.

Schadensbild/Ist-Zustand nach drei Jahren

- zahlreiche Rissbildungen in den Marmorplatten
- Randabsenkung der Fußbodenkonstruktion

Abb. 2.46: Der hochwertige Marmor weist Risse auf.

Ursachenforschung

- Inaugenscheinnahme
- Bauteilöffnung
- gravimetrische Feuchtigkeitsbestimmung

Ergebnis

- insgesamt zwölf quer durch die Marmorplatten verlaufende, teilweise gekrümmte Rissbildungen und Rissmarkierungen mit einer Breite von ≤0,15 - ≤0,5 mm bei unterschiedlichen Längen
- Rissbildungen sind deckungsgleich im Calciumsulfat-Fließestrich vorhanden
- zahlreiche Fugenflankenabrisse der elastischen Fugenabdichtung der Raumfuge
- teilweise Absenkung der Estrichkonstruktion beziehungsweise des Natursteinbelags angrenzend zu den Sockelleisten, einhergehend mit Fugenflankenabrissen der elastischen Fugenabdichtung zwischen Sockelleisten und Marmorplatten bei resultierenden Fugenspalten von 3,0 - 5,0 mm Höhe
- partiell unzureichend dimensionierte Raumfugen der Estrichkonstruktion innerhalb der einzelnen Grundrissteilflächenbereiche
- partiell im Bereich von umlaufenden Raumfugen mit Kleber und/oder Estrich angearbeitete aufstrebende Bauwerksteile (Wandbildner, Fachwerkstützen und anderes)

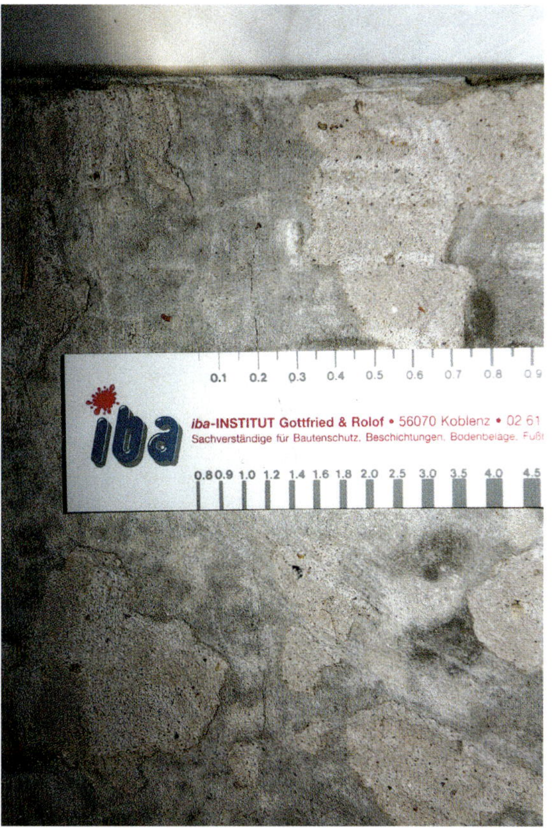

Abb. 2.47: Die Rissbildungen in den Marmorplatten sind deckungsgleich im Calciumsulfat-Fließestrich vorhanden.

- partiell im Bereich von umlaufenden Raumfugen zu dicht angearbeitete Marmorplatten
- keine ausreichende Anordnung von Bewegungsfugen innerhalb der überprüften Grundrissteilflächenbereiche
- aus gravimetrischen Feuchtigkeitsbestimmungen an vor Ort zerstörend entnommenen Estrichproben resultierten Werte von 0,14 – 0,33 Gewicht-Prozent, die üblichen Feuchtegehalten von Estrichen auf Basis von Calciumsulfat entsprechen

Ursachen

- es liegt ein L-förmiger Grundrissteilflächenbereich mit Schwerpunkt im Mittelteil vor, sodass mindestens eine Bewegungsfuge im Schenkelbereich erforderlich gewesen wäre
- ferner gibt es in diesem Bereich Türdurchgänge, die beim vorgesehenen Marmorplattenbelag bei Grundrisslängen > 5,0 m die Anordnung von Bewegungsfugen erforderlich gemacht hätten
- die Fußbodenheizung besteht aus drei Heizkreisläufen, die unterschiedlich stark erwärmt werden können. Mit verschiedenen Temperaturzonen innerhalb der Estrichkonstruktion war daher zu rechnen, demzufolge hätten auch Bewegungsfugen angeordnet werden müssen.

Bewertung

- grundsätzlich: es ist ein Fugenplan nach DIN 18 560-2 vom Bauwerksplaner vorzusehen. Für Calciumsulfat-Fließestriche sind keine Scheinfugen üblich, aber auch bei unbeheizten Konstruktionen Bewegungsfugen oberhalb der Gebäudetrennfugen, im Bereich von Türdurchgängen und bei Seitenlängen über 20 m anzuordnen. Es sei denn, der Estrichlieferant macht im Merkblatt andere Vorgaben (vgl. Merkblatt »Beläge auf Calciumsulfatestrich«, herausgegeben vom ZDB, Oktober 2005)
- die infolge des baustoffspezifischen thermodynamischen Längenausdehnungskoeffizienten zu erwartenden Spannungsanhäufungen und/oder Längenänderungen – bedingt durch Temperaturunterschiede – können bei Calciumsulfat-Fließestrichen vernachlässigt werden. Denn bei ordnungsgemäßer Verarbeitung sind keine kritischen Werte zu erwarten.
- dennoch haben Anhydrit- beziehungsweise Calciumsulfat-Fließestrichkonstruktionen in der Vergangenheit Rissbildungen und Rissmarkierungen aufgezeigt, also Schäden, die eigentlich nicht hätten auftreten dürfen
- meist wurden derartige Rissbildungen bei beheizten Estrichkonstruktionen im Frühjahr (besonders im Februar) – also der kältesten Jahreszeit – verzeichnet, in der es entsprechend hoher Vorlauftemperaturen bedurfte, um die Wohnräume entsprechend zu klimatisieren
- daraus folgend wird die Anordnung von Fugen grundsätzlich im Merkblatt »Fugen in Calciumsulfat-Fließestrichen«, herausgegeben vom IWM/IGE im Bundesverband der Gipsindustrie e. V., August 2008, bauartbedingt und grundrissbezogen dargestellt und erläutert. Hier heißt es, dass unbeheizte Calciumsulfat-Fließestriche in der Regel fugenfrei hergestellt werden, besondere Anforderungen gelten für beheizte Estrichkonstruktionen:
- wenn Estrichkonstruktionen nicht vollflächig beheizt werden, ist eine Bewegungsfuge zwischen beheizten und unbeheizten Teilflächen erforderlich (Ausnahme: unbeheizte Randzonen bis 1 m Breite)
- bei vollflächig beheizten Estrichkonstruktionen wird wie folgt differenziert:
- unzergliederte, geschlossene Flächen:
  a: Hier wird bei Kantenlängen ab 20 m eine Fuge empfohlen

b: Bei starren Belägen (z. B. Naturstein) bereits bei Kantenlängen ab 10 m

c: Bei vollflächig gleichmäßiger Beheizung (alle Heizkreise werden gleichzeitig und mit gleicher Temperatur betrieben) sind Estriche mit Kantenlängen > 20 m fugenlos herstellbar

- bei L-förmigen Grundrissen ist die Lage des Schwerpunkts der gesamten Fläche entscheidend:
  a: im Mittelteil: Fuge bei kürzerem Schenkel als 6,0 m Kantenlänge
  b: im Schenkel: Fuge bei kürzerem Schenkel länger als 3,0 m oder Abstand vom Schwerpunkt zur Ecke > 3,0 m
  c: Schwerpunkt außerhalb der Fläche: Fuge zu empfehlen, unabhängig von der Schenkellänge
- *Achtung:* Bei U-förmigen Grundrissen oder anderen komplexen geometrischen Grundrissen gelten andere Anforderungen!
- bei Flächen mit Türdurchgängen:
  a: Bei starren Belägen (z. B. Naturstein) wird für Grundrisslängen > 5,0 m eine Fuge empfohlen
  b: Bei elastischem Belag wird für Grundrisslängen > 7,0 m eine Fuge empfohlen
  c: Bei getrennten und erwartungsgemäß unterschiedlich stark temperierten Heizkreisen wird eine Fuge empfohlen
  d: Bei beheizten und unbeheizten Estrichkonstruktionen sind generell Fugen zu empfehlen

Maßnahmen

Die festgestellten Rissbildungen und Rissmarkierungen, die auch in der Estrichkonstruktion vorhanden sind, gelten als irreparabel. Somit müssen die Marmorplatten ausgetauscht werden. Durch gleichmäßiges Beheizen aller drei Heizkreisläufe ist sicherzustellen, dass die zu erwartenden Längenänderungen minimiert werden können.

Abb. 2.48 und 2.49: Durch dichte Anarbeitung an aufgehende Bauteile ist der Fußbodenkonstruktion die Bewegungsmöglichkeit genommen worden.

Im Vorfeld weitergehender Sanierungsmaßnahmen müssen zusätzlich folgende Punkte beachtet werden:

- es handelt sich um eine erdreichangrenzende Fußbodenkonstruktion, sodass dafür zu sorgen ist, dass geeignete Abdichtungsmaßnahmen im Sinne der DIN 18 195, Teil 4 – 5, getroffen werden
- die gegebenenfalls neu herzustellende beheizte Estrichkonstruktion muss in ihren Anforderungen neben der DIN 18 560-2 und DIN EN 1264 vor allem auch der EnEV und ergänzend dazu den Anforderungen der DIN 4108 (Wärmeschutz) sowie der DIN 4109 (Schallschutz) entsprechen
- es ist ein Fugenplan zu erstellen, aus dem die Anordnung von Bewegungsfugen zu entnehmen ist

- falls mehrere Heizkreisläufe für die Fußbodenheizung erforderlich sind, müssen zwischen diesen Teilflächen unter Umständen ebenfalls Bewegungsfugen angeordnet werden

Im vorgenannten Fall sind die Schadensbilder teils auch auf eine unterdimensionierte und/oder fehlerhafte Ausbildung der Raumfuge zurückzuführen: Bei Heizestrichen muss der Randdämmstreifen eine Längenänderung von mindestens 5,0 mm zulassen, wobei die Raumfuge selbst mindestens 10 mm breit sein sollte. Große Grundrisse bedingen eine dickere Dimensionierung von Randdämmstreifen und Raumfuge. Als Faustregel gilt: Bei einer Temperaturdifferenz von 30 K muss der Randdämmstreifen mindestens 10 mm dick sein.

2.3 Magnesiaestriche

2.3.1 Magnesiaestrich als Nutzestrich

2.3.1.1 Magnesiaestrich in einem Hochregallager

Sachlage

In einem neu errichteten Hochregallager (Fläche circa 1700 m²) sollte auf einer erdreichangrenzenden Betonbodenplatte, die auf Schottertragschicht mit PE-Folie betoniert ist, ein Magnesiastrich verlegt werden. Auf dem Betonboden war zunächst eine EP-Haftbrücke aufgebracht worden, dann der Magnesiaestrich und abschließend ein Pflegewachs.

Ein Bodengutachten im Vorfeld der Neubaumaßnahme hatte ergeben, dass kein drückendes Wasser vorlag, aufgrund dessen waren auch keine Abdichtungsmaßnahmen nach DIN 18 195 ergriffen worden.

Im vertragsrelevanten Leistungsverzeichnis lautete die Vorgabe für die zulässigen Toleranzen für die Ebenheit der Oberfläche wie folgt:

- quer zum Gang darf die maximale Abweichung über die gesamte Gangbreite den Wert von ± 1,5 mm nicht überschreiten
- entlang der Arbeitsgänge ergeben sich die Toleranzen in Anlehnung an DIN 18 202, Blatt 3, Zeile 3 und 4

Die fertiggestellte Estrichkonstruktion war auf Unebenheiten überprüft worden. Hierfür waren die normativen Vorgaben der DIN 15 185 (höhere Anforderungen an die Toleranzen gegenüber der DIN 18 202) zugrunde gelegt und eingehalten worden.

Auf den fertiggestellten Magnesiaestrich waren Podeste aufbetoniert worden, die den später aufgestellten und darin verankerten Regalen als Unterkonstruktionen dienten. Als Trennlage wurde eine PE-Zwischenfolie verwendet. Die Podeste samt Folie wurden allseitig mit Metallprofilen als Prallschutz eingefasst.

Abb. 2.50: Regalgassen des Hochregallagers mit Kommissionierstapler. Links und rechts der Gassen sind die Betonpodeste zu sehen.

*Schadensbild/
Ist-Zustand rund drei Jahre nach der Abnahme*

- die Fahrspuren der Lasträder der Kommissionierstapler (Leergewicht etwa 7,0 t, Vulkollan-Bereifung) zeichneten sich durch 20 - 30 cm breite Verfärbungen und Unebenheiten rechts und links der Regalgassen von ihrer Umgebung ab
- entlang der Betonpodeste, die rechts und links in den Regalgassen angeordnet waren, gab es auf dem Magnesiaestrich weiße und/oder braune kranzartige Verfärbungen mit Breiten

Abb. 2.51: In den Fahrgassen wird die Estrichkonstruktion mit Vulkollanreifen belastet.

Abb. 2.52: Die ständige Belastung der Fahrspuren hatte neben Verschleiß auch zur Verformung des Estrichs geführt.

Abb. 2.53: Entlang der Betonpodeste zeigen sich Ausblühungen.

von > 1,0 – < 50 cm, die unmittelbar von den metallischen Abschlussprofilen der Aufbetonsockel ausgingen

- Korrosionserscheinungen an den metallischen Abschlussprofilen der Betonpodeste

Ursachenforschung

- Inaugenscheinnahme
- Ebenheitsmessungen in Anlehnung an DIN 18 202
- Probenentnahme
- gravimetrische Feuchtigkeitsbestimmung

Ergebnis

- bei den weißen und/oder braunen Verfärbungen handelte es sich um Bestandteile aus der Estrichkonstruktion, die sich oberflächlich angereichert hatten. Also Ausblühungen - sowohl im Aggregatzustand fest (weiße und braune Verfärbungen) als auch flüssig (braune Verfärbungen)
- Überschreitung der vereinbarten Ebenheitstoleranzen um bis zu 4,0 mm
- der Magnesiaestrich wies an verschiedenen Prüfstellen einen Feuchtegehalt von 6,9 - 15,6 Gewicht-Prozent auf

Abb. 2.54: Die pulverförmigen, weißen Ausblühungen sind Folge des behinderten Transports der Feuchtigkeit im abgedeckten Magnesiaestrich.

Abb. 2.55: Am Prallschutz aus Metall sind wässrig-braune Anhaftungen sowie Korrosion festzustellen.

Ursachen

- bei näherer Betrachtung der Metallprofile bestätigte sich, dass zwischen den Betonpodesten und dem umlaufenden Metallprofil eine Trennlage aus Folie eingebracht war, die mehr oder weniger bündig mit der Oberkante des Profils abschloss
- die Korrosionserscheinungen an den metallischen Abschlussprofilen sind ebenfalls ein Indiz dafür, dass im horizontalen Anschlussbereich des an die Betonpodeste angrenzenden Magnesiaestrichs eine hohe Feuchtigkeitsbeanspruchung, unter Umständen in Verbindung mit korrosionsfördernden Substanzen (aus dem Magnesiaestrich herausgelöste Chloridionen), vorherrscht
- die Feuchtigkeitserscheinungen entlang der metallischen Abschlussprofile der Betonpodeste sind auf bauphysikalische Transportvorgänge von Feuchtigkeit durch Feststoffe (Diffusion und/oder Osmose eventuell auch in Kombination mit kapillarem Wassertransport) aus der Fußbodenkonstruktion unterhalb der Betonpodeste zurückzuführen
- bei einer erdreichangrenzenden Fußbodenkonstruktion (ohne wirksame Abdichtungsebene nach DIN 18 195, Teil 4 und/oder Teil 5) findet naturgemäß bauphysikalisch bedingt von unten her ein Feuchtetransport über den gesamten Querschnitt der Fußbodenkonstruktion statt, sofern die verwendeten Werkstoffe allesamt wasserdampfdurchlässig eingestellt sind
- die bei Verbundestrichen in der Regel eingesetzten Haftbrücken zwischen Stahlbetonuntergrund und Estrichkonstruktion können je nach Formulierung des Bindemittels eine abdichtende Wirkung besitzen. In diesem Fall wäre der Feuchtetransport durch den Querschnitt der Estrichebene hindurch unterbunden, sodass sich

eine Gleichgewichtsfeuchte innerhalb der Stahlbetonplatte unterhalb des Estrichs einstellt. Im Falle einer lediglich als Haftvermittler und nicht zusätzlich als Abdichtungsebene fungierenden Haftbrücke, die bestenfalls als Dampfbremse, nicht aber als Dampfsperre gegenüber aufsteigender Feuchtigkeit wirkt, kommt es zu einem durchgängigen Feuchtetransport bis zur Oberfläche der Fußbodenkonstruktion. Bei diffusionsoffenen Estrichkonstruktionen wird dann die Feuchtigkeit naturgemäß an der Oberfläche an die Umgebung oder Raumluft abgegeben.

- anders verhält es sich bei oberflächlich abgedeckten Fußbodenkonstruktionen, bei denen die Feuchtigkeit nicht mehr ungehindert an die Umgebung abgegeben werden kann. In der Folge kommt es in den oberflächlich abgedeckten Bereichen zu einem Feuchtigkeitsstau. Im vorliegenden Fall wirkten die auf Trennlage auf den Magnesiaestrich eingebrachten Betonpodeste wie ein dampfdichter Oberboden. Diese Sperrschicht verhinderte die Diffusion und/oder Osmose, sodass sich Feuchtigkeit im Estrich anreichern konnte.
- weil Magnesiaestriche naturgemäß feuchtigkeitsempfindlich sind, führt die Einwirkung erhöhter Feuchtigkeit unter absperrend wirkenden Schichtenfolgen (Betonpodeste auf Trennfolie) über einen längeren Zeitraum zu Festigkeitsverlusten innerhalb der Estrichebene, was in der Konsequenz nachhaltige Folgen in Bezug auf die Lasteintragung in die Fußbodenkonstruktion mit sich bringen kann.
  Daher kann es im Laufe der Zeit unter Umständen zum Versagen und Einbrechen der instabilen Estrichebene kommen. Die Funktion als Lastverteilungsschicht, und auch die Standsicherheit der Fußbodenkonstruktion und/oder der darauf aufgelagerten Regalanlage ist somit nicht mehr gewährleistet.
- dieser Sachverhalt bestätigte sich auch im Zuge der Bodenöffnungen: Die unterhalb eines Betonpodests entnommenen Magnesiaestrich-Proben verhielten sich bereits während des Bohrvorgangs auffällig weich
- die kranzartigen Feuchtigkeitserscheinungen, die entlang der Betonpodeste festgestellt werden konnten, sind somit eine Folge des behinderten Transports der Feuchtigkeit im abgedeckten Magnesiaestrich. Sie suchte sich nunmehr den Weg über die angrenzende diffusionsoffene Oberfläche im Bereich links, rechts sowie an den Stirnseiten der Betonpodeste und hat dort auch die eingangs erwähnten Spurrillen zu verantworten.
- eine grundsätzlich fehlende Eignung des Magnesiaestrichs für diesen Anwendungsfall konnte jedoch nicht bestätigt werden

Bewertung

- die Verlegung von Magnesiaestrichen als Verbundestrichkonstruktion auf erdberührten Betonplatten ohne abdichtende Maßnahmen wird zwar von der Fachwelt nicht generell empfohlen, hat sich in der Praxis aber nicht als schadensträchtig herausgestellt
- besteht allerdings das Risiko der Behinderung von Feuchtetransport durch die Schichtenfolgen der Fußbodenkonstruktion durch partielles Abdecken mit dampfdiffusionsdichten Schichten, ist auch mit negativen Folgen für die Festigkeit des Magnesiaestrichs zu rechnen
- werden Betonpodeste nachträglich auf der Lastverteilungsschicht der im Verbund auf der Schwerlastbodenplatte eingebrachten Magnesiaestrichkonstruktion angeordnet, sind zuvor entsprechende Abdichtungsmaßnahmen unterhalb der erdberührten Bodenplatte vorzunehmen oder eine andere Konstruktion zu wählen, die weniger risikobehaftet ist (Planungsaufgabe)

Maßnahmen

Um das Schadensbild im Hochregallager beheben zu können, muss die partiell durch Verlust der Festigkeit infolge (rückseitiger) Feuchtigkeitseinwirkung sowie lokal behindertem Feuchtetransport schadhaft gewordene Magnesiaestrich-Konstruktion im betroffenen Grundrissteilflächenbereich des Hochregallagers komplett zurückgebaut werden.

Dazu erscheint es vorher zweckmäßig, die Regalanlagen zu räumen, zu demontieren und die Betonpodeste zu entfernen. Der Rückbau der Estrichkonstruktion hat bis zur tragfähigen Schicht der Stahlbetondecke zu erfolgen, sodass diese erneut mit einem Industrieestrich, der den nutzungsbedingten Anforderungen gerecht wird, versehen werden kann. Entsprechend der DIN 18 560-7 eignet sich hierfür grundsätzlich ein hoch beanspruchbarer Estrich wie beispielsweise ein zementgebundener Hartstoffestrich.

Im Hinblick auf die während der Nutzung auftretenden Lasten (Flächen- und/oder Punktlasten der Regalanlagen, Verkehrslasten aus dem Betrieb von Flurförderzeugen unter Berücksichtigung der Radpresslasten) muss dann der neu einzubringende Industriestrich einschließlich etwaiger erforderlicher Abdichtungsmaßnahmen sorgfältig geplant und ausgewählt werden (fachkundige Planungsleistung mit entsprechenden Berechnungen und Lastannahmen). Der freigelegte Stahlbetonuntergrund ist durch Probenentnahme auf Chloridbelastung, die Baustahleinlage exemplarisch auf Korrosion zu prüfen. Im Bedarfsfall ist der Stahlbetonuntergrund abzutragen und instandzusetzen.

2.3.2 Magnesiaestrich mit Bodenbelag

2.3.2.1 Magnesiaestrich mit PVC-Bodenbelag in einem Ladenlokal

Sachlage

In einem Geschäftshaus mit Ladenlokal (circa 40 m^2) aus dem Bestand war der Ersatz des vorhandenen textilen Bodenbelags durch einen thermisch verschweißten, fliesenförmigen PVC-Bodenbelag geplant. Auf erdreichangrenzender Betonbodenplatte war ein Magnesiaestrich/Steinholzestrich als Verbundestrich - ebenfalls aus dem Bestand - vorhanden. Das 1965 errichtete Gebäude war später noch um einen Anbau erweitert worden.

Schadensbild/ Ist-Zustand etwa drei Jahre nach der Abnahme

- Blasenbildung im PVC-Bodenbelag, insbesondere angrenzend zur Schaufensterfront

Ursachenforschung

- Inaugenscheinnahme
- Bestimmung der Bindemittelart des Estrichs
- Öffnung der Bodenbelagsebene
- Messung des Feuchtegehalts

Ergebnis

- zahlreiche Blasenbildungen im PVC-Bodenbelag, insbesondere angrenzend zur Schaufensterfront
- weiß-graue und/oder kristalline, salzartige Ausblühungen auf der Oberfläche des Magnesiaestrichs
- zementäre Spachtelmasse bereits augenscheinlich feucht
- orientierend, elektrisch gemessen: erhöhte Feuchtigkeit des Magnesia-/Steinholzestrichs und der zementären Spachtelmasse (Relativmessung)
- an den Innenflächen der Außenwand im Bereich der Eingangstür - bis circa 1,0 m oberhalb der Fußbodenkonstruktion - erhebliche Feuchteschäden an der gestrichenen, tapezierten Wandfläche
- am Sockel der Wände wurden bis in 20 - 30 cm Höhe erhöhte Feuchtigkeitswerte (Relativmessung) ermittelt
- an der Außenwand des Wohn- und Geschäftshauses war eine circa 20 cm breite Pflasterung mit ausgewaschenen Fugen vorhanden
- die Bewegungsfuge zwischen dem 1965 errichteten Gebäude und seinem späteren Anbau ist zwischenzeitlich schadhaft geworden

Abb. 2.56: Keine Kunst am Bau: weiß-graue und/oder kristalline, salzartige Ausblühungen auf der Oberfläche des Magnesiaestrichs.

Abb. 2.57: Die orientierende elektrische Messung ergibt eine überhöhte Restfeuchte des Magnesiaestrichs.

Abb. 2.58: Feuchteschäden an den Innenwandoberflächen deuten auf Abdichtungsprobleme der Außenwand hin.

Abb. 2.59: Fragliche Abdichtung, ausgewaschene Fugen und undichte Anschlüsse zur Tür: Feuchtigkeit kann nach innen wandern und auf die Bodenbelagsebene einwirken.

Ursachen

- erdreichangrenzende Fußbodenkonstruktion (Baujahr 1965) ohne Abdichtungsebene unterhalb der erdberührten Bodenplatte, daher ist mit nachstoßender Feuchtigkeit zu rechnen. Folglich ist es prinzipiell erforderlich, für dampfdichte Oberböden eine Dampfsperre anzuordnen.
- auf der erdberührten Bodenplatte ist im Verbund eine Estrichkonstruktion aus Steinholz- oder Magnesiaestrich eingebaut worden. Derartige Estrichkonstruktionen haben eine Haushaltsfeuchtigkeit von >6,0 bis <12,0 Prozent und wurden üblicherweise als Nutzestriche eingebaut, wobei die Oberfläche geölt und/oder gewachst worden ist. Derartige Estrichkonstruktionen sollten deswegen nicht mit dampfdichten Oberböden belegt werden, da es häufig zu Schäden durch Blasen- und Beulenbildung kommt
- in die Bodenbelagsebene konnte beziehungsweise kann die Feuchtigkeit nicht nur von außen über die angrenzende Pflasterung (ausgewaschene Fugen, fragliche vertikale Abdichtung der tieferliegenden Bodenplatte des Gebäudes) sowie über die schadhafte Bewegungsfuge in die Außenwand und/oder Fußbodenkonstruktion einwandern. Sondern bei starkem Regen auch durch die Eingangstür zum Ladenlokal, die nicht dicht abschloss und erst anderthalb Jahre zuvor ausgewechselt worden war.

Bewertung

- dampfdichter Oberboden unter den vorherrschenden baulichen Bedingungen auf dem (feuchteempfindlichen) Magnesiaestrich ungeeignet
- die Abdichtungssituation muss weitergehend überprüft werden

Maßnahmen

Zur Mangelbeseitigung sind folgende Varianten und daraus resultierende Maßnahmen und Arbeitsschritte als erforderlich anzusehen:

Variante 1

Die schadhaft gewordene Bodenbelagsebene muss aufgenommen werden. Der Steinholz-/Magnesiaestrich – mit der für ihn typischen hohen Restfeuchte – kann wegen der fehlenden Abdichtungsebene unter der erdberührten Bodenplatte nicht mit einem dampfdichten Bodenbelag versehen werden. Nach Untergrundvorbereitung kann die zweifache Applikation einer 2K-EP-Grundierung, die gegen rückseitige Feuchtigkeitseinwirkung geprüft ist, als Dampfbremse

eingebracht werden (Eignung vom Hersteller bestätigen lassen).
Nach der Spachtelung ist die Verlegung eines neuen, diffusionsoffenen textilen Bodenbelags möglich (Eignung für Klebstoff und Bodenbelag vom Hersteller bestätigen lassen). Hierfür werden üblicherweise Nadelvlies-Bodenbeläge verwendet. *Hinweis:* Geruchsbelästigungen durch bauphysikalische Transportphänomene von Feuchtigkeit aus dem Untergrund in die textile Bodenbelagsebene können nicht ausgeschlossen werden.
Voraussetzung ist, dass die Feuchtigkeitseinwirkungen auf die Fußbodenkonstruktion und die Innenwände unterbunden werden (vertikale Abdichtung der gegenüber der Pflasterung tieferliegenden Bodenplatte mit Estrichkonstruktion gegenüber dem Erdreich, Überprüfung der Sockelfläche an der Außenwand und eventuelle Abdichtung bis 50 cm über Pflaster, Sanierung der schadhaften Bewegungsfuge und anderes).
Ein Restrisiko, dass etwa nachstoßende Feuchtigkeit aus der Bodenplatte über die Zeitdauer der Einwirkung zu nachteiligen Wechselwirkungen mit dem verwendeten Klebstoff (Verseifung) und/oder dem Bodenbelag (muffiger Geruch) führen kann, bleibt.

Variante 2

Um das Restrisiko nach Variante 1 auszuschließen, sind folgende Maßnahmen erforderlich:

- Rückbau des Oberbodens und der Estrichkonstruktion bis zur erdberührten Bodenplatte
- Anordnung einer Dampfsperre
- eventuelle Anordnung einer Wärmedämmung (Energieeinsparverordnung beachten!) unter einer neuen Estrichkonstruktion und/oder einem Trockenestrich
- nach Untergrundvorbereitung: Verlegen eines neuen geeigneten Oberbodens

Voraussetzung ist darüber hinaus wie auch in Variante 1, dass die Feuchtigkeitseinwirkungen auf die Fußbodenkonstruktion und die Innenwände unterbunden werden (vertikale Abdichtung der gegenüber der Pflasterung tieferliegenden Bodenplatte mit Estrichkonstruktion gegenüber dem Erdreich, Überprüfung der Sockelfläche an der Außenwand und eventuelle Abdichtung bis 50 cm über Pflaster, Sanierung der schadhaften Bewegungsfuge und anderes).

2.3.2.2 *Magnesiaestrich mit PVC-Bodenbelag in einem Produktionsgebäude*

Sachlage

Im Zuge des Neubaus eines Produktionsgebäudes (circa 2000 m^2 Grundfläche) wurde ein bahnenförmiger PVC-Bodenbelag auf Magnesiaestrich ableitfähig verlegt.

Der Magnesiaestrich war im Verbund mit einer Stahlbetonbodenplatte im Erdgeschoss und einer Stahlbetondeckenplatte im Obergeschoss verlegt worden. Die Nahtkanten des PVC-Bodenbelags wurden thermisch verschweißt. Zwischen Stahlbeton und Magnesiaestrich wurde eine Haftbrücke aus Epoxidharz appliziert.

Schadensbild/
Ist-Zustand rund acht Jahre (!) nach der Abnahme

- Verfärbungen und Verfleckungen des Oberbodens
- Formveränderungen durch Blasen und Beulen im PVC-Bodenbelag

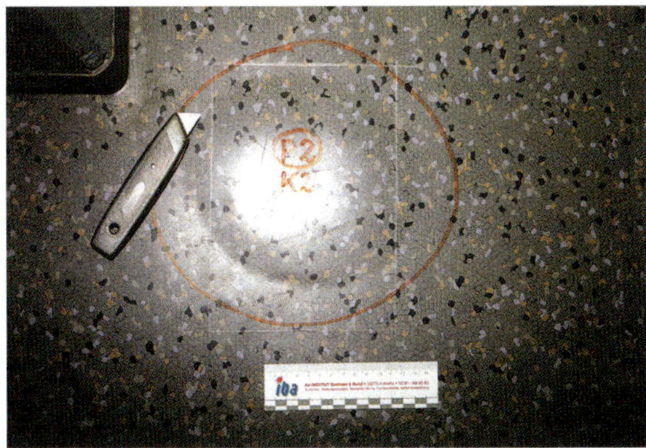

Abb. 2.60: Im dampfdichten PVC-Bodenbelag haben sich Blasen gebildet.

Abb. 2.61: Zur Prüfung werden die Blasen geöffnet.

Ursachenforschung

- Öffnung der Bodenbelagsebene
- Proben- und Bohrkernentnahme (aus statischen Gründen so wenige wie möglich)
- lichtmikroskopische Untersuchung der Proben
- Raster-Elektronenmikroskopie (REM) mit energiedispersiver Elektronenstrahlmikroanalyse (EDX)
- Flugzeit-Sekundärionen-Massenspektrometrie (TOF-SIMS)
- Schichtdickenbestimmung der Haftbrücke mittels interaktiver Bildauswertung
- Bestimmung des Chloridgehalts nach DIN EN 196-21, Abschnitt 4, Verfahren nach Vollhard

Abb. 2.62: An der Rückseite des Bodenbelags zeigen sich Anhaftungen aus der oberflächennahen Randzone des Magnesiaestrichs.

- Bestimmung der Überdeckung der Bewehrung, der Carbonatisierungstiefe sowie Beurteilung der Korrosion der Bewehrung

Ergebnis

- geradlinig verlaufende Formveränderungen im Oberboden (Wurm- und Faltenbildungen), ovale und/oder kreisrunde Blasenbildungen (Durchmesser 20 – 30 cm)
- rotbraune Korrosionsprodukte auf dem Bodenbelag angrenzend zu den Sockelleisten
- nach dem Abschälen des Bodenbelags: anhaftende mineralische Bestandteile der oberflächennahen Randzone des Magnesiaestrichs
- Bohrkernentnahme zeigte: Im Bereich der Bruchzone zwischen dem Stahlbeton hatte sich eine bräunlich-schwarze Flüssigkeit in tropfbarer Form angesammelt. Eine orientierende Überprüfung pH-Wert von 4 – 5 und somit den Nachweis für ein leicht saures bis saures Medium
- ESEM/EDX-Analyse: An den entnommenen Bohrkernen war im Grenzbereich zwischen Magnesiaestrich und Stahlbeton eine Haftbrücke vorhanden. Die Querschliffaufnahmen zeigten eine dunkle Zwischenschicht im Übergang des Betons zur weißen Magnesiaestrichkonstruktion, die jedoch inhomogen erschien und in großer Streuung variierende Schichtdicken von < 10 – > 30 µm aufwies sowie partiell nicht nachweisbar war (Fehlstellen). Mittelwert der Schichtdicke: 23,4 µm
- TOF-SIMS-Analyse: Im Grenzflächenbereich zwischen Magnesiaestrich und Stahlbeton befindet sich eine Zwischenschicht, die ein Epoxidharz auf Basis von Bisphenol-A enthält

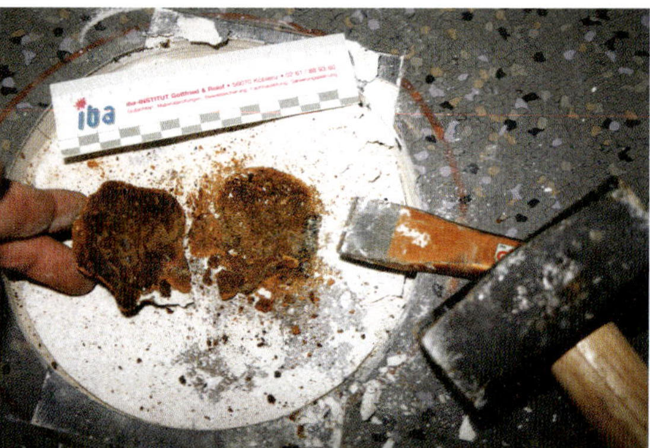

Abb. 2.63: An der Oberfläche des Magnesiaestrichs zeigen sich Korrosionsspuren.

Abb. 2.64: Diese Spuren setzen sich auch im Betonquerschnitt fort.

Abb. 2.65: Die nähere Inaugenscheinnahme zeigt: Lochfraßkorrosion.

Ursachen

- infolge der Fehlstellen der EP-Haftbrücke und der vergleichsweise geringen Schichtdicken von < 10 bis > 30 µm konnte diese Zwischenschicht der zugedachten Funktion als Sperrschicht (siehe DIN 18 560-3, Tabelle 2, Fußnote [3]) nur eingeschränkt genügen
- daher waren die Korrosion des Bewehrungsstahls der Stahlbetondecke und, bedingt durch die daraus resultierende Volumenvergrößerung, auch Schadensbilder an dem Magnesiaestrich sowie dem Bodenbelag zu konstatieren
- ausgelöst wurde die Korrosion des Bewehrungsstahls hauptsächlich durch eine erhöhte Chloridbelastung des Betons
- die festgestellte Betonüberdeckung war zwar nach den zur Ausführung gültigen normativen Vorgaben der DIN 1045 zu gering, jedoch war allein aufgrund der festgestellten Carbonatisierungstiefe – sie war noch geringer als die Betonüberdeckung der Bewehrung – kein erhöhtes Korrosionsrisiko gegeben

Bewertung

- zur Abschätzung der Gefahr der Korrosion der Bewehrung in Betonbauteilen durch erhöhte Chloridbelastung ist kein normativer Grenzwert definiert. Jedoch wurden in der Vergangenheit hierzu verschiedene Forschungsberichte veröffentlicht, in denen Richtwerte für maximal zulässige Gesamtchloridgehalte in Stahlbeton beschrieben worden sind. Beispielsweise werden als Richtwert im Merkblatt des Deutschen Betonvereins (DBV) »Chloride im Beton«, April 1996, 0,5 Gewicht-Prozent für den zementbezogenen Chloridgehalt in Stahlbeton und für Spannbeton ein Richtwert von 0,2 Gewicht-Prozent benannt.
- als charakteristisch für die Chloridkorrosion sind örtlich eng begrenzte Bereiche der Lochfraßkorrosion (Anode) zu benennen sowie große Bereiche der Bewehrung, die gänzlich ohne Korrosion vorliegen. Immer dann, wenn für die Bildung von Korrosionsprodukten ausreichend Porenraum im angrenzenden Beton zur Verfügung steht, finden sich äußerlich keine oder nur geringe Zeichen für Korrosion.
- eindeutig festgestellt und ausgesagt werden kann, dass alle untersuchten Proben (Bohrmehl-Proben und Bohrkerne) aus den Stahlbetondecken fast ausnahmslos den vorgenannten Richtwert von 0,5 Gewicht-Prozent für den zementbezogenen Chloridgehalt überschritten,

sodass in der Folge für die untersuchten Stahlbetondecken von einem Korrosionsrisiko für die (obere) Stahleinlage in den Betondecken ausgegangen werden muss

- die passivierende Oxidationsschicht der Bewehrung, die sich im alkalischen Milieu des Betons bildet, kann bei Vorliegen erhöhter Anteile freier Chloridionen auch bei hohen pH-Werten örtlich durchbrochen werden und daraus die sogenannte Lochfraßkorrosion resultieren. Hierbei tragen nur freie Chloridionen zur Erhöhung der Korrosionsgefahr der Bewehrung bei, weil der im Beton enthaltene Zementstein (besonders Tricalciumaluminathydrat) bis zu 0,4 Gewicht-Prozent Chlorid in Form des Friedelschen Salzes (C_3A x $CaCl_2$ x H_2O) zu binden vermag. Dieses Salz kann auch im alkalischen Milieu dauerhaft Chloride einlagern, sodass bis zu einem Chloridgehalt von 0,4 Gewicht-Prozent auch bei Anwesenheit von Feuchtigkeit zunächst keine Korrosion der Bewehrung stattfinden kann.
- in der Fachwelt ist durch zahlreiche wissenschaftliche Forschungen und Veröffentlichungen über schadhaft gewordene Oberböden und/oder Fußbodenkonstruktionen bekannt, dass Schäden auch durch Restwasser aus der Rohbetonplatte ausgelöst wurden, und das nicht nur bei erdreichangrenzenden Fußbodenkonstruktionen mit zweifelhafter Abdichtungsebene, sondern auch bei Geschossdecken
- die verwendete EP-Haftbrücke ist in ihrer Schichtdicke als zu gering bemessen und teilweise auch fehlerhaft hergestellt vorgefunden worden (Fehlstellen). Sie ist somit hauptursächlich für die hohe Chloridbelastung des Betons in der Nähe der Bewehrung.
- jedoch kommt erschwerend hinzu, dass bei dieser Verbundestrichkonstruktion mit einem aufgrund seiner Zusammensetzung (Magnesiumchlorid) als hygroskopisch (wasseranziehend) zu bewertenden Magnesiaestrich die Anordnung einer dampfdichten Zwischenlage zwischen Estrich und Betondecke als sinnvoll anzusehen gewesen wäre. Die verwendete EP-Haftbrücke kann allenfalls als eine Art Dampfbremse interpretiert werden. Diese Erkenntnis hat sich in den letzten Jahren in der Fachwelt ebenfalls infolge eintretender Schadensereignisse an dampfdichten Oberböden zunehmend durchgesetzt, was auch durch wissenschaftliche Ergebnisse und Fachveröffentlichungen belegt ist [vergleiche Dr. U. Windhövel: »Dicht ist nicht immer dicht genug«, Fachbeitrag in Welt der Farben, 2002]
- gleichzeitig muss die Anordnung eines dampfdichten Oberbodens auf einem Verbundestrich aus Magnesiaestrich als ungünstig angesehen werden. Eben angesichts seines starken hygroskopischen Verhaltens und seiner Zusammensetzung gilt er grundsätzlich als feuchtigkeitsempfindlich. In der Vergangenheit sind daher Magnesiaestriche, die als Verbundestrichkonstruktion eingebaut wurden, zum einen auf einer gegen aufsteigende Feuchtigkeit wirksamen Sperrschicht hergestellt und zum anderen überwiegend als Nutzestrich eingebaut worden, wobei eine Oberflächenbehandlung beispielsweise mit Pflegewachsen erfolgte.
  Die Verwendung dampfdichter Oberböden (PVC-Bodenbeläge, Kunstharzbeschichtungen) auf solchen Estrichkonstruktionen war nicht üblich. Auch ihre Verwendung auf Magnesiaestrich als Verbundestrichkonstruktion auf Stahlbetondecken im Geschossbau ist wegen nachstoßender Restfeuchte ohne Anordnung von dampf-/feuchtigkeitssperrenden Zwischenlagen mit Restrisiken verbunden. Sie bedingen besondere Sorgfaltspflichten und Vorsichtsmaßnahmen, da sonst Folgeschäden programmiert sind.
- bereits im Jahre 1983 hat Prof. G. Flade im Fachbuch »Das Fußboden Buch« unter Abschnitt

2.3.5 auf die Besonderheiten von Magnesiaestrichen hingewiesen. Hier heißt es unter anderem wie folgt: »[...] 3. Da Magnesiumchlorid die Stahlkorrosion fördert, sind folgende Maßnahmen zu treffen: Bei Verlegung von Verbundestrich (ME) auf Stahlbetondecken muss die Betondeckung ausreichend dick und in ihrem Gefüge so dicht sein, dass Anmachlösung nicht an die Bewehrung herantreten kann (DIN 272 Ziff, 4.2.1). Der Beton muss ausgetrocknet sein. Ist das nicht der Fall, ist die Stahlbewehrung, zum Beispiel durch einen entsprechenden Anstrich, zu schützen. [...]. 4. Magnesiaestriche sind als Luftmörtel für Nass- und Feuchträume ungeeignet. Die Gefahr der Zerstörung besteht auch durch Feuchtigkeit aus der Dampfdiffusion und bei der Verlegung auf noch nicht ausgetrockneten Rohdecken (Baufeuchte) [...]«.

- in der Reihe »Schadensfreies Bauen« [Hrsg. Günter Zimmermann, Fraunhofer IRB-Verlag, 2. erg. Aufl.,1999] wird in Band 15 von dem Autor Dipl.-Ing. Klaus G. Aurnhammer über »Schäden an Estrichen« berichtet, wobei unter 5.3 »Schäden an Magnesiaestrichen« ausgeführt wird: »[...] Um Schäden zu vermeiden, gelten für Magnesiaestriche die folgenden bekannten Konstruktionsregeln: Bei Verlegen auf Betonplatten über Erdreich ist der Magnesiaestrich von unten gegen aufsteigende Feuchtigkeit zu schützen, Magnesiaestrich darf nicht mit einem dampfdichten Belag abgedeckt werden. Dies gilt insbesondere für Magnesiaestrich auf dicken Stahlbetondecken, die noch Restfeuchtigkeit enthalten. In diesem Fall muss zuvor eine dampf- und feuchtigkeitssperrende Schicht unter dem Estrich verlegt werden. Besonders wichtig ist dies, wenn sich darunter Räume mit höherer Raumtemperatur als im betreffenden Raum befinden. Magnesiaestrich soll nicht in Nassräumen verlegt werden. Wurden diese Grundregeln nicht beachtet, so kam es zu Schäden [...]«.
- als schadensursächliche Einflussfaktoren müssen daher folgende Sachverhalte ergänzend Berücksichtigung finden, die sich unter Umständen gegenseitig überlagert haben können:
- unzureichende Schichtdicke und/oder fehlerhafte EP-Haftbrücke als Sperrschicht
- ungenügende Überdeckung der oberen Stahleinlage mit Beton (<20 mm)
- dampfdichter PVC-Bodenbelag auf Magnesiaestrich
- fehlende Anordnung einer dampfdichten und feuchtigkeitsundurchlässigen Zwischenlage zwischen Stahlbetondecke und Magnesiaestrichkonstruktion
- nachstoßende Restfeuchtigkeit aus der Rohbetondecke

Maßnahmen

Ob die Standsicherheit des Gebäudes als solches gefährdet ist, muss ergänzend von einem Tragwerksplaner/Baustatiker überprüft werden. Unabhängig davon besteht unmittelbarer Handlungsbedarf, damit sich das Schadensbild vor Ort nicht weiter ausbreitet und die Korrosion der Bewehrung in den Betondecken nicht voranschreiten kann.

Für die Schadensbehebung sind nachfolgende Arbeitsschritte als notwendig anzusehen:

- Rückbau des PVC-Bodenbelags
- Rückbau des Magnesiaestrichs
- Überprüfung und Dokumentation der Überdeckung der Bewehrung mit Beton
- Überprüfung und Dokumentation der Korrosion der Flächenbewehrung
- Abfräsen der Stahlbetondecke bis auf die carbonatisierte beziehungsweise korrodierte Bewehrung

- Überprüfung und Dokumentation der vorhandenen Chloridgehalte im Beton durch repräsentative Entnahme und Analyse von Bohrmehl-Proben (mindestens 50 Prüfstellen, Entnahmetiefe 20 und 40 mm = 100 Untersuchungen je Geschoss)
- eventuelles Abfräsen der Stahlbetondecke bis auf Bereiche < 0,5 Gewicht-Prozent Chloridgehalt im Beton
- korrodierte Bewehrung von Betonüberdeckung freilegen (bis 20 mm in den nicht korrodierten Bereich) und die Stahleinlage durch Strahlen entrosten, Normreinheitsgrad SA 2 1/2
- entrostete Bewehrung mit geeignetem Korrosionsschutz-Grundbeschichtungsstoff nach DIN EN ISO 12 944-4 porenfrei in vorgegebener Schichtdicke beschichten und in der Frischphase absanden
- gegebenenfalls erforderliche Haftbrücke auf den vorgenannten Teilflächen mit systemimmanenten Werkstoffen auf Basis von Polymer Cement Concrete (PCC) herstellen
- die wie vor beschrieben behandelten Teilflächen im Rahmen der erforderlichen Beton-Instandsetzung (Betonausbrüche, Schadstellen) mit Zementmörtel mit Kunststoffzusatz (PCC) reprofilieren und wiederherstellen. Die Rücksprache mit einem Tragwerksplaner zur Abstimmung der Statik ist dabei unerlässlich!
- möglicherweise Aufbringen eines Aufbetons, der die Überdeckung der Stahleinlage erhöht (die untersuchten Bohrkerne hatte eine zu geringe Bemessung ergeben). Die Rücksprache mit einem Tragwerksplaner zur Abstimmung der Statik ist dabei unerlässlich!

Weiteres Vorgehen:

Variante 1

Porenfreie Applikation (mindestens zweimaliger Auftrag in zwei Arbeitsgängen) einer 2K-EP-Haftbrücke als Sperrschicht gemäß DIN 18 560-3, Tabelle 2, geprüft auf Eignung bei rückseitiger Feuchteeinwirkung und auf Eignung als Sperrschicht gegen Ionenaustausch bei Verbundestrich aus Magnesiaestrich.
Schutz aller Einbauteile und Durchdringungen aus Metall durch 2K-EP-Beschichtung, die Kontakt mit der Estrichkonstruktion aufzeigen. Einbau eines Magnesiaestrichs im Verbund mit Haftbrücke auf reprofiliertem Stahlbeton mit Nachbehandlung der Oberfläche durch Wachsen oder Ölen nach der Herstellung.
In der Regel sind solche Nutzestriche auf Magnesia-Basis elektrisch leitfähig (spezifischer Widerstand $r = 10^3\ \Omega \times cm$ bis $10^5\ \Omega \times cm$). Es ist zu prüfen, ob dies für die hergestellten Produkte ausreicht oder höhere Anforderungen zu stellen sind (auch aus Gründen der Arbeitssicherheit!).
Hinweis: Weitere eventuell auf dieser Fußbodenkonstruktion erforderliche Oberböden müssen dampfoffen ausgebildet sein. Ist dies nicht möglich, muss Variante 2 greifen:

Variante 2

Herstellen einer Estrichkonstruktion auf Trennschicht nach DIN 18 560-4, wobei die Trennschicht zweilagig sein muss. Anordnung einer Dampfsperre, die eine Lage der Trennschicht darstellen kann.
Die Estrichkonstruktion muss nach DIN 18 560-7 auf die Einsatzbereiche und Beanspruchungen abgestimmt sein. Einbau eines Oberbodens (wahlweise Kunstharzbeschichtung oder elastische Bodenbelagsqualität), elektrostatisch ableitfähig eingestellt.

2.3.3 Magnesiaestrich mit Beschichtung

2.3.3.1 Beschichtung auf Magnesiaestrich in einem Gewerbebetrieb

Sachlage

Der Gewerbebetrieb wurde 1970 errichtet und seither für die Produktion und zur Lagerung von Kunststofferzeugnissen genutzt. Es handelt sich um eine teilweise unterkellerte, sonst erdreichangrenzende Fußbodenkonstruktion, die aus einer Stahlbetonbodenplatte mit Magnesiaestrich als Verbundestrich besteht. Dieser wurde seinerzeit als Nutzestrich eingebaut und seither ohne weitere Oberflächenschutzsysteme direkt frequentiert.

Abb. 2.66: Im Fahrbereich der Flurförderzeuge ist die Beschichtung abgeplatzt.

Nach 30 Jahren entschied sich der Bauherr schließlich für eine Beschichtung des gesamten Hallenbodens mit rund 1400 m². Bereits kurz nach Fertigstellung beziehungsweise nach nur vier bis sechs Wochen der Nutzung und Frequentierung sind plattenartige Ablösungen entstanden.

Abb. 2.67: Die Beschichtung samt Spachtelmasse liegt hohl und kann mit dem Spachtel abgetragen werden.

Schadensbild/Ist-Zustand

- Rissbildungen/Rissmarkierungen
- Abplatzungen/Blasen- und Beulenbildungen

Ursachen

- das verwendete Beschichtungssystem war nicht für Magnesiaestrich geeignet
- die an den Ausbruchstellen des Estrichs verwendete Spachtelmasse war nicht zum Befahren mit Flurförderzeugen geeignet (*Beachte:* hohe Feuchtigkeit von Magnesiaestrich, fragliche Abdichtung unterhalb der Bodenplatte)
- die durch die Nutzung mürbe gewordene oberflächennahe Randzone des Magnesiaestrichs wurde nicht entfernt

Abb. 2.68: Die Beschichtung wird mittels Gitterschnitt überprüft.

Abb. 2.69: Der Tape-Test zeigt Enthaftungen der Beschichtung mit der oberflächennahen Randzone des Magnesiaestrichs.

Maßnahmen

Zur Wiederherstellung einer nutzungs- und gebrauchstüchtigen Bodenbeschichtung sind folgende Schritte notwendig:

- Entschichten bis auf den Verbundestrich
- mechanische Untergrundvorbehandlung durch Kugelstrahlen
- Prüfen der Oberflächenfestigkeit durch Stempelhaftzugprüfung, Anforderung 1,5 N/mm^2
- Prüfen der Belegreife: Ermittlung der Haushaltsfeuchte, Aufsuchen von Hohllegern und Hohlstellen
- Prüfen und ggf. Anordnen einer Abdichtung der Bodenplatte
- gegebenenfalls Entfernen nicht tragfähiger Schichten der Estrichkonstruktion und niveaugleiches Auffüllen der Fehlstellen mit Reaktionsharzmörtel
- Applikation einer 2K-Grundierung, Abstreuen in der Frischphase
- Applikation einer selbstverlaufenden 2K-Verschleißbeschichtung
- Applikation einer 2K-Deckversiegelung

2.4 Bituminöse Estriche

2.4.1 Bodenbeläge auf bituminösen Estrichen

2.4.1.1 Synthesekautschuk-Bodenbelag auf Bitumenemulsionsestrich in einem Hochregallager

Sachlage

Aus hygienischen Gründen (Anforderungen nach dem Arzneimittelrecht) und gestalterischen Überlegungen wurde in einem Hochregallager für pharmazeutische Produkte nach 25 Jahren Nutzung die Fußbodenkonstruktion (Erdreich, Sauberkeitsschicht, Stahlbetonbodenplatte auf PE-Folie, bituminöse Estrichkonstruktion als Nutzestrich) überarbeitet. Dabei sollte die Estrichkonstruktion mit einem Oberboden belegt werden.

Zunächst war eine Kunstharzbeschichtung auf Basis 2K-PUR geplant. Die Überprüfung mittels Stempelhaftzugprüfung ergab jedoch, dass die bituminöse Estrichkonstruktion für die Beschichtung ungeeignet war, stattdessen wurde ein bahnenförmiger Synthesekautschuk-Bodenbelag ausgewählt.

Schadensbild/ Ist-Zustand rund drei Jahre nach der Abnahme

- bereits während der Ausführung der Bodenbelagsarbeiten traten teilflächige Ablösungen des Synthesekautschuk-Bodenbelags auf
- etwa drei Monate nach Fertigstellung zeigten sich Blasen und Beulen im Bodenbelag, der sich zudem schollenartig ablöste, weshalb teilflächig und provisorisch mit einem 2K-EP-Gießharz oder vereinzelt durch gleichartige Synthesekautschuk-Fliesen nachgebessert wurde
- dieser Prozess schritt stetig voran, was zur Folge hatte, dass sich die Bodenbelagsebene drei Jahre nach Abnahme in einen »Flickenteppich« verwandelt hatte

Abb. 2.70: Durch zahlreiche Nachbesserungen an der Bodenbelagsebene ist ein unschöner »Flickenteppich« entstanden.

Ursachenforschung

- Inaugenscheinnahme, makroskopische und mikroskopische Untersuchungen
- Hohlstellensuche mit Hohlstellensuchgerät (Funktionsprinzip: »Stimmgabel«)
- Ebenheitsmessungen in Anlehnung an DIN 18 202 (da keine erhöhten Anforderungen an die Ebenheit vereinbart worden sind, ist Tabelle 3, Zeile 3, für die Auswertung herangezogen worden)
- Bodenöffnung und Probenentnahme
- gravimetrische Feuchtigkeitsmessung (im Labor)

Ergebnis

- teilflächige, provisorische Nachbesserungen überwiegend in den Regalgängen im Bereich von Fahrspuren, großflächig im Bereich von Wendeflächen für die Flurförderzeuge sowie vereinzelt angrenzend zu Palettenstellplätzen
- Flächen mit geringer mechanischer Beanspruchung (Fußgängerverkehr, Handhubwagen mit geringen Einzellasten) wiesen kaum oder gar keine Beschädigungen beziehungsweise Reparaturstellen auf
- vielzählige Hohlleger und Hohlstellen insbesondere im Bereich der Fahrspuren in den Regalgängen
- Abriebspuren einhergehend mit Formveränderungen (Spurrillen)
- erhebliche Maßtoleranzen auf kurzen Nennmaßbereichen
- die Fußbodenkonstruktion wurde an drei Prüfstellen geöffnet, es wurden mehrere Proben entnommen. *Feststellung:*
  - Bituminöse Anhaftungen von 1,0 - 8,0 mm Dicke an der Rückseite des abgeschälten Bodenbelags
  - Bruchbild: überwiegend Kohäsionsbruch in der bituminösen Estrichkonstruktion (70 - 95 Prozent) und Kohäsionsbruch im Vorstrich oder Klebstoffbett (5,0 - 30 Prozent)
  - teilweise schollenartige Ablösungen in der bituminösen Estrichkonstruktion, die zu den Hohllegern der Bodenbelagsebene geführt haben
  - Dicke der bituminösen Estrichkonstruktion im Mittel 8,0 - 0 mm
- für die untersuchten Proben ergaben sich bei der gravimetrischen Feuchtigkeitsmessung (Darrmethode) im Labor für die Restfeuchtigkeit beziehungsweise den Feuchtegehalt Messwerte von 0,23 - 0,25 Gewicht-Prozent für die bituminöse Estrichkonstruktion und für die Stahlbetonbodenplatte von 1,36 - 1,44 Gewicht-Prozent. Die überprüften Proben der Stahlbetonbodenplatte zeigten eine für derartige mineralische Baustoffe geringe Restfeuchte auf (beachte: Messwerte der gravimetrischen Feuchtigkeitsmessung können bis circa 1,5 Prozent über den Messwerten der handwerksüblichen CM-Methode liegen).
- insgesamt wurde festgestellt, dass weder die Werterhaltung der Bodenbelagsebene noch die dauerhafte Nutzungs- und Gebrauchstauglichkeit der Fußbodenkonstruktion gegeben war

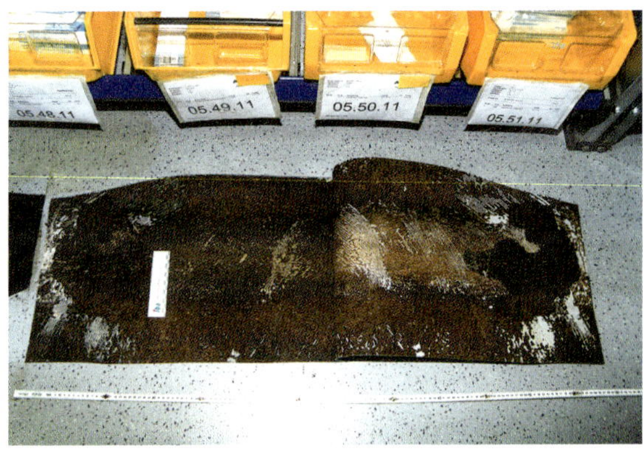

Abb. 2.71: Nach dem Abschälen des Bodenbelags zeigt sich eine Bruchzonenverlagerung in den bituminösen Estrich.

Abb. 2.72: Bruchschollen des bituminösen Estrichs an dem abgeschälten Synthesekautschuk-Bodenbelag.

Abb. 2.73: Der bituminöse Estrich besitzt eine Schichtdicke von maximal 8,0 - 10 mm, ein Hinweis auf Bitumenemulsionsestrich.

Ursachen

- bituminöse Estrichkonstruktionen sind als Nutzestriche in gewerblich oder industriell genutzten Objekten durchaus gebrauchstauglich. Hierbei unterscheidet man allerdings zwischen Asphaltmastix, Gussasphaltestrich aus Hartgussasphalt, Asphaltbeton, Makadam beziehungsweise Walzasphalt und/oder Bitumenemulsionsestrich und Hoch-Vakuum-Bitumen. Diese bituminösen Estrichkonstruktionen beinhalten jedoch unterschiedliche volumetrische Anteile aus einem Gemisch aus Bitumen, Füller, Sand, Splitt oder Kies sowie unterschiedliche Anteile an Hohlräumen
- Hohlräume in der Mischung sind dabei vor allem bei Asphaltbeton, Makadam beziehungsweise Walzasphalt und/oder Bitumenemulsionsestrich möglich, da sie unter Verwendung von Straßenwalzen eingebaut werden.
  Hohlräume können einerseits gewollt sein, denn sie dienen im Sportstättenbau und in Straßendecken zur Drainage. Gerade hier werden Autofahrer aber auch mit den unangenehmen Folgen besagter Hohlräume konfrontiert, die in Fahrbahnen nicht selten zu problematischen Spurrillen führen
- ein Gussasphaltestrich unterscheidet sich von den vorgenannten bituminösen Estrichkonstruktionen neben dem Einbringverfahren vor allem in der Mischung, Dichte und Güte beziehungsweise Härteklasse der Bitumensorte. Gussasphaltestriche zeigen keine Hohlräume auf und besitzen daher andere materialspezifisch kennzeichnende Merkmale.
- Gussasphaltestriche werden in verschiedenen Härteklassen verwendet und sind grundsätzlich auch für die Aufnahme von Oberböden in Form von textilen oder elastischen Bodenbelägen, Parkett oder Kunstharzbeschichtungen geeignet. Dagegen können andere bituminöse Estrichkonstruktionen wie Bitumenemulsionsestriche nur eingeschränkt oder gar nicht mit Oberböden versehen werden - sie beinhalten weniger und weicheres Bitumen und gröbere Zuschlagstoffe (Splitt, Kies). Außerdem ist ihre Eignung von der weiteren Art der Nutzung abhängig.
- der Grund hierfür liegt in den unterschiedlichen Beschaffenheiten von Oberflächen und Eigenfestigkeiten derartiger thermoplastischer Estrichkonstruktionen. Unter Wärmeeinwirkung oder mechanischer Beanspruchung (zum Beispiel Punktlasten) und/oder gleichzeitigen Belastungen durch Antriebsräder von Flurförderzeugen (durch Beschleunigung und Verzögerung unter jeweiligen Nutzlasten und der daraus resultierenden Radpresslasten) werden chemisch-physikalische Wechselwirkungen ausgelöst, die bei Walzasphalt oder Bitumenemulsionsestrich zu einer Art Selbstverdichtung führen, ohne dass die Estrichkonstruktion selbst schadhaft werden muss.
- wird die Oberfläche kraftschlüssig mit einem Oberboden bedeckt, können die durch Radpresslasten von Flurförderzeugen entstehenden Schub- und Scherkräfte aus mechanischer Beanspruchung und Wärmeeinwirkung nicht mehr

in die bituminöse Estrichkonstruktion abgeleitet werden, da der Estrich durch den Oberboden in seinem Rückstellvermögen behindert ist

- es kommt also zu irreversiblen Formveränderungen der bituminösen Estrichkonstruktion, bis schließlich infolge weitergehender Nutzung und Frequentierung ein Versagen innerhalb des Estrichs an der schwächsten Zone (Hohlräume oder Nester des Zuschlags) eintritt
- unter Berücksichtigung der bauherrenseitig vorgegebenen Bereifung und Nutzlast der verwendeten Flurförderzeuge ist mindestens von der Belastungsgruppe II nach DIN 18 560-7, (Vulkollanräder) auszugehen, so dass (unter Beachtung der vorgeblichen Klimatisierung der Halle) eine Nenndicke von ≥25 bis ≥30 mm der Härteklasse IC 10 – IC 15, je nach Größtkorn des Zuschlags, für einen Gussasphaltestrich als geeignet zu betrachten gewesen wäre
- stattdessen wurde vor Ort eine bituminöse Estrichkonstruktion in einer maximalen Dicke von 8,0 – 10 mm, also eine unterdimensionierte Lastverteilungsschicht vorgefunden, die weder in ihrer Funktion als Nutzestrich noch für die Nutzung und Frequentierung geeignet war. Und auch nicht, um darauf einen Oberboden funktionstüchtig, also dauerhaft und entsprechend einer geforderten Nutzungs- und Gebrauchstauglichkeit zu verlegen
- weder Schichtdicke, Zusammensetzung und Eigenfestigkeit noch Oberflächenbeschaffenheit der bituminösen Estrichkonstruktion waren für die ausgeführten Bodenbelagsarbeiten hinreichend

Bewertung

- wegen der vielzähligen Aufschüsselungen und/oder Hohlleger und -stellen im Bereich der Regalgänge und damit einhergehender Formveränderungen (Spurrillen), ist die bauherrenseitige Nutzung durch Maßtoleranzen auf kurzen Nennmaßbereichen sowie die Bruchzonenverlagerung in den Estrich mindestens eingeschränkt, wenn nicht kurzfristig als gefährdet anzusehen
- der gefahrlose Betrieb von Flurförderzeugen in einer Hochregalanlage stellt üblicherweise besondere Anforderungen an den Untergrund und damit auch an seine Ebenheit. Aus Gründen der Verkehrssicherheit muss ebenso die feste Beschaffenheit des Untergrunds – also ein dauerhafter Verbund von Oberboden, Estrich und Stahlbetonbodenplatte – gewährleistet sein. Beides war im vorliegenden Fall nicht mehr gegeben.

Maßnahmen

Aufgrund der festgestellten Schadensbilder ist der vollständige Rückbau der Bodenbelagsebene und der Estrichkonstruktion als unerlässlich anzusehen. Dann kann wie folgt weiter vorgegangen werden:

- Untergrundvorbehandlung
- Verbundestrichkonstruktion nach DIN 18 560-3 und -7 einbringen (Auswahl und Bemessung nach vorheriger Berechnung von Verkehrslasten und resultierender Radpress- sowie Flächen- und Punktlasten)
- Applikation eines Beschichtungssystems aus 2K-Reakionsharz (unter Umständen leitfähig eingestellt) oder leitfähige Verlegung eines entsprechend ausgerüsteten Bodenbelags (beispielsweise Bahnenware aus leitfähigem PVC oder fliesenförmige Elastomerbeläge)

2.4.1.2 Synthesekautschuk-Bodenbelag auf altem Gussasphaltestrich

Sachlage

In einer denkmalgeschützten Klinik mit Geschossdecken aus Stahlträgern mit Ziegeln wurde zum Zweck der Modernisierung auf dem alten Gussasphaltestrich ein neuer Synthesekautschuk-Bodenbelag eingebracht. Die Verlegung sollte nach vorheriger Spachtelung erfolgen.

Abb. 2.74: Der alte Gussasphaltestrich zeigt Verwalkungen und Verformungen.

Schadensbild/Ist-Zustand

- konkave Verformung der Fußbodenkonstruktion

Abb. 2.75: Infolge jahrzehntelanger Nutzung haben sich Abweichungen von der Ebenheit um bis zu 20 mm eingestellt.

Ursachen

- zeit- und lastabhängige Durchbiegungen der Jahrzehnte alten Deckenkonstruktion
- die langjährige Nutzung hat zu zahlreichen Unebenheiten und Verwalkungen des Gussasphaltestrichs, also einer eigentlich thermoplastischen Fußbodenkonstruktion, geführt

Maßnahmen

Mit den ausgeschriebenen und verwendeten Ausgleichs- und Spachtelmassen konnten zwar Unebenheiten und Verwalkungen partiell ausgebessert, jedoch keine Ebenheiten erzielt werden, wie sie in der DIN 18 202 »Toleranzen im Hochbau« nach Tabelle 3, Zeile 3, für neue Estrichkonstruktionen zur Aufnahme von Bodenbelägen gefordert sind

Ein dickschichtiges Ausgleichen beziehungsweise Spachteln von Gussasphaltestrichen führt zu Trocknungsspannungen, die zum Reißen führen können. Auch für spannungsfrei trocknende – calciumsulfatbasierte – Spachtelmassen, wie sie für Gussasphaltestriche verwendet werden sollten, sind die maximalen Schichtdicken begrenzt und in der Regel geringer als für übrige Untergründe (Herstellerangaben beachten!)

Hätte der Bauherr besonders hohe Anforderungen an die Ebenheit gestellt, wäre es unabdingbar gewesen, den Gussasphaltestrich durch eine neue Estrichkonstruktion zu ersetzen.

2.4.2 Kunstharzbeschichtungen auf bituminösen Estrichen

2.4.2.1 Kunstharzbeschichtung auf Bitukies in einem Baumarkt

Sachlage

Eine Halle sollte zu einem Bau- und Gartenmarkt umgenutzt werden. Daher wurde eine 2K-EP-Beschichtung appliziert. Der Untergrund bestand aus Bitukies mit einer Feinschicht aus Kalksteinasphaltfeinbeton.

Abb. 2.76: Die Beschichtung im Randbereich löst sich ab.

Schadensbild/Ist-Zustand

- Risse, Verwerfungen, Ablösungen
- Gebrauchsspuren in Form von Verschmutzungen, Gummiabrieb und Kratzern
- Verschleißerscheinungen, mechanische Beschädigungen
- offenporige Struktur einhergehend mit Glanzgradverlusten

Ursachen

- Schmutzeintrag durch fehlende Grobschmutzabscheider im Außenbereich beziehungsweise Sauberlaufzonen
- betriebsbedingte Ursachen (Laufkundschaft, Flurförderzeuge, Be- und Entladen von Regalen mit Wareneinheiten wie Paletten, Eimer, Sackware und Drahtgitterboxen)
- Ausbleiben geeigneter Reinigungs- und Pflegemaßnahmen

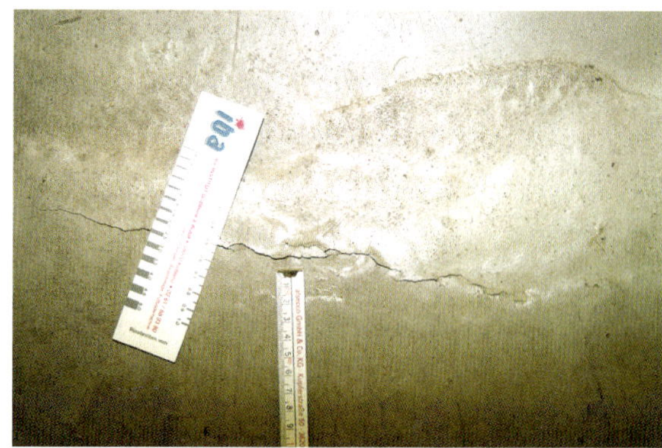

Abb. 2.77: Auch Risse sind Teil des Schadensbildes.

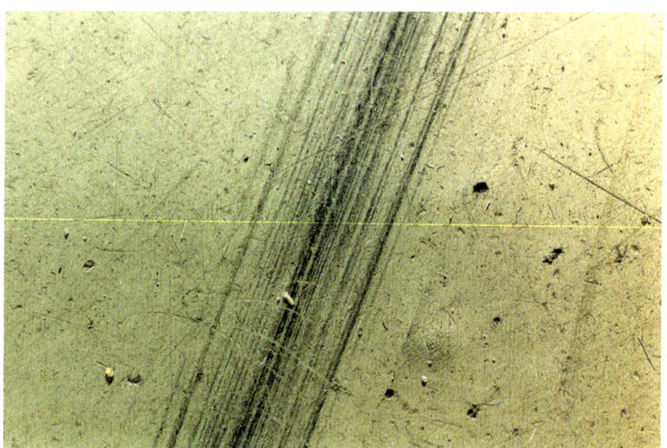

Abb. 2.78: Die Abriebe von Laufrollen der Flurförderzeuge sind deutlich zu erkennen.

- Ausführung durch unerfahrenen Auftragnehmer im Umgang mit zweikomponentigen Kunstharzbeschichtungen
- fragliche Eignung der Beschichtung für den Untergrund

Maßnahmen

Nach dem Rückbau der schadhaften Beschichtung und der Prüfung des Untergrunds kann mit Zustimmung des Herstellers für den hier vorliegenden Untergrund (Bitukies mit einer Feinschicht aus Kalksteinasphaltfeinbeton) eine Beschichtung (zum Beispiel zähelastische 2K-PUR) aufgebracht werden. Da es sich jedoch um einen Sonderfall handelt, verbleibt ein Restrisiko erneuter Enthaftungen und Rissbildungen (Musterflächen anlegen!).

2.4.2.2 *Kunstharzbeschichtung auf Walzasphalt in einer Lagerhalle*

Sachlage

In einer Lagerhalle aus dem Bestand wurde eine Reaktionsharz-Beschichtung auf Walzasphalt eingebracht.

Abb. 2.79: In der Lagerhalle verkehren Flurförderzeuge.

Schadensbild/Ist-Zustand

- Rissbildungen, Rissmarkierungen
- Hohlleger und -stellen
- Enthaftungen, Blasen- und Beulenbildungen
- Spurrillen

Abb. 2.80: Durch das Anfahren und Abbremsen der Flurförderzeuge kam es zu Verschwelungen.

Abb. 2.81: Durch die Belastung ist der Walzasphalt nachverdichtet – es haben sich Spurrillen gebildet.

Ursachen

- Beaufschlagung des Walzasphalts über die Zeitdauer der Nutzung mit verschiedenen hochviskosen Ölen
- nicht ausreichende Haftzugfestigkeit (Stempelhaftzugprüfung: Kohäsionsbruch in der oberflächennahen Randzone des Walzasphalts)
- Nachverdichtung des Walzasphalts durch Befahren mit Flurförderzeugen

Maßnahmen

Variante 1

Entfernen der schadhaften Beschichtung und erneutes Beschichten der vorhandenen bituminösen Estrichkonstruktion – beispielsweise mit zähhartem 2K-PUR-System – nach vorheriger Kratzspachtelung (Ausgleich der Spurrillen).
Achtung: Restrisiko beachten und Bedenken anmelden!

Variante 2

Alternativ kommt letztlich der Rückbau der vorhandenen Estrichkonstruktion und der Einbau eines mineralischen Industrieestrichs mit anschließender Beschichtung (zum Beispiel mit starrem 2K-EP-System) in Betracht.

2.4.2.3 *Kunstharzbeschichtung auf Bitumenemulsionsestrich*

Sachlage

In den Räumlichkeiten eines Outlet-Centers (Fläche circa 5500 m^2) sollte wegen Nutzungsänderung eine dekorative Reaktionsharz-Beschichtung aufgebracht werden. Das Center war zuvor als Kartbahn genutzt worden, aus dieser Zeit stammte ein Bitumenemulsionsestrich auf erdreichangrenzender Stahlbetonbodenplatte.

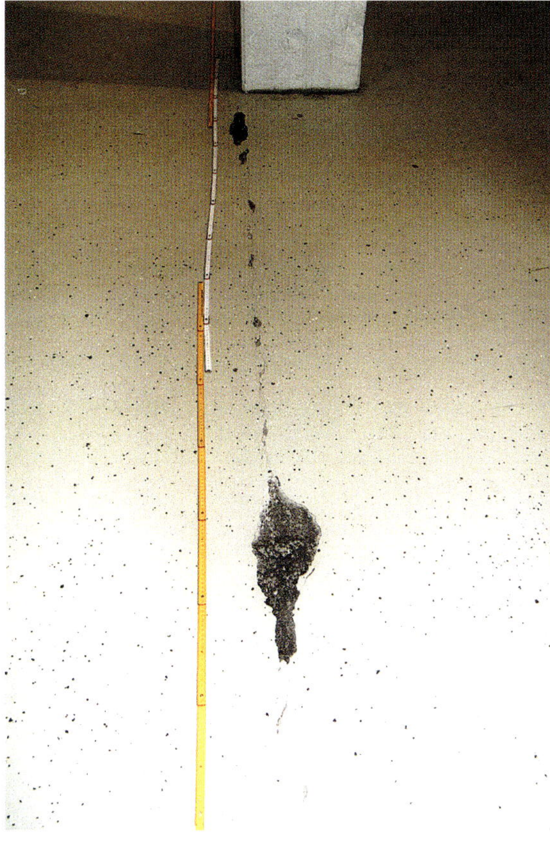

Abb. 2.82: Entlang der Grundrissachsen finden sich gerichtete Risse.

Schadensbild/Ist-Zustand

- gerichtete Rissbildungen mit Breiten 0,5 - 2,0 mm bis in den Bitumenemulsionsestrich
- Hohlleger beziehungsweise -stellen
- Enthaftungen, Abplatzungen der Beschichtung

Abb. 2.83: Die Risse sind circa 1,2 mm breit.

Ursachen

- Fugen der Stahlbetonbodenplatte wurden nicht in den Bitumenemulsionsestrich übernommen, daher Rissbildungen entlang der Grundrissachsen (Fugenraster des Planers)

- Bruchzonenverlagerung der Beschichtung in den Estrich, nicht ausreichende Haftzugfestigkeit (Stempelhaftzugprüfung: Kohäsionsbruch in der oberflächennahen Randzone des Bitumenemulsionsestrichs)

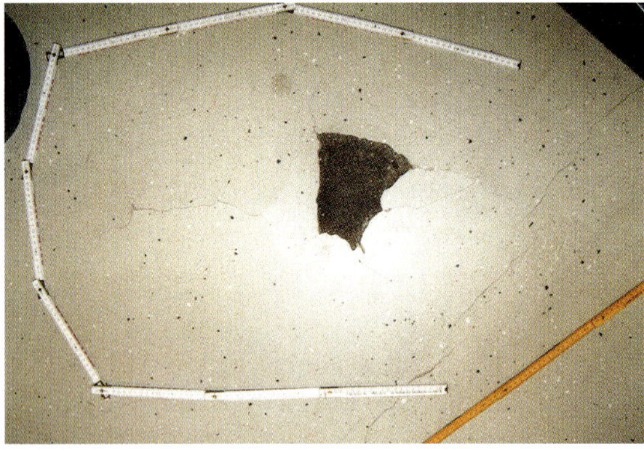

Abb. 2.84: Infolge der Nutzung und Frequentierung ist die Beschichtung auch schollenartig enthaftet.

Maßnahmen

Zunächst ist eine Einzelrissbehandlung durch Verharzen der Risse durchzuführen. Wegen des Umfangs der Rissbildungen verbleibt dann jedoch ein Flickenteppich.

Daher: Rückbau der vorhandenen Estrichkonstruktion, Beschichtung der Stahlbetonbodenplatte mit einer Kunstharzbeschichtung nach entsprechender Untergrundvorbehandlung.

Alternative: Verlegen eines neuen Oberbodens - zum Beispiel Laminat-Fußbodenelemente oder Fertigparkett, jeweils stuhlrollen- und objektgeeignet! -, der entkoppelt vom Untergrund eingebracht werden kann. Der neue Oberboden muss auf Untergrund und geplante Nutzung abgestimmt sein.

2.5 Designböden, Designestriche

2.5.1 Designboden in einer Zahnarztpraxis

Sachlage

Im Neubau einer Zahnarztpraxis sollte der Oberboden mit einer zweifarbigen Kunstharzbeschichtung individuell gestaltet werden. Dazu wurden auf dem Estrich eine hell- und eine dunkelgraue Beschichtung verteilt und mit einem Dekorrakel miteinander vermischt. Die fertige Oberfläche zuvor bemustert worden sein, woraufhin man sich auf diese Art der Ausführung einigte. Jedoch lag das Muster zur Abnahme nicht mehr vor und konnte daher auch nicht als Vergleichsmaßstab herangezogen werden.

Abb. 2.85: Lebendige Oberfläche: Für diesen Designboden sind zwei Beschichtungen unterschiedlicher Farben vermischt worden.

Schadensbild/Ist-Zustand

- Farbunterschiede
- Flecken/Schlieren
- Ansätze des verwendeten Zahnspachtels
- Hell-Dunkel-Unterschiede
- nicht fachgerechte Verteilung des Beschichtungsmaterials
- unregelmäßiges, inhomogenes Erscheinungsbild

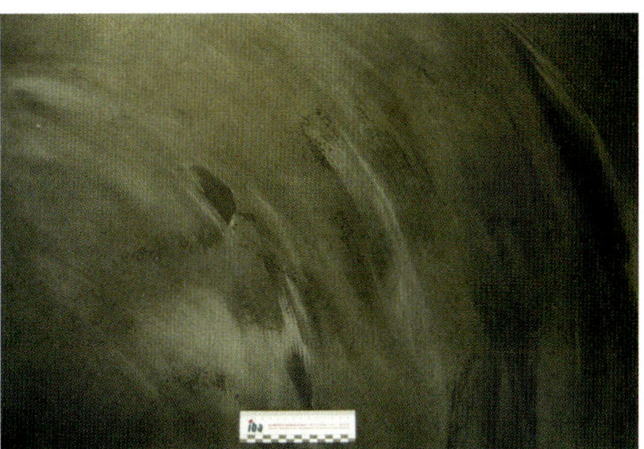

Abb. 2.86: Das Oberflächenbild muss als zufälliges Ergebnis bewertet werden.

Ursachen

- aufgrund der Art der Ausführung handelt es sich bei dem Erscheinungsbild der Beschichtung um das zufällige Ergebnis der wahllos ineinander vermengten Farbtöne der Reaktionsharz-Beschichtung. Eine Vorzugsrichtung und/oder festgelegte geometrische Ausrichtung eines bestimmten Musters – in Abhängigkeit der individuellen Verarbeitungscharakteristik der jeweiligen Verarbeiter bei der manuellen Applikation – ist nicht festzustellen.
- es resultierte also ein zufälliges Ergebnis eines individuellen Oberbodens mit Unikatcharakter. Folglich ist für ihn ein nicht reproduzierbares, bei erneuter Ausführung bestenfalls ähnliches Aussehen charakteristisch.
- das Erscheinungsbild eines solchen Oberbodens ist abhängig von der (zufälligen) Handschrift des Verarbeiters. Es unterliegt daher ästhetischen Beurteilungen und entzieht sich einer technischen Bewertung. Jedenfalls dann, wenn kein definiertes Muster beziehungsweise verbindliches Aussehen als Vertragsgrundlage vereinbart wurde.

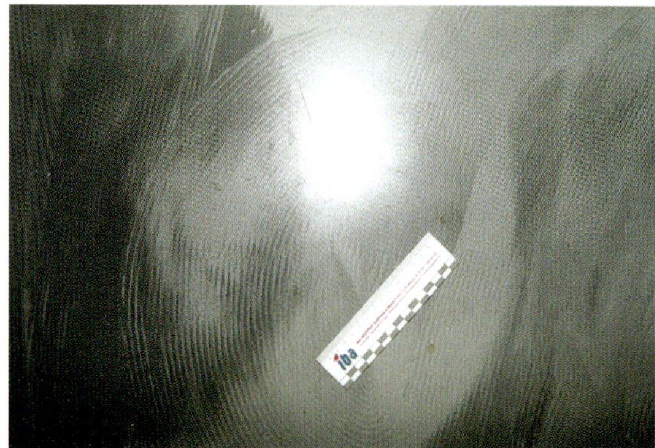

Abb. 2.87: Den Bauherrn stören das uneinheitliche Erscheinungsbild und die sichtbaren Rakelspuren.

Abb. 2.88: Diese Teilfläche entspricht in ihrem Erscheinungsbild annähernd den Vorstellungen des Bauherrn, sie ist aber nicht als Muster vereinbart worden.

Maßnahmen

Da kein Muster vorlag und die Leistungsbeschreibung weit dehnbar und interpretationsbedürftig war, konnte zu Abweichungen des vertraglich vereinbarten Bausolls gegenüber dem Ist-Zustand keine technische Aussage getroffen werden.

Die Bewertung des optischen Geltungsnutzens hinsichtlich der vorliegenden Gestaltungsfunktion des Oberbodens unterliegt somit einer juristischen Würdigung. Die Nutzungs- und Gebrauchstüchtigkeit unter dem Aspekt der üblichen Verwendungseigenschaften solcher Beschichtungen war aus technischer Sichtweise vollumfänglich gegeben, denn es lagen keine Schäden vor. Die Kunstharzbeschichtung war ordnungsgemäß ausgehärtet, an der Oberfläche dicht geschlossen und/oder seidenmatt vorzufinden. Da somit die Schutzfunktion für den Estrich beziehungsweise die Werterhaltung der Fußbodenkonstruktion als solche gegeben war, musste die Beschichtung als gebrauchstauglich beurteilt werden.

Gerade solche Designböden erfordern eine umfassende Beratung des Bauherrn hinsichtlich des resultierenden, größtenteils zufälligen Erscheinungsbildes (Unikatcharakter)! Es gilt: gut beraten ist, wer gut berät!

2.5.2 Eingefärbter Hartstoff-Estrich in einer Galerie

Sachlage

In einer Kunstgalerie ließ ein Bauherr auf Empfehlung seines Architekten einen zementären Hartstoffestrich aus gestalterischen Gründen weiß einfärben. Auch Decken- und Wandflächen waren im gleichen Farbton gehalten, um die Kunstgegenstände besser zur Geltung zu bringen.

Dem Bauherrn wurde zur Entscheidungsfindung auch ein kleinflächiges Muster des weißen Hartstoffestrichs übergeben.

Abb. 2.89: Durch Bearbeitungsspuren changiert der an sich weiße Hartstoffestrich.

Schadensbild/Ist-Zustand

- Farbtonunterschiede
- (Graue) Zuschläge des Hartstoffestrichs an der oberflächennahen Randzone
- Kellenschläge, Fußabdrücke und anderes
- Rissbildungen und Rissmarkierungen

Ursachen

- Spuren der handwerklichen Einbringung
- Anhäufungen des Zuschlags führen zu Farbtonunterschieden

Abb. 2.90: Anhäufungen des Zuschlags haben zu Farbtonunterschieden geführt.

Abb. 2.91: Kellenschläge: Das vorgestellte Estrich-Muster weist hingegen keine Bearbeitungsspuren auf.

- Rissbildungen und Rissmarkierungen in der Estrichkonstruktion beziehungsweise dem weißen Hartstoffestrich wegen dichter Anarbeitung an aufgehende Bauteile

Maßnahmen

Die vorgenannten Sachverhalte beeinträchtigen nicht die Nutzungs- und Gebrauchstüchtigkeit eines Hartstoffestrichs, wie dieser üblicherweise in mechanisch hoch beanspruchten Fußbodenkonstruktionen für gewerbliche und industrielle Nutzung eingebracht wird. Auch die Werterhaltung der Bausubstanz war davon nicht in Mitleidenschaft gezogen. Der optische Geltungsnutzen allerdings musste als erheblich beeinträchtigt eingestuft werden.

Zwar waren dem Planer, Bauleiter und dem Ausführenden bewusst, dass Wolkenbildungen, Rissbildungen und/oder unterschiedliche Rautiefen infolge Schleifens sowie unterschiedlicher Glanz (je nach Versiegelung und Untergrundgegebenheiten) resultieren können. Dies wurde jedoch nicht mit dem Bauherrn besprochen. Dementsprechend erwartete er eine einheitliche Farbgebung der neuen Fußbodenkonstruktion.

Der aufgebrachte weiße Hartstoffestrich entsprach hingegen keineswegs seinen Erwartungen - und auch nicht dem Erscheinungsbild des kleinflächigen Musters, das seinerzeit vorgelegt worden war: Es hatte keinerlei Farbtonunterschiede erkennen lassen und war als Vertragsbestandteil definiert.

Unter Betrachtung der vom Bauherrn vorausgesetzten und vertraglich vereinbarten Nutzung in einer Kunstgalerie - Estrich in weißem Farbton, um keine störenden Kontraste zu den ebenfalls weißen Decken- und Wandflächen zu erzeugen - konnte der erreichte Qualitätsstandard unter Berücksichtigung des geforderten optischen Geltungsnutzens als nicht ausreichend bezeichnet werden.

Ob es sich im vorliegenden Fall jedoch um eine Fehlberatung des planenden und ausschreibenden Architekten bei der Auswahl eines weißen Hartstoffestrichs handelt, um ein Missverständnis in der Ergebnisdarstellung zwischen Architekt und Bauherr und/oder darum, dass der Ausführende versäumt hat, seine Bedenken hinsichtlich des gewünschten Zustands und tatsächlich erreichbarer Oberflächenqualitäten gegenüber dem Bauherrn zu äußern, bleibt letztlich eine Rechtsfrage.

Unter Beachtung des hohen Anspruchs an den optischen Geltungsnutzen wäre es angeraten gewesen, dem Bauherrn nahezulegen, sich geeignete Referenzobjekte anzusehen, um die erreichbare Oberflächenqualität selbst bewerten zu können. Es bleibt fraglich, ob er sich dann immer noch für diese Art der Estrichkonstruktion entschieden hätte.

2.5.3 Mineralische Beschichtung in einem Möbelhaus

Sachlage

Anlässlich einer Nutzungsänderung (ein Kaufhaus sollte zu einem Möbelhaus umfunktioniert werden) wurden Sanierungsarbeiten durchgeführt.

Ursprünglich war beabsichtigt, eine zementäre Spachtelmasse als dekorative Oberfläche auf dem vorhandenen Untergrund (Gussasphalt mit verschiedenen Spachtelmassen und Klebstoffresten) einzubringen, um einen mineralischen Fußboden nachzuahmen.

Aus technischen Gründen war dies nicht möglich, daher entschied sich der Bauherr für eine mineralische Beschichtung mit Loftcharakter.

Zunächst wurden dem Bauherrn drei Musterflächen (je 1,0 x 1,0 m) mit unterschiedlichen dekorativen Oberflächen vorgestellt. Er entschied sich für eine Variante, die dann schließlich Grundlage der Beauftragung wurde.

Nicht nur das Erscheinungsbild der Beschichtung ließ zu wünschen übrig, der Bauherr war auch mit der Oberflächenstruktur und der Verarbeitung (überproportionale Welligkeiten, Ansätze, Schmutzeinschlüsse, und andere Fehler) nicht zufrieden.

Schadensbild/Ist-Zustand

- das ausgewählte Muster (1,0 x 1,0 m) zeigte eine Beschichtung mit einem wolkigen, teilweise streifenförmigen sowie lokalen kreisförmigen bis ovalen Erscheinungsbild und damit eine unregelmäßige hellgraue bis graue Farbigkeit. Diese Töne verliefen ineinander und ergaben eine dekorative Oberfläche. Das Muster im Farbton »staubgrau« wies eine leicht genarbte Oberfläche mit geringer Rauigkeit auf. Ansätze, Wellen, Poren und anderes waren nicht vorhanden. Das Muster war mehr oder weniger ebenflächig
- demgegenüber zeigte die ausgeführte Fläche folgende Beschaffenheit auf:
- deutlich sichtbare und störende Abweichungen vom Bausoll gegenüber dem vertraglich vereinbarten Muster der Bezeichnung »staubgrau«
- die mineralische Beschichtung wies zahlreiche Anomalien, die auf handwerkliche Fehlleistungen und/oder anwendungstechnologische Problemstellungen bei der Ausführung hindeuten
- daraus ergeben sich ein unzureichender Verlauf, Welligkeit, Ansätze, einhergehend mit Anomalien beziehungsweise Oberflächenstörungen (Krater, Poren, Blasenbildungen)

Abb. 2.92: Aus einer Auswahl von Mustern hat sich der Bauherr für diese dekorative Oberfläche entschieden.

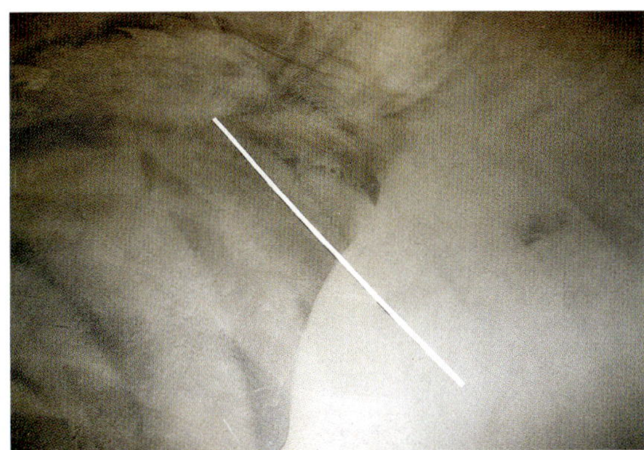

Abb. 2.93: Das erzielte Erscheinungsbild weicht gravierend vom Muster ab.

Ursachen

- demnach entsprach die ausgeführte Beschichtung nicht dem vereinbarten Bausoll, nämlich der Musterfläche
- die Beschichtung ist somit fehlerhaft, obwohl kein Bauschaden im eigentlichen Sinne vorliegt

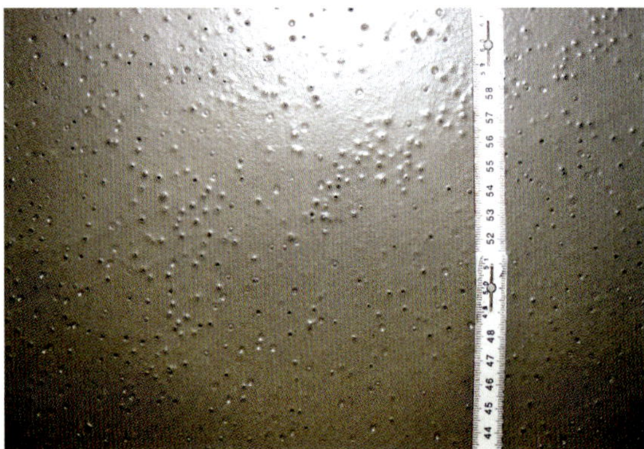

Abb. 2.94: Die Oberfläche weist zahlreiche Anomalien auf.

Maßnahmen

Da kein Bauschaden im eigentlichen Sinne vorliegt, bedarf es keiner Maßnahmen. Hinsichtlich der Einschränkung des optischen Geltungsnutzens kann eine Minderung vereinbart werden (z. B. nach Bewertungsmatrix von Oswald/Abel in »Hinzunehmende Unregelmäßigkeiten bei Gebäuden«).

2.5.4 Designboden »Marke Eigenbau«

Sachlage

In einem Einfamilienhaus wurde eine zementäre Designspachtelung mit einer 2K-PU-Versiegelung als Oberboden eingebracht. Es handelte sich dabei nicht um das System eines Herstellers, sondern um eine Zusammenstellung von verschiedenen Produkten durch den ausführenden Handwerksbetrieb.

Abb. 2.95: Durch fehlende Stuhlrolleneignung ist es zur Einkerbung der Spachtelmasse gekommen.

Abb. 2.96: Hohe Punktlasten haben den Designboden eingedellt.

Schadensbild/Ist-Zustand

- Ablösungen der Versiegelung
- Schädigung durch Standfüße der Möbel sowie Rollen von Drehstühlen

Ursachen

- in ihrem Technischen Merkblatt wird die Versiegelung für Holz- und Korkböden ausgelobt. Eine Anwendung auf zementären Spachtelungen ist nicht beschrieben und auch nicht vorgesehen
- somit war die Versiegelung an und für sich als nicht geeignet für den vorgesehenen Verwendungszweck zu bezeichnen
- die länglichen bis gebogenen Einkerbungen (Kratzer, Schleifspuren) und die kreisförmigen bis ovalen Eindellungen mit Durchmesser >8,0 bis < 14 mm in der Oberfläche des Design-Bodenbelags resultieren aus mechanischen Beanspruchungen und/oder hohen Punktlasten
- ausweislich des Technischen Merkblatts ist die Glätt- und Nivelliermasse vor allem zur Aufnahme von Oberböden (textile und elastische Bodenbeläge, Fliesen, Platten, Parkett) geeignet, in Räumen untergeordneter Nutzung, zum Beispiel in Kellern und auf Dachböden, auch als Nutzschicht. Die Stuhlrolleneignung wird herstellerseitig bestätigt, jedoch nicht bei direkter Nutzung und Beanspruchung der Nivelliermasse ohne Oberboden

Abb. 2.97: Zwischen der Versiegelung, die eigentlich für Holz- und Korkböden vorgesehen ist, und der zementären Spachtelmasse existiert nur ein unzureichender Haftverbund.

Maßnahmen

Theoretisch ist es möglich, nach Abschleifen der Versiegelung einen wie auch immer gearteten Bodenbelag vollflächig zu verlegen. Dies entspricht jedoch nicht dem Wunsch des Bauherrn, sodass nach Abschleifen der Versiegelung in der Konsequenz nur der erneute Einbau einer Design-Spachtelmasse in Frage kommt (Anschlusshöhen beachten!).

3 Fugen

3.1 Bewegungsfugen

3.1.1 Trennung von Bauteilabschnitten

Sachlage

In einem teilweise unterkellerten Einfamilienhaus wurde ein zementärer Verbundestrich eingebracht. Nach dem Spachteln und vor der Verlegung von Parkett zeigten sich Risse.

Abb. 3.1: Zwischen den Bauteilabschnitten haben sich gerichtete Risse gebildet.

Schadensbild/Ist-Zustand

- am Übergang zwischen unterkellertem Wohnraum und erdreichangrenzender Küche bildeten sich nach dem Spachteln Risse in der Spachtelmasse

Abb. 3.2: Ursache: Die im Estrich ausgebildete Bewegungsfuge ist überspachtelt worden.

Ursachen

- Überspachteln der mit Dämmstoff ausgebildeten Bewegungsfuge zur Trennung des unterkellerten und nicht unterkellerten Bauteilabschnitts im Estrich

Maßnahmen

Die Bewegungsfuge im Estrich muss freigelegt und auch an gleicher Stelle in die Spachtelmasse und den Oberboden (Bewegungsfugenprofil) übernommen werden.

3.1.2 Fugenflankenabrisse an Randfugen bei keramischen Fliesen

Sachlage

Im Neubau eines Einfamilienhauses wurden im Treppenhaus auf den Fertigteiltreppen der Stufen sowie den Podesten keramische Fliesen verlegt.

Abb. 3.3: Der Fugendichtstoff der Randfugen ist gerissen.

Schadensbild/Ist-Zustand

- Fugenflankenabrisse des elastischen Fugendichtstoffs

Ursachen

- fehlerhafte Ausbildung der Randfuge:
- dichte Anarbeitung der Fliesen an den Wandbildner (Randfuge im Estrich wurde nicht übernommen)
- keine Hinterfüllschnur in der Randfuge
- *Folge:* Dreiflankenhaftung des elastischen Fugendichtstoffs

Abb. 3.4: Die Fliesen sind bis an den Wandbildner verlegt.

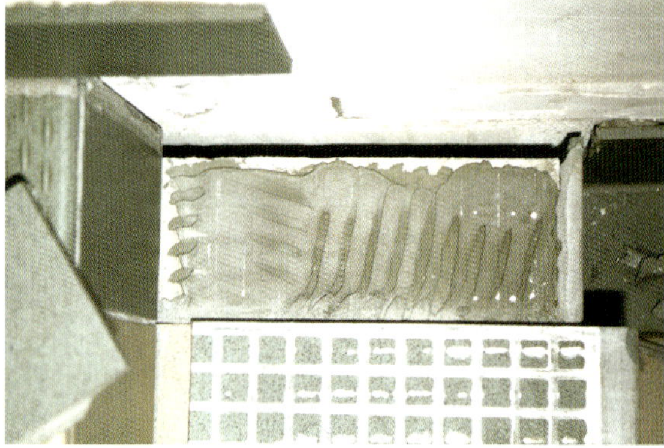

Abb. 3.5: Fehlerhafte Ausbildung: Die Fuge zwischen Fertigteiltreppe und Wandbildner ist im Belag nicht übernommen worden.

Maßnahmen

Damit eine Randfuge ausreichend dimensioniert wird, ist das Entfernen der Fliesen im Randbereich sowie das anschließende Zuschneiden unerlässlich, da sonst wiederum Rissbildungen im Fugendichtstoff und auch Schallbrücken entstehen könnten.

Nach dem Anpassen der Fliesen muss eine Hinterfüllschnur in die Randfuge eingelegt werden, die anschließend mit spritzbarem Fugendichtstoff (Wartungsfuge!) elastisch abgedichtet werden kann.

4 Fertigteilestriche und Trockenböden

4.1 Trockenestrichelemente auf ungebundener Ausgleichsschüttung

Sachlage

Ein historisches Gebäude wurde umfangreich saniert und zu einem Zahntechniklabor umgebaut. Die alten Holzdielenböden erhielten dabei folgenden *Aufbau:* Rieselschutz, ungebundene Ausgleichsschüttung (50 mm), Mineralwolledämmung (10 mm), Trockenestrichelement (20 mm), PVC-Bodenbelag.

Abb. 4.1: Durch Nachverdichtung der Schüttung haben sich die Hauptlaufzonenbereiche des Trockenestrichs verformt.

Schadensbild/Ist-Zustand

- zahlreiche Überschreitungen der zulässigen Maßtoleranzen nach DIN 18 202, Tabelle 3, (einfache Anforderungen) in Hauptlaufzonenbereichen und unter Arbeitsplätzen mit Bürodrehstühlen
- *Hinweis:* zeit- und lastabhängige Verformungen sind nicht nach DIN 18 202 zu bewerten! Bei Überprüfung nicht über Höhenversätzen messen – Versätze werden in DIN 18 202 nicht geregelt!

Abb. 4.2: Die zulässigen Maßtoleranzen sind erheblich überschritten.

Abb. 4.3: Entgegen der vertraglichen Vereinbarung ist ein »Produktmix« aus verschiedenfarbigen Ausgleichsschüttungen eingebaut worden, der sich im Nachhinein überproportional verdichten ließ.

Ursachen

- Nachverdichtung der ungebundenen Ausgleichsschüttung in den Hauptlaufzonenbereichen
- die Ausgleichschüttung war aus mehreren Produkten verschiedener Hersteller gemischt worden
- bei einem Vor-Ort-Versuch konnte der eingebaute »Produktmix« um 12,5 Prozent nachverdichtet werden, das vertraglich vereinbarte Material hingegen nur um 2,5 Prozent

- es fehlten Sperren, die das Wandern der Ausgleichsschüttung im Bereich von Türen hätten verhindern können

Maßnahmen

Nach Entfernen des Oberbodens besteht dem Grundsatz nach die Möglichkeit, die Unebenheiten mit einer Spachtelmasse auszugleichen. Da zudem aber Sperren fehlten, die das Wandern der Ausgleichsschüttung an Türen verhindert hätten, sind die nachfolgenden Arbeitsschritte erforderlich:

Planung, Ausschreibung und Objektüberwachung: Ausbau des Mobiliars, Aufnehmen und Entsorgen des Trockenbodens bis auf den Rieselschutz (im Bereich von Türen sollten Schwellen, zum Beispiel Kanthölzer, eingebaut werden, um ein Wandern der Ausgleichsschüttung zu vermeiden) einschließlich Demontage der Fußleisten. Ergänzung der Ausgleichsschüttung mit gleichartigem Material unter Berücksichtigung der erforderlichen Überhöhung. Nachverdichtung der Ausgleichsschüttung, Verlegung von (Trocken-)Estrichelementen, Aufbringen einer geeigneten Spachtelmasse, Verlegung eines elastischen Bodenbelags, Einbau der demontierten Fußleisten und Aufbau des Mobiliars.

4.2 Aufwölbungen von schwimmend verlegten Holzspanplatten

Sachlage

Während der Umbau- und Sanierungsmaßnahmen eines Altbaus, der zu einem Technologiezentrum mit Großraumbüros umfunktioniert werden sollte, wurde ein Leichtestrich – auf einer Lage PE-Folie – zum Ausgleich von Höhenunterschieden auf die vorhandenen Holzdielendecken aufgebracht. Darauf verlegte man schwimmend mit Dispersionsvorstrich grundierte Holzspanplatten (19 mm dick) und trug eine zementäre Spachtelmasse auf. Dann folgte ein Nadelvlies-Bodenbelag auf Dispersionsklebstoff.

Abb. 4.4: Die Holzspanplatten zeigen Aufwölbungen und konvexe Verformungen.

Abb. 4.5: Durch die Verformungen schleifen die Türen auf dem Nadelvlies-Bodenbelag und sind entsprechend schwergängig.

Schadensbild/Ist-Zustand

- Aufwölbungen beziehungsweise konvexe Verformungen der Holzspanplatten

Abb. 4.6: Die Öffnung des Bauteils ergibt, dass die Randfugen mit der Spachtelmasse verfüllt worden sind.

Ursachen

- durch die nachfolgend eingebrachten wasserbasierten oder mit Wasser angemischten Schichtenfolgen konnten die Holzspanplatten an der Oberseite quellen
- zusätzlich zeigte sich der Leichtestrich in unterschiedlicher Dicke (50 – 90 mm), sodass Feuchtenester nicht auszuschließen sind

- die umlaufenden Randfugen zwischen Holzspanplatten und aufgehenden Bauteilen waren nicht mit einem PE-Stellstreifen ausgebildet, sondern mit Spachtelmasse verfüllt
- die Feuchteaufnahme und die fehlende Bewegungsmöglichkeit führten in der Folge zu den Aufwölbungen der schwimmend verlegten Holzspanplatten
- zum Schaden beigetragen hat auch die zu geringe Dicke der Spanplatten, da sie anfälliger waren für Verformungen (es waren lediglich 19 mm, in der Regel sind es mindestens 22 mm, noch besser: doppellagige Verlegung)

Maßnahmen

Zur Sanierung des Schadens sind folgende Arbeitsschritte und Maßnahmen notwendig: Der Trockenboden mit aufgeschüsselten Holzspanplatten und dem darauf vollflächig arretierten textilen Bodenbelag ist durch Rückbau zu entfernen und zu entsorgen. Danach kann die fachgerechte Herstellung eines Trockenbodens nach DIN 68 771 »Unterböden aus Holzspanplatten« erfolgen (mittlerweile zurückgezogen, technisch immer noch beachtenswert). Berücksichtigt werden müssen die Anforderungen aus Wärme- und Feuchteschutz (DIN 4108, EnEV) sowie Schallschutz (DIN 4109) unter Beachtung der vorhandenen Bausubstanz der Bestandsimmobilie und daraus resultierender statischer und/oder bauphysikalischer Besonderheiten und der ausreichenden Be- und Entlüftung von Trockenböden aus Holzwerkstoffen. Anschließend kann ein neuer Bodenbelag verlegt werden.

Dabei sollte unbedingt darauf geachtet werden, dass Verlegewerkstoffe ausgewählt werden, die zur Anwendung auf Holzspanplatten geeignet sind und bei der Verlegung so wenig Feuchtigkeit wie möglich eingetragen wird.

Achtung: Je nach Oberboden und Nutzung ist genau zu prüfen, ob Holzspanplatten oder mineralische Platten ein- oder zweilagig, und in welcher Dicke sie genau einzubauen sind!

4.3 OSB-Platten mit Linoleum-Bodenbelag

Sachlage

Im ersten Obergeschoss eines Bürogebäudes sollte auf der vorhandenen Stahlbetondecke oberhalb einer Lagerhalle ursprünglich ein Zementestrich eingebaut werden.

Wegen Terminschwierigkeiten, die im weiteren Bauablauf keine langen Trocknungszeiten zuließen, wurde jedoch auf Holzunterkonstruktion ein Trockenboden in Form von OSB-Platten (kunstharzgebundene Holzwerkstoffplatten) verlegt. Diese wurden gespachtelt und anschließend vollflächig mit einem Linoleum-Bodenbelag beklebt, dessen Nahtkanten thermisch verschweißt wurden.

Abb. 4.7: Der Linoleum-Bodenbelag hat eine Elefantenhautbildung gebildet.

Schadensbild/Ist-Zustand

- Blasen- und Beulen, sogenannte Elefantenhautbildung
- offene Nähte des Bodenbelags
- Unebenheiten und Aufwölbungen

Ursachen

- als maßgebliche Schadensursache ist das Fehlen einer Dampfsperre auf der Rohbetondecke als Sperrschicht gegen Feuchtigkeit anzusehen

Abb. 4.8: Die OSB-Platte ist deutlich aufgefeuchtet (Feuchtegehalt: 19 Prozent).

- es wäre erforderlich gewesen, diese dampfbremsende Sperrschicht, deren s_d-Wert > 20 m betragen muss (Produkt aus Wasserdampf-Diffusionswiderstandsfaktor [μ-Wert)] und Dicke der Folie in [m]) vor Einbau der Unterkonstruktion und der Montage der OSB-Platten vollflächig auszulegen
- als dampfbremsende Sperrschichten eignen sich beispielsweise eine 0,2 mm dicke PE-Folie oder in Heißbitumen verklebte Dichtungspappe und -bahnen. Dabei hätte darauf geachtet werden müssen, dass die Sperrschicht an allen aufstrebenden Bauwerksteilen (Wandbildner, Durchdringungen und anderes) wannenartig ausgebildet, also hochgezogen wird, sodass auch die seitlichen Randflächen der Unterkonstruktion einschließlich OSB-Platten und Oberboden vor Feuchtigkeitseinwirkungen geschützt sind
- konsequenter Weise wären dann auch die Stöße der Abdichtungsebene abzudichten (zum Beispiel Verschweißen, Verkleben), mindestens aber ausreichend überlappend (mindestens 30 cm) zu verlegen gewesen. Im Idealfall läge der Überlappungsbereich dabei unter einem Lagerholz der Unterkonstruktion

Abb. 4.9: Auf der Rohbetondecke sind keine Maßnahmen gegen rückseitige Feuchteeinwirkung getroffen worden.

Maßnahmen

Um das Fehlen einer dampfbremsenden Sperrschicht zu beheben beziehungsweise eine fehlerfreie Werklieferleistung erbringen zu können, ist es erforderlich, folgende Maßnahmen zu veranlassen:

- bauphysikalische Berechnung zum Feuchteschutz nach DIN 4108 und anderen
- Rückbau und Entsorgung des Oberbodens einschließlich OSB-Platten, Unterkonstruktion und Dämmmaterial
- Anordnung einer geeigneten dampfbremsenden Sperrschicht mit wannenartiger Ausbildung zu aufstrebenden Bauwerksteilen und Durchdringungen nach vorheriger bauphysikalischer Berechnung zum Feuchteschutz
- Herstellen einer Unterkonstruktion aus geeigneten Lagerhölzern
- Anordnung einer wärmedämmenden Zwischenschicht nach den Erfordernissen der EnEV
- bei Herstellung der Unterkonstruktion müssen die Anforderungen an den Schallschutz nach DIN 4109 berücksichtigt werden
- fachgerechtes Montieren geeigneter OSB-Platten auf Unterkonstruktion
- Fachgerechte Untergrundvorbereitung (Grundieren, stuhlrollengeeignete Spachtelung)
- bei Herstellung der Trockenestrichkonstruktion ist gegebenenfalls auf entsprechende Randfugen zu achten, um Veränderungen der Form durch Längenänderungen zu vermeiden
- Verlegen und vollflächiges Arretieren eines elastischen Oberbodens mit geeignetem Kleber, thermisches Verschweißen der Nahtkanten
- Grundreinigung und Einpflege des Oberbodens
- fachgerechte Montage von Sockelleisten

4.4 Unterboden aus Holzspanplatten auf einer Brücke

Sachlage

In der Zugangsbrücke zu einem Kernkraftwerk, die täglich von etwa 1500 Menschen benutzt wird, wurde der Fußboden saniert. Die Brückenkonstruktion bestand aus Stahltrapezblechprofilen auf Stahlbetonstützen. Auf diesen Stahltrapezblechprofilen wurden 19 mm dicke Holzspanplatten verschraubt, auf die wiederum eine kunststoffvergütete, faserarmierte Zementspachtelmasse aufgebracht wurde.

Abb. 4.10: Diese Fußgängerbrücke zu einem Kernkraftwerk wird täglich von 1500 Menschen benutzt.

Schadensbild/Ist-Zustand

- noch vor Verlegung des Oberbodens: Risse in der Spachtelmasse entlang der Plattenstöße

Abb. 4.11: Auf die Holzspanplatten war eine Zementspachtelmasse aufgebracht worden.

Ursachen

- die umlaufenden Randfugen wurden mit Spachtelmasse geschlossen, deshalb war keine ausreichende Bewegungsmöglichkeit gegeben
- infolge der Plattendicke (19 mm) und der Schwingungen der Stahlkonstruktion kam es zu Rissen in der Spachtelmasse entlang der Plattenstöße

Abb. 4.12: Entlang der Stöße der Holzspanplatten haben sich Risse gebildet.

- die kunststoffvergütete, faserarmierte Zementspachtelmasse war zwar grundsätzlich für Holzspanplatten geeignet, jedoch nicht, um die Schwingungen der Stahlkonstruktion aufzunehmen (Nur 2K-PUR-Spachtelmassen verfügen auf Dauer über eine entsprechend hohe Flexibilität).

Maßnahmen

Variante 1

Um wieder einen verlegereifen Untergrund herzustellen, werden die beschädigten Holzspanplatten mit neuen belegt, die mit dem schadhaften Untergrund verklebt und verschraubt werden.
Voraussetzung: Freilegen der verspachtelten Randfugen, Bewertung des Risikos für Tauwasseranfall erforderlich (Bauphysiker). *Nachteile:* zusätzliches Gewicht (Berechnung durch Statiker erforderlich), Höhenversatz um 22 mm dicke neue Lage Holzspanplatten gegenüber bisher höhengleich vorhandenen Bewegungsfugenprofilen beziehungsweise Übergängen zu anderen Bauteilen und Bauwerken.
Die Gefahr der Stolperkante kann eventuell durch Abschrägen im Übergangsbereich und Auflegen von Riffelblech minimiert werden.
Die Risiken aus Bauphysik, Statik und Höhenversätzen lassen diese Variante jedoch hinsichtlich der Dauerhaftigkeit und Gebrauchstauglichkeit als nicht sicher erscheinen (rampenartige Übergänge).

Variante 2

Um wieder einen verlegereifen Untergrund herzustellen, werden Metallplatten auf die schadhaften Holzspanplatten aufgeklebt. *Voraussetzung:* Freilegen der verspachtelten Randfugen, Bewertung des Risikos für Tauwasseranfall erforderlich (Bauphysiker). *Nachteile:* zusätzliches Gewicht (Berechnung durch Statiker erforderlich), Höhenversatz um 2,0 - 4,0 mm dicke neue Lage zusätzlicher Metallplatten gegenüber bisher höhengleich vorhandenen Bewegungsfugenprofilen beziehungsweise Übergängen zu anderen Bauteilen und Bauwerken. (Gefahr der Stolperkante). Die Risiken aus Bauphysik und Statik sowie die Möglichkeit sichtbarer Plattenränder verformter Holzspanplatten lassen diese Variante hinsichtlich der Dauerhaftigkeit und Gebrauchstauglichkeit als nicht sicher erscheinen.

Variante 3

Rückbau der vorhandenen Fußbodenkonstruktion und Erneuerung mit Holzspanplatten größerer Dicke (22 oder 25 mm), Ausbilden von Randfugen, Verleimen der Plattenstöße, Reinigungsschliff, Grundierung (falls erforderlich), Verkleben und Arretieren eines Synthesekautschuk-Bodenbelags.
Hinweis: Hierbei können sich durch behinderte Längenänderungen und der daraus resultierenden Verformungen im Laufe der Zeit wieder die Plattenränder im Oberboden abzeichnen.
Es wird daher empfohlen, statt 2,0 mm dicker bahnenförmiger Ware besser 3,5 mm dicke plattenförmige Synthesekautschuk-Bodenbeläge mit strukturierter Oberfläche zu verwenden.
Wegen der Neigung der Eingangsbrücke wird eine Rutschhemmung mit R 10 empfohlen.

Variante 4

Rückbau der vorhandenen Fußbodenkonstruktion und Erneuerung mit Holzspanplatten größerer Dicke (22 oder 25 mm), Ausbilden von Randfugen, Verleimen der Plattenstöße, Reinigungsschliff, Voranstrich mit 2K-EP-Dispersion, Verwendung einer 2K-PUR-Spachtelmasse im Rakelverfahren. Verkleben und Arretieren eines Synthesekautschuk-Bodenbelags – bei plattenförmigem Bodenbelag mit 2K-PUR-Klebstoff, bei bahnenförmiger Ware unter Verwendung von Dispersionsklebstoff im Haftklebeverfahren.

4.5 Winkeltoleranzen: Schiefwinkligkeit einer Fußbodenkonstruktion

Sachlage

Im Dachgeschoss eines Mehrfamilienhauses aus dem Bestand wurde auf einer alten Holzbalkendecke mit Holzdielen eine neue Fußbodenkonstruktion eingebracht. Dazu wurden Holzspanplatten auf den alten Dielen verschraubt und ein 2-Schichtparkett vollflächig verklebt.

Abb. 4.13: Eine Winkelabweichung der Bodenbelagsebene ist bereits an der Terrassentür erkennbar.

Schadensbild/Ist-Zustand

- Schiefwinkligkeit der Bodenbelagsebene: Bei einem Messpunktabstand von 2,0 m ergab sich eine Winkelabweichung von 28 mm

Ursachen

- es muss davon ausgegangen werden, dass die alte Holzbalkendecke mit Holzdielen bereits schiefwinkelig war, da sich mit annähernd gleich dicken Holzspanplatten beziehungsweise Parkettstäben keine solchen Winkelabweichungen herstellen lassen
- die zulässige Winkeltoleranz von 8,0 mm im Stichmaß auf 1,0 m bis 3,0 m Messpunktabstand nach DIN 18 202 wurde überschritten, das heißt bei 28 mm im Ist-Zustand lag eine Winkelabweichung von 20 mm vor

Abb. 4.14: Bei einem Messpunktabstand von 2 m ergab sich eine Winkelabweichung des Bodenbelags von 28 mm.

Abb. 4.15: Diese Winkelabweichung entspricht einem Gefälle von 1,4 Prozent.

Maßnahmen

Winkeltoleranzen sind in Altbauten keine Seltenheit. Sie lassen sich durch Ausgleichsschüttungen korrigieren.

Im vorliegenden Fall bedeutet dies, dass die neue Fußbodenkonstruktion komplett zurückgebaut werden muss.

5 Systemböden, Hohlraumböden und Doppelböden

5.1 Revisionsdeckel in einem Hohlraumboden

Sachlage

In einem Bürogebäude war auf einem Hohlraumboden ein textiler Bodenbelag mit textilem Zweitrücken verlegt worden. Um die Kanten der Revisionsdeckel zu schützen, waren umlaufend Metallschienen befestigt worden.

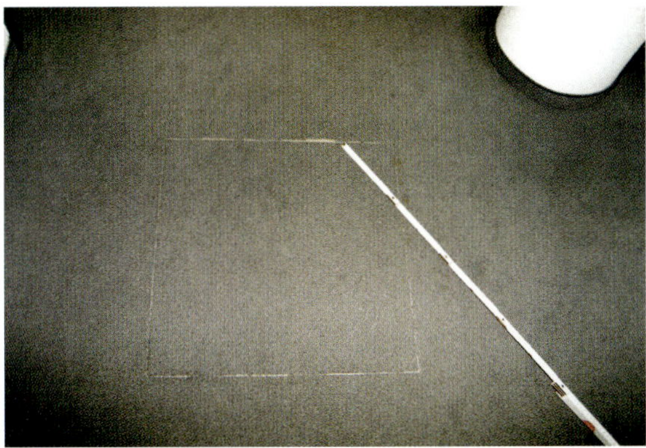

Abb. 5.1: Die Revisionsdeckel des Hohlraumbodens sind umlaufend mit Metallschienen geschützt.

Abb. 5.2: Der textile Bodenbelag beginnt sich abzulösen und zeigt Ausfransungen.

Schadensbild/Ist-Zustand

- Ausfransungen und Ablösungen des textilen Bodenbelags angrenzend zu den Kanten der Revisionsdeckel

Abb. 5.3: Ist-Zustand: Durch das Absinken der Metallschienen liegen die Schnittkanten des textilen Bodenbelags frei: Der Oberboden wird beschädigt.

Abb. 5.4: Soll-Zustand: Die Metallschiene schützt den textilen Bodenbelag an der Schnittkante vor Abnutzung und Ausfransung.

Ursachen

- im Laufe der Zeit konnten sich die Schrauben der Metallschienen, bedingt durch die Art der Befestigung in Langlöchern und infolge der Belastung mit (schweren) Akten- und Transport-

wagen, lockern, sodass die Schienen schließlich absanken und die Schnittkante des textilen Bodenbelags freilegten
- aus der weiteren Nutzung und Frequentierung resultierte ein Bruch zwischen Nutzschicht und textilem Zweitrücken (überproportionale Beanspruchung der Schnittkante

Maßnahmen

Zur Behebung ergeben sich zunächst folgende Arbeitsschritte:

- Aufnehmen der Revisionsdeckel mittels Bodenheber oder Rausreißkralle
- Ausrichten der Metallschienen, sodass ihre Oberkanten eine höhengleiche Ebene mit der Nutzschicht des Bodenbelags bilden, anschließende Arretierung der Schrauben in dieser Position

In den Teilflächenbereichen mit beginnender Ausfransung ist es zunächst ausreichend, wie folgt vorzugehen:

- Verkleben bereits abgelöster Teilflächenbereiche
- Festigung der Nahtkanten zum Schutz vor Ausfransungen, und Enthaftung der Nutzschicht vom textilen Zweitrücken für den Fall, dass ein erneutes Absinken der Metallschienen eintritt beziehungsweise nicht rechtzeitig behoben wird

In Teilflächenbereichen, in denen bereits Fehlstellen durch Ablösung der Nutzschicht vom Zweitrücken in größerem Umfang vorliegen, ist der raumweise, vollflächige Austausch des Teppichbodens notwendig. Ein partieller Austausch des schadhaften Bodenbelags kommt nicht in Frage, da der optische Geltungsnutzen dadurch beeinträchtigt würde (aufgrund produktionsbedingter Farbtoleranzen ist ein farbtongleicher Austausch nach der bisherigen jahrelangen Nutzung nicht möglich).

Darüber hinaus wird empfohlen, die Metallschienen der Revisionsdeckel regelmäßig zu inspizieren und bei Bedarf zu warten. Absinkende Metallschienen können wieder entsprechend gerichtet und damit Ausfransungen vermieden beziehungsweise minimiert werden.

6 Beschichtungen, Versiegelungen und Imprägnierungen

6.1 Beschichtungen auf Basis von Epoxidharz

6.1.1 Beschichtung in einem Radiohydrologielabor

Sachlage

In einem Radiohydrologielabor wurde auf einem Zementestrich auf Trennlage (darunter erdreichangrenzende Betonbodenplatte) eine zweikomponentige Kunstharzbeschichtung auf Basis von Epoxidharz eingebracht.

Im Laborbetrieb wird unter anderem flüssiger Stickstoff verwendet.

Abb. 6.1: Radiohydrologielabor: Im laufenden Betrieb wird flüssiger Stickstoff verwendet.

Schadensbild/Ist-Zustand

- Ablösungen der Beschichtung
- krakeléeartige Rissbildungen in der Beschichtung

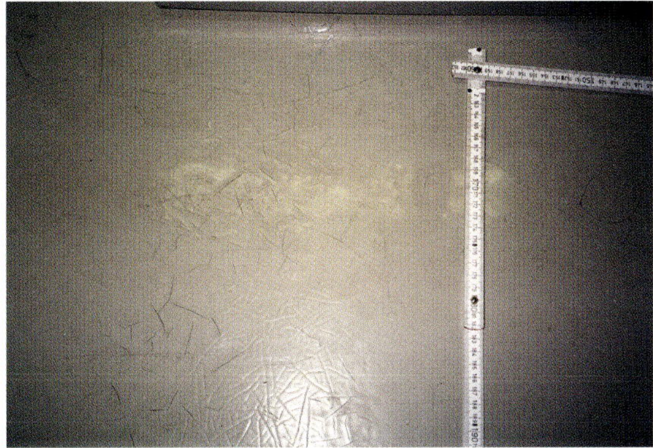

Abb. 6.2: Im Anfangsstadium haben sich krakeléeartige Risse gebildet.

Ursachen

- betriebsbedingte Beaufschlagung der Beschichtung mit flüssigem Stickstoff mit einer Temperatur von –193 °Celsius
- dadurch schockhafter, temporärer Einfrierzustand der Beschichtung
- Temperaturerniedrigung führt zum Verlust der Elastizität der Beschichtung
- bei Belastung durch Begehen und Befahren mit Transportwagen können die Scherkräfte nicht mehr an den Untergrund weitergeleitet werden
- daher kommt es zunächst zu Rissen in der Beschichtung und in der Folge zu Ablösungen

Abb. 6.3: »Reißlackoptik« und beginnende Ablösung sind die charakteristischen Merkmale des Schadens im Endstadium.

Maßnahmen

Es ist erforderlich, die nicht mehr tragfähige Beschichtung zu entfernen. Nach Untergrundvorbehandlung kann dann ein neues Beschichtungssystem appliziert werden. Eine Eignung für solche Temperaturunterschiede kann jedoch den marktüblichen Beschichtungsstoffen nicht zugesprochen werden. Daher muss durch andere Maßnahmen sichergestellt sein, dass im Laborbetrieb kein flüssiger Stickstoff auf die Beschichtung gelangen kann (zum Beispiel durch Anordnung von Auffangwannen).

6.1.2 Blasen in der Beschichtung in einer Gewerbeimmobilie

Sachlage

In einer Gewerbeimmobilie wurde im Zuge der Sanierung auch der Oberboden in der Produktionshalle erneuert. Der Untergrund bestand aus einer Betonbodenplatte mit Hartstoff-Verschleißschicht.
Die Überarbeitung erfolgte nach Untergrundvorbereitung mittels lösemittelfreier 2K-EP-Grundierung. Innerhalb von 24 Stunden wurde eine zweite Beschichtung auf Bindemittelbasis Epoxidharz aufgetragen. Zwei Wochen nach der Applikation entstanden in der Versiegelung Blasen und Krater.

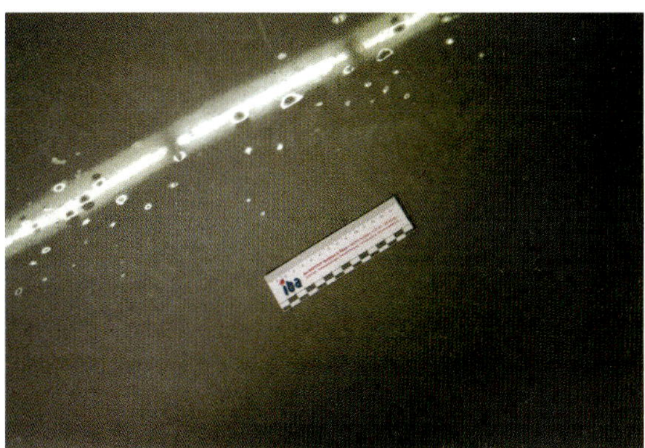

Abb. 6.4: Bereits kurze Zeit nach der Applikation der Beschichtung haben sich zahlreiche Blasen gebildet.

Abb. 6.5: Die geöffnete Blase enthält hochalkalische Flüssigkeit: ein Hinweis auf Osmose.

Schadensbild/Ist-Zustand

- Blasenbildungen
- Poren und Kraterbildungen
- Verlaufsstörungen, Runzelbildungen

Abb. 6.6: In der Beschichtung zeigen sich Poren und Krater.

Ursachen

- osmotische Blasenbildungen
- Poren und Kraterbildungen: Die Grundierung hat die Poren in der oberflächennahen Randzone der Fußbodenkonstruktion nicht vollständig ausgefüllt. Die darin enthaltene Luft erwärmte sich durch die Abbindereaktion des zweikomponentigen Beschichtungsstoffs und wich dann wegen der Volumenvergrößerung nach oben aus.
- die festgestellten Verlaufstörungen und/oder Ansätze sowie partiellen Runzelbildungen sprechen eindeutig für anwendungstechnologische Problemstellungen während der Applikation der Kunstharzbeschichtung. Vor allem Runzelbildungen treten dann in Erscheinung, wenn eine (schneller trocknende) Beschichtung auf eine noch nicht vollständig ausreagierte Grundierung aufgebracht wird. Infolge unterschiedlichen Schrumpfens der Schichtenfolgen aus Grundierung und Beschichtung während der Trocknung bilden sich dann Runzeln auf der Oberfläche.

- die nach nur 24 Stunden applizierte zweite Beschichtung auf Bindemittelbasis Epoxidharz hat die Aushärtung der Grundierung behindert. Dadurch wurden freie Härterbestandteile der Grundierung durch die Beschichtung eingeschlossen. Auch daher kann eine alkalische Blasenflüssigkeit resultieren

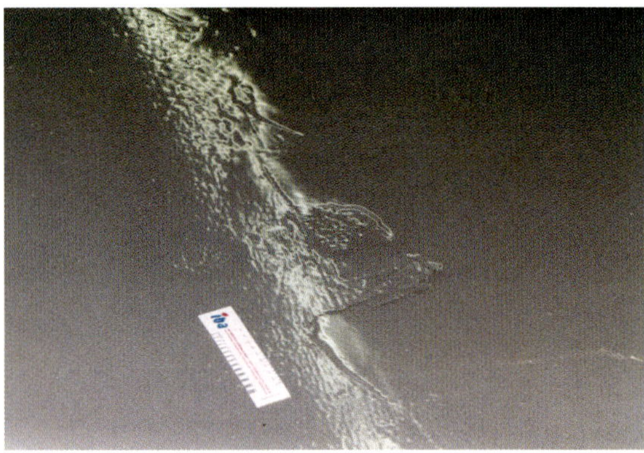

Abb. 6.7: Deutlich erkennbare Ansätze deuten auf fehlerhafte Applikation der Kunstharzbeschichtung hin.

Maßnahmen

Zur Sanierung ist es erforderlich, die schadhafte Beschichtung durch geeignete Maßnahmen - zum Beispiel Fräsen -vollständig zu entfernen. Anschließend ist eine gründliche mechanische Untergrundvorbehandlung unerlässlich (beispielsweise Kugelstrahlen, eventuell im Kreuzgang).

Die Haftzugfestigkeit der mechanisch vorbehandelten Fußbodenkonstruktion sollte Messwerte $> 1{,}5\ N/mm^2$ aufzeigen. Bei kleineren Werten sind besondere Maßnahmen erforderlich, über die im Einzelfall zu befinden ist.

Danach kann eine neue Beschichtungsebene hergestellt werden, die unter Umständen aus einer Kratzspachtelung, Grundierung und Verschleißbeschichtung (gegebenenfalls abgestreut, mit Kopfversiegelung) bestehen kann.

6.1.3 Beschichtung in einem Geflügel verarbeitenden Betrieb

Sachlage

In einem Geflügel verarbeitenden Betrieb, in dem sieben Tage in der Woche im Drei-Schicht-Betrieb gearbeitet wird, führt man täglich nach der ersten Schicht eine intensive Reinigung mit Desinfektionsmitteln durch.

Im Zuge von Sanierungsmaßnahmen wurde ein alter Fliesenbelag rückgebaut und ein 2K-EP-Beschichtungssystem (Grundierung, Beschichtung mit Quarzsand-Einstreuung zur Erzielung der rutschhemmenden Eigenschaften, transparente Deckversiegelung) aufgebracht.

Nur wenige Monate später zeigte die neue Beschichtung bereits deutliche Verschleißerscheinungen.

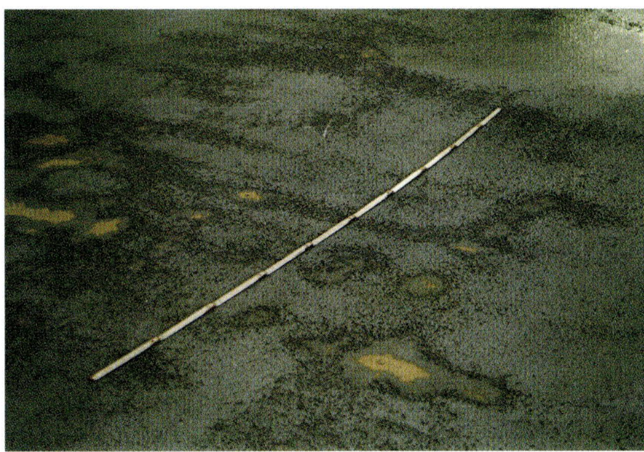

Abb. 6.8: Ein Verschleiß der neuen Beschichtungsebene ist schon wenige Monate nach Applikation deutlich zu erkennen.

Schadensbild/Ist-Zustand

- Rissbildungen in der Beschichtung
- Ablösungen und Enthaftungen der Beschichtung
- Abrieb der Deckversiegelung

Abb. 6.9: Zunächst wird das Einstreukorn mechanisch angerieben.

Abb. 6.10: Das Schadensbild erweitert sich: Durch mechanische Beanspruchung und Hinterfeuchtung löst sich die Beschichtung.

Ursachen

- die nutzerseitige Reinigung wird mit Desinfektionsmitteln hoher Alkalität, Wasser hoher Temperatur (+70 °Celsius) und unter hohem Druck (70 – 80 bar) an sieben Tagen in der Woche durchgeführt
- das Reinigungspersonal führt die Lanzen der Hochdruckreiniger in einem nur geringen Abstand (5,0 – 50 cm) zur Beschichtung

- durch die hohe chemische und mechanische Beanspruchung (Hochdruckreiniger, Flurförderzeuge) kommt es zum Abrieb der Deckversiegelung und des Einstreukorns (woraus dann Poren in der Beschichtung resultieren)
- durch entstandene Fehlstellen in der Deckversiegelung konnte die Beschichtung insgesamt hinterfeuchtet werden und sich weiter ablösen
- die Beschichtung an sich war vom Hersteller nicht für derartig intensive Reinigungsmaßnahmen vorgesehen

Abb. 6.11: Schadensursache: Die Beschichtung ist täglich mit stark alkalischen Desinfektionsmitteln, bei hoher Wassertemperatur, unter großem Druck und mit geringem Bodenabstand gereinigt worden.

Maßnahmen

Schon aus hygienischen Gründen ist es erforderlich, die schadhafte Beschichtungsebene durch geeignete Maßnahmen - zum Beispiel Fräsen - vollständig zu entfernen. Anschließend ist eine gründliche mechanische Untergrundvorbehandlung der entschichteten Estrichkonstruktion unerlässlich (beispielsweise Kugelstrahlen, gegebenenfalls im Kreuzgang).
Danach kann eine neue Kunstharzbeschichtungsebene (beispielsweise Kratzspachtelung, abgestreute Grundierung, Verschleißbeschichtung, Abstreuung und Kopfversiegelung) mit einer Oberflächenbeschaffenheit R12, V6) hergestellt werden. Dabei sind die bauherrenseitigen Anforderungen an die Beständigkeit gegen die verwendeten Reinigungs- und Desinfektionsmittel zu prüfen.
Alternativ ist auch der Einbau eines Industriebodens aus Polymerbeton in Betracht gezogen worden, dieser setzt allerdings - um bestehende Anschlüsse zu beachten - je nach System einen dickeren Abtrag der jetzigen Fußbodenkonstruktion voraus.

6.1.4 Verfärbungen einer Beschichtung in einem Operationssaal

Sachlage

In Operationssälen herrschen höchste Anforderungen an Beschichtungen: Ableitfähigkeit, rutschhemmende Eigenschaften und Beständigkeit gegen Desinfektionsmittel. Im konkreten Fall handelt es sich um ein zweikomponentiges Beschichtungssystem auf Basis von Epoxidharz.

Abb. 6.12: Um den Fuß des Operationstisches herum zeichnen sich orange Flecken auf der Beschichtung ab.

Schadensbild/Ist-Zustand

- Verfärbungen der Beschichtung

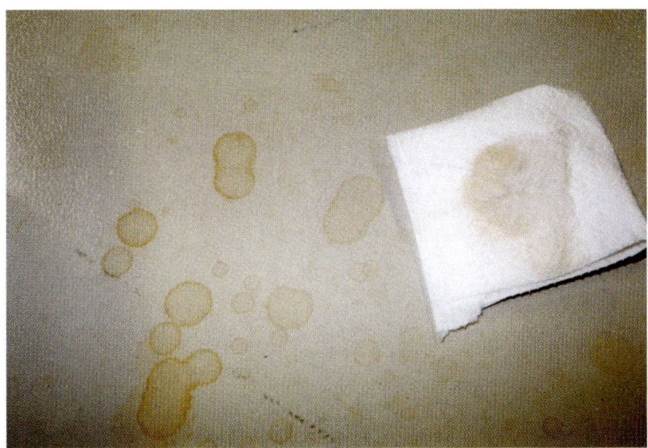

Abb. 6.13: Die Verfleckungen können auch durch intensive Reinigung nur marginal entfernt werden.

Ursachen

- die Beschichtung ist gegen die verwendeten Flächen- und Handdesinfektionsmittel nicht beständig und verfärbt sich daher irreversibel
- durch chemisch-physikalische Wechselwirkungen (konzentrierter) Flächen- und/oder Handdesinfektionsmittel werden (farbige) Beschichtungen oxidiert oder Versiegelungen chemisch angegriffen

Abb. 6.14: Auch unter Spendern für Handdesinfektionsmittel gibt es Verfärbungen.

Maßnahmen

Grundsätzlich bestehen zwei Möglichkeiten: Nach dem Entschichten durch Kugelstrahlen oder Ähnliches kann eine erneute ableitfähige Beschichtung erfolgen.

Alternativ kann auch ein ableitfähiger PVC-Bodenbelag verlegt werden. Für beide Varianten gilt: Ableitfähigkeit ($R_E < 10^9\,\Omega$), Bewertungsgruppe der Rutschgefahr R9, Eignung für die verwendeten Desinfektionsmittel. Hierfür ist vom Hersteller ein entsprechender Nachweis zu verlangen.

6.1.5 Ablösung einer Beschichtung durch fehlende Untergrundvorbehandlung

Sachlage

In einem Fleisch verarbeitenden Betrieb wurde eine Reaktionsharzbeschichtung auf Basis von Epoxidharz appliziert. Die Beschichtung löste sich schollenartig vom Untergrund ab.

Abb. 6.15: Die Beschichtung löst sich vollflächig ab.

Schadensbild/Ist-Zustand

- Ablösungen der Beschichtung

Abb. 6.16: Auch die Reste der Beschichtung im Randbereich können rückstandsfrei und ohne Kraftaufwand abgelöst werden.

Ursachen

- der Untergrundvorbehandlung kommt bei Beschichtungsarbeiten auf Betonen und Estrichen besondere Bedeutung zu. In der Regel empfiehlt es sich, die Flächen durch Kugelstrahlen vorzubehandeln, um die Kapillaren zu öffnen und eine Verkrallung zwischen Untergrund und Beschichtungsstoff zu erzielen. Im vorliegenden Fall waren jedoch keinerlei Anzeichen für die Durchführung einer solchen Maßnahme erkennbar.

Abb. 6.17: Am Untergrund gibt es keinerlei Anzeichen für die Durchführung einer Vorbehandlungsmaßnahme.

Maßnahmen

Nach Untergrundvorbehandlung durch Kugelstrahlen kann nach Grundierung und Kratzspachtelung ein geeignetes Beschichtungssystem appliziert werden (Anforderungen des Nutzers für den Fleisch verarbeitenden Betrieb beachten: zum Beispiel rutschhemmende Eigenschaften, Hygiene und anderes).

6.1.6 Blasenbildungen in einer Beschichtung

Sachlage

Anlässlich der Neuerrichtung einer Druckerei wurde in einem Druckraum ein Zementestrich eingebracht. Nach Fertigstellung und Inbetriebnahme des Betriebs stellte man fest, dass der Estrich zu intensiv abgesandet worden und nur unzureichend reinigungsfähig war. Deshalb wurde nachträglich das Aufbringen einer Beschichtung veranlasst.

Da der Zementestrich nach vorheriger Untergrundvorbereitung durch Kugelstrahlen eine zu geringe Oberflächenfestigkeit aufwies, also mürbe und porös wirkte, wurde vor dem Beschichten eine verfestigende, lösemittelhaltige 2K-EP-Imprägnierung appliziert.

Abb. 6.19: Die Struktur der Bodenbeschichtung erinnert an Orangenhaut.

Abb. 6.18: Blasenbildung in der Bodenbeschichtung ist nicht immer eine Folge von Feuchtigkeit im Untergrund.

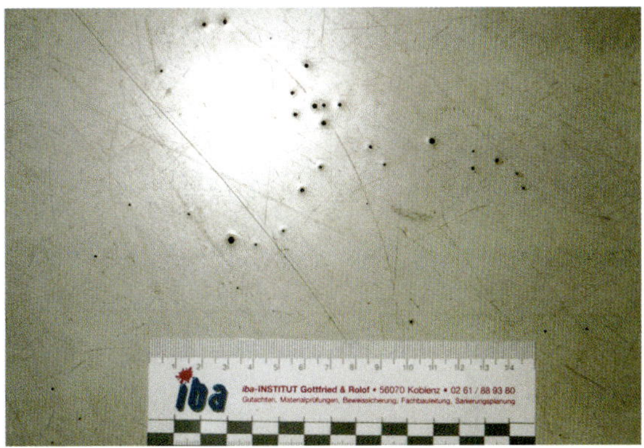

Abb. 6.20: Die Porenbildungen in der Beschichtung sind ein Resultat unzureichender Entlüftung mittels Stachelwalze.

Schadensbild/Ist-Zustand

- zwei bis drei Wochen nach der Applikation traten Poren und Blasen in der Beschichtung auf (Durchmesser >0,3 bis <2,0 cm)

Ursachen

- das Öffnen der entstandenen Blasen ergab, dass es sich dabei nicht um flüssigkeitsgefüllte (osmotische), sondern gasgefüllte Varianten handelte, die nach Lösemittel rochen
- insbesondere bei lösemittelhaltigen Imprägnierungen muss sichergestellt sein, dass die bei der Verarbeitung in den Untergrund eingedrungenen Substanzen zum Zeitpunkt der Überarbeitung

mit einem als dampfdicht geltenden Beschichtungssystem ausreichend verdunstet sind. Andernfalls würden sie später in der nachfolgenden Beschichtung eine Blasenbildung hervorrufen.

- im vorliegenden Fall war dieser Grundsatz offenbar nicht ausreichend berücksichtigt worden. Die Folge war, dass die Lösemittelretention (Zurückhaltung der Lösemittel bei der Filmbildung – die dabei grundsätzlich als latente Gefahr gilt), verbunden mit dem übermäßig hohen Materialverbrauch zu den vorgefundenen Blasenbildungen in der nachfolgenden Beschichtung geführt hatte. Wenn außerdem bei der Verarbeitung der Imprägnierung kein entsprechendes Rührgerät zur gezielten Durchmischung der beiden Komponenten verwendet wurde, ist nicht auszuschließen, dass ein Ausgasen niedermolekularer unvernetzter Bestandteile des Imprägniermittels ebenfalls für die Blasenbildung ursächlich war.
- aufgrund der unzureichenden Oberflächenbeschaffenheit der kugelgestrahlten Estrichoberfläche war das Imprägniermittel unterschiedlich tief in den Estrich eingedrungen. Daraus ergaben sich Bereiche mit unterschiedlich hohen Lösemittel-Konzentrationen und/oder eventuell unvernetzten Bestandteilen. Diese wiederum benötigten unterschiedlich lange, um aus dem Untergrund/Film zu entweichen. Dies würde auch die zeitverzögerte Bildung der Blasen erklären.
- die in der Bodenbeschichtung festgestellten Poren sind dagegen auf eine unzureichende Entlüftung (mittels Stachelwalze) der frisch applizierten Beschichtung zurückzuführen und/oder auf nicht mit Grundierung gefüllte Luftporen an der oberflächennahen Randzone des Estrichs

Maßnahmen

Die Gebrauchstauglichkeit der Beschichtung war nicht gegeben, somit muss zunächst der Rückbau bis auf die tragfähige Zone des Zementestrichs erfolgen. Dann können weitere Schichten appliziert werden.

6.2 Beschichtungen auf Basis von Polyurethan

6.2.1 Beschichtung auf Bau-Furniersperrholzplatten (BFU) in einer Kühlzelle

Sachlage

Die Kühlzelle eines Fleisch verarbeitenden Betriebs (Schinkenherstellung) wurde aus mehreren fertigen Elementen vor Ort zusammengesetzt.

Die Fußbodenkonstruktion bestand dabei aus einer 120 mm dicken PUR-Hartschaumplatte mit einer 21 mm dicken Bau-Furniersperrholzplatte (BFU) als Lastverteilungsschicht.

Nach dem Zusammenfügen der Bauteile wurde schließlich ein für die herrschenden Temperaturen - die produktionsbedingt zwischen -10 und +30 °Celsius liegen - modifiziertes Beschichtungssystem auf Basis Polyurethan appliziert.

Abb. 6.21: Abplatzungen der Beschichtung und freiliegende BFU-Platten: Wegen mangelnder Hygiene droht das zuständige Gesundheitsamt mit Schließung.

Schadensbild/Ist-Zustand

- gerichtete Rissbildungen in regelmäßigem Abstand
- Abplatzungen und/oder Enthaftungen der Beschichtung
- Durchfeuchtung der BFU-Platten an Fehlstellen der Beschichtung

Abb. 6.22: Die fertige Kühlzelle zeigte ein regelmäßiges Rissbild in der Beschichtung im Abstand der Stöße der einzelnen Elemente.

Ursachen

- die gerichteten Rissbildungen lagen oberhalb der Stöße der Kühlzellen-Elemente. Es wurde festgestellt, dass die Stöße vor dem Beschichten mit Klebeband überdeckt worden waren, das sich haftvermindernd auswirkte.
- Infolge der Temperaturschwankungen konnten an den Stößen daher Risse entstehen
- durch diese Risse drang aus Abtauvorgängen resultierendes Kondenswasser in die BFU-Platten, das dort schließlich beim erneuten Gefrieren zu weiteren Abplatzungen führte

Abb. 6.23: Detail Stoßbereich: An der abgelösten Beschichtung ist ein Klebeband erkennbar.

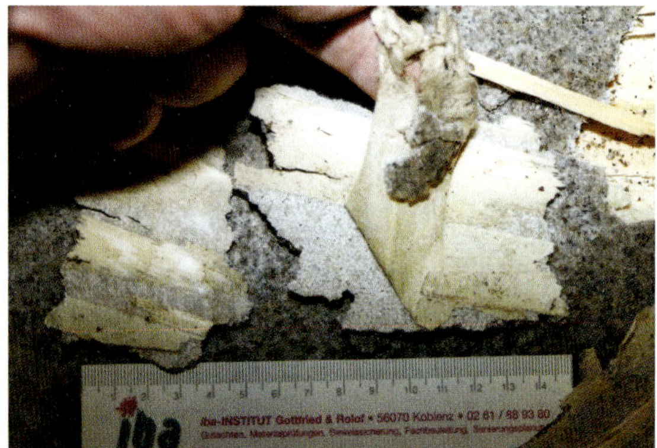

Abb. 6.24: Zwischen Beschichtung und Klebeband resultiert kein Haftverbund.

- bei Belastung durch die rund 600 kg schweren Schinken-Transportwagen konnten sich die Enthaftungen schließlich ausweiten

Maßnahmen

Da infolge der Rissbildungen eine Auffeuchtung und Schädigung der BFU-Platten eingetreten ist, muss diese Lastverteilungsschicht zurückgebaut werden. Problematisch ist allerdings, dass die BFU-Platten vollflächig mit den PUR-Hartschaumplatten verklebt sind. Daher ist ein Rückbau ohne Schädigung der Dämmschicht nicht ohne Weiteres möglich.

Ein Abschälen der oberen, geschädigten Furnierlagen kommt ebenfalls nicht infrage, da die Plattendicke dabei reduziert würde und die auftretenden Radpresslasten nicht mehr aufnehmen könnte.

Eine Aufdoppelung des reduzierten Querschnitts kann wegen bestehender Anschlüsse zu Toren und Ähnlichem genauso wenig in Betracht gezogen werden. Im vorliegenden Fall wurde daher vorgeschlagen, die Beschichtung und die oberen Furnierlagen abzutragen, eine Spachtelung mit Einlage eines Gittergewebes (Eignung für Temperaturbereich und BFU-Platten beachten!) aufzubringen, eine Haftbrücke zu applizieren und anschließend geriffelte Metallbleche aus V2A-Stahl vollflächig zu verkleben (Anforderung an die Bewertungsgruppe der Rutschgefahr R 12!).

Abb. 6.25: Durch die Belastung mit Transportwagen, die beladen rund 600 kg wiegen, ist das Schadensbild ausgeweitet worden (Radpreßlasten beachten).

6.3 Beschichtungen auf Basis von Polymethylmethacrylat

6.3.1 Polymethylmethacrylat-Beschichtung in einer Großfleischerei

Sachlage

Der Fußboden in einer Großfleischerei wurde im Zuge von Sanierungsarbeiten mit einer Polymethylmethacrylat-Beschichtung (PMMA) versehen (Untergrund: erdreichangrenzende Betonbodenplatte).

Aus hygienischen Gründen erfolgt in dem Betrieb eine tägliche, intensive Reinigung mittels Hochdruckdampfstrahler (Wassertemperatur etwa +80 °Celsius).

Abb. 6.26: Ungeeignete Reinigungsmittel sind ursächlich für den Totalschaden der Beschichtung.

Abb. 6.27: Die Umrisse von Reinigungseimern zeichnen sich auf dem Untergrund ab.

Schadensbild/Ist-Zustand nach drei Jahren

- kalkweiße und/oder milchige Verfärbungen

Ursachen

- die Verwendung ungeeigneter Reinigungsmittel (stark sauer beziehungsweise stark alkalisch) führte zu einer chemisch-physikalischen Wechselwirkung mit der Beschichtung, die sich aufgrund dieser Unverträglichkeit auflöste und zersetzte
- dabei sind insbesondere Teilflächenbereiche betroffen, in denen sich Pfützen gebildet hatten, denn hier konnten die Reinigungssubstanzen längere Zeit verbleiben
- die Wassertemperatur von rund 80 °Celsius beschleunigt zusätzlich die während der Zersetzung ablaufenden chemischen Reaktionen

Abb. 6.28: Die Substanzen haben sich irreversibel in die Beschichtung eingefressen.

Maßnahmen

Das vorgefundene Erscheinungsbild der PMMA-Beschichtung macht die Einhaltung hygienischer Vorgaben des Gewerbeaufsichts-und des Veterinäramts unmöglich.

Daher muss die Beschichtung – zum Beispiel durch Fräsen – zurückgebaut werden und nach Untergrundvorbehandlung ein für solche Lebensmittelbetriebe ausgelobtes Beschichtungssystem (z. B. auf Bindemittelbasis von PMMA) in geeigneter rutschhemmender Ausstattung appliziert werden.

Für die Unterhaltsreinigung sind die herstellerseitigen Reinigungs- und Pflegeanleitungen zu beachten (Reinigungsmittel, Temperatur).

6.3.2 Polymethylmethacrylat-Versiegelung auf Epoxidharz

Sachlage

Die Fußbodenkonstruktion im Neubau einer Auktionshalle wurde mit einem Quarzkiesboden mit Bindemittelbasis Epoxidharz versehen. Auf diesem Boden sollte eine transparente Versiegelung auf Basis Polymethylmethacrylat (PMMA) appliziert werden.

Abb. 6.29: Der hellgraue Quarzkiesboden ist partiell gelb und braun verfärbt.

Schadensbild/Ist-Zustand

- gelbe und/oder braune Verfärbungen auf der Oberfläche der transparenten Versiegelung

Abb. 6.30: Die Verfärbungen sind Folge chemisch-physikalischer Wechselwirkungen.

Ursachen

- die PMMA-Versiegelung wurde bereits wenige Stunden nach dem Einbau des Quarzkiesbodens (also vor der chemischen Erhärtung des Epoxidharzes als Bindemittel) appliziert
- Versiegelungen auf Bindemittelbasis PMMA sind in der Lage, vorhergehende Beschichtungen anzulösen, und gehen bei kurzfristiger Überarbeitung mit anderen Bindemitteln als PMMA (also zum Beispiel Epoxidharz) chemisch-physikalische Wechselwirkungen mit Isocyanaten und/oder Aminhärtern ein, die gelblich-braune Farbtonveränderungen resultieren lassen können

Abb. 6.31: Werden nicht ausgehärtete Epoxidharze beispielsweise mit PMMA-Versiegelungen überarbeitet, kann es zu Farbtonveränderungen kommen.

Maßnahmen

Die Versiegelung beziehungsweise der Quarzkiesboden kann zunächst durch mechanische Untergrundvorbehandlung (zum Beispiel Kugelstrahlen und Fräsen) und Absaugen überarbeitet werden. Dann folgt die Applikation eines neuen Quarzkiesbodens, der eine EP-Versiegelung oder vorzugsweise eine PUR-Versiegelung erhält.

6.4 Quarzkiesböden, Steinteppiche

6.4.1 Quarzkiesboden in einem Freizeitbad

Sachlage

Um einem Freizeitbad Strandcharakter zu verleihen, wurde ein heller, beigefarbener Quarzkiesboden auf Basis Epoxidharz eingebaut.

Abb. 6.32: Ein beigefarbener Quarzkiesboden verhilft diesem Freizeitbad zu Strandcharakter.

Schadensbild/Ist-Zustand

- weiße Verfärbungen des Quarzkiesbodens

Abb. 6.33: Im Bereich von Sitzplätzen hat ablaufendes Wasser beim Trocknen auf dem Boden zu Kalkablagerungen geführt.

Ursachen

- die weißen Verfärbungen beziehungsweise Anhaftungen konnten durch einen Test mit 5-prozentiger Salzsäure als oberflächliche Ablagerungen von Kalk identifiziert werden (Bei der Reaktion von Kalk und Salzsäure entsteht unter anderem Kohlendioxid, das dann aufschäumt)
- zusätzlich ergab die Messung der Wasserhärte, dass sich hartes, das heißt sehr kalkhaltiges Wasser in den Becken befindet
- infolge Maßtoleranzen und/oder offenporiger Struktur kann sich das kalkhaltige Wasserablagern, trocknen und die Kalkablagerungen hinterlassen

Abb. 6.34: Maßtoleranzen und die offenporige Struktur des Quarzkiesbodens begünstigen die Ablagerung des stark kalkhaltigen Wassers in Pfützen.

Maßnahmen

Die offenporige Struktur des Quarzkiesbodens erschwert die Reinigung, sodass die Kalkablagerungen letztlich nicht zu vermeiden sein werden.

Zur Verringerung der Ablagerungen kann jedoch geprüft werden, ob und inwieweit es möglich ist, das Wasser bei der Aufbereitung zu entkalken, ohne gleichzeitig die Gesundheit der Badegäste zu gefährden.

Problem: In Pfützen stehendes Wasser kann über längere Zeit zu Geruchsbelästigungen führen und die Hygiene beeinträchtigen! Generell ist die Eignung eines solchen offenporigen Systems für naßbelastete Bereiche zu hinterfragen.

6.5 Beschichtungen in Garagen

6.5.1 Zweikomponentige Kunstharzbeschichtung in einer Garage

Sachlage

In einer Garage wurde eine 2K-Kunstharzbeschichtung auf Basis Epoxidharz durch den Bauherrn selbst auf einer neuen, zementären Spachtelmasse aufgebracht.

Der Untergrund der Garage bestand aus einer erdreichangrenzenden Betonbodenplatte, die zuvor unbeschichtet genutzt worden war.

Abb. 6.35: Die Kunstharzbeschichtung des Garagenbodens platzt mit Spachtelmasse ab.

Abb. 6.36: Ursächlich für die Schäden ist unter anderem ein unzureichender Haftverbund zwischen Spachtelmasse und Beton.

Schadensbild/Ist-Zustand

- Abplatzungen der Beschichtung

Ursachen

- ungenügende Oberflächenfestigkeit der Spachtelmasse durch Überwässerung
- kein ausreichender Haftverbund zwischen Spachtelmasse und Beton (die Oberfläche der Spachtelmasse war vor der Applikation nicht angeschliffen worden und daher sehr glatt)
- überhöhte Feuchtigkeit des Betonbodens
- Ausführung durch unerfahrenen Verarbeiter

Abb. 6.37: Mangelnde Oberflächenfestigkeit: Die zementäre Spachtelmasse ist vor der Applikation nicht angeschliffen worden.

Maßnahmen

Nach dem Entfernen der schadhaften Beschichtung und der nicht tragfähigen Spachtelmasse muss eine mechanische Untergrundvorbehandlung (Oberflächenzugfestigkeit $> 1{,}5\ N/mm^2$) durchgeführt werden. Anschließend kann eine Kratzspachtelung (2K-EP, Abstreuen in der Frischphase) erfolgen und dann ein Beschichtungssystem aufgebracht werden, das für Garagenböden geeignet ist (befahrbar, geprüft gegen Öl, Fett, Kraftstoffe, frost-/tausalzbeständig, beständig gegen Weichmacher von Reifen, rutschhemmend).

6.5.2 Einkomponentige Kunstharzbeschichtung in einer Garage

Sachlage

In einer Garage wurde vom Bauherrn eine 1K-Kunstharzbeschichtung auf Basis Alkydharz aufgebracht. Die Applikation erfolgte auf einer erdreichangrenzenden Betonbodenplatte aus dem Bestand, die mehr als 30 Jahre ohne Oberflächenschutz genutzt worden war.

Abb. 6.38: Die Beschichtung platzt insbesondere im Bereich der Fahrspuren ab.

Schadensbild/Ist-Zustand

- Abplatzungen der Beschichtung insbesondere im Bereich der Fahrspuren
- Blasen in der Beschichtung (Durchmesser 5,0 - 20 mm)

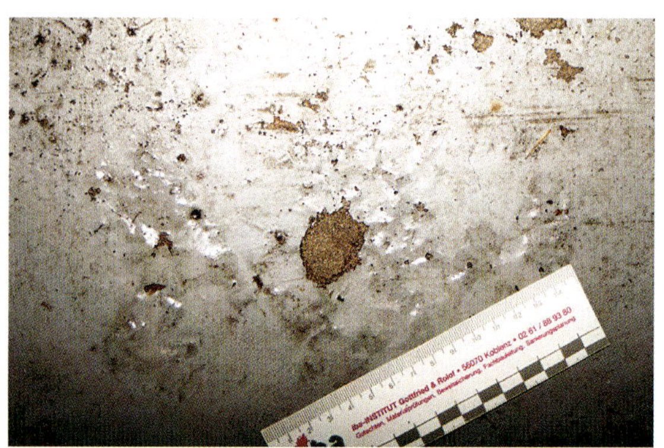

Abb. 6.39: Außerdem haben sich Blasen mit Durchmessern zwischen 5,0 und 20 mm gebildet.

Ursachen

- Reinigung der Betonfläche mit Hochdruckreiniger
- keine Feuchtigkeitsmessung vor der Applikation
- im Laufe der mehr als 30-jährigen Nutzung ist Tausalz in den Betonboden eingetragen worden
- vor Aufbringen der dampfdichten Kunstharzbeschichtung sind durch Wassereintrag während der Reinigung bauphysikalische Transportvorgänge (Diffusion und Osmose) ausgelöst worden

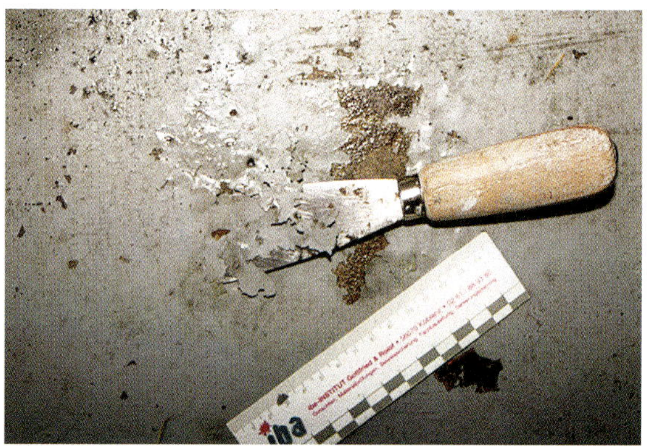

Abb. 6.40: Mit einem Spachtel kann der Rest der Beschichtung mühelos abgetragen werden.

Maßnahmen

Nach dem Entfernen der schadhaften Beschichtung und der nicht tragfähigen Spachtelmasse muss eine mechanische Untergrundvorbehandlung (Oberflächenzugfestigkeit > 1,5 N/mm²) durchgeführt werden. Anschließend kann eine Kratzspachtelung (2K-EP, Abstreuen in der Frischphase) erfolgen und dann ein Beschichtungssystem aufgebracht werden, das für Garagenböden geeignet ist (befahrbar, geprüft gegen Öl, Fett, Kraftstoffe, frost-/tausalzbeständig, beständig gegen Weichmacher von Reifen, rutschhemmend). Hierzu sind vom Hersteller entsprechende Nachweise anzufordern.

6.5.3 Weichmacherwanderung in einer Garage

Sachlage

Auf den Bodenflächen einer Garagenanlage ist eine 2K-Kunstharzbeschichtung auf Basis Epoxidharz eingebracht worden.

Der Untergrund bestand aus neuem Zementestrich im Verbund auf erdreichangrenzender Betonbodenplatte (aus dem Bestand).

Abb. 6.41: Vornehmlich im Bereich der Fahrspuren ist es zu Abplatzungen und Enthaftungen der Beschichtung gekommen.

Schadensbild/Ist-Zustand

- Abplatzungen und Enthaftungen der Beschichtung insbesondere im Bereich der Fahrspuren

Abb. 6.42: Die Beschichtungsschollen finden sich an den Reifen der geparkten Fahrzeuge wieder.

Ursachen

- Weichmacherwanderung an den Aufstandsflächen zwischen Reifen und Beschichtung
- dadurch Verkleben von Reifen und Beschichtung, Enthaftung beim Ausfahren der Kraftfahrzeuge
- dadurch wird die Beschichtung kontinuierlich weiter abgetragen, und das Schadensbild weitet sich aus

Abb. 6.43: Die Beschichtung ist nicht beständig gegen die Weichmacher der Reifen.

Maßnahmen

Nach dem Entfernen der schadhaften Beschichtung und der nicht tragfähigen Spachtelmasse muss eine mechanische Untergrundvorbehandlung (Oberflächenzugfestigkeit > 1,5 N/mm^2) durchgeführt werden. Anschließend kann eine Kratzspachtelung (2K-EP, Abstreuen in der Frischphase) erfolgen und dann ein Beschichtungssystem aufgebracht werden, das für Garagenböden geeignet ist (befahrbar, geprüft gegen Öl, Fett, Kraftstoffe, frost-/tausalzbeständig, beständig gegen Weichmacher von Reifen, rutschhemmend). Verfärbungen sind aber immer noch möglich, in Abhängigkeit der Zusammensetzung der Autoreifen/Beschichtung. *Achtung:* Vorhandensein einer Abdichtungsebene prüfen (Hinterfeuchtung)!

7 Bodenbeläge

7.1 Elastische Bodenbeläge

7.1.1 PVC-Bodenbeläge

7.1.1.1 PVC-Bodenbelag in einem Gewerbeobjekt

Sachlage

In einem Gewerbeobjekt sollte auf einem alten, schwimmenden Anhydritestrich (auf erdreichangrenzender Betonbodenplatte) ein PVC-Bodenbelag verlegt werden.

Abb. 7.1: Der PVC-Bodenbelag kann ohne Kraftaufwand vom Untergrund abgeschält werden.

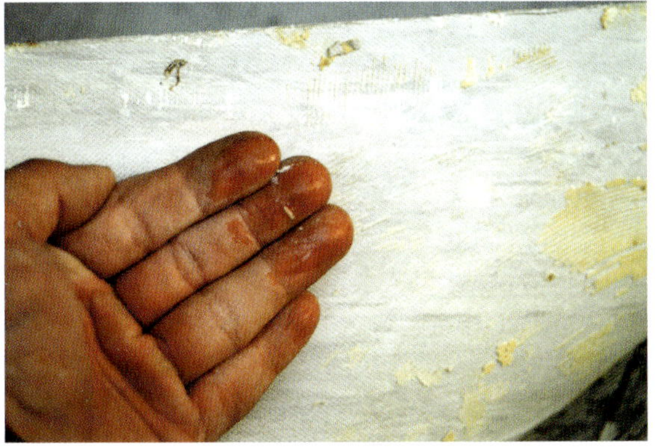

Abb. 7.2: Die Rückseite des Bodenbelags ist feucht.

Schadensbild/Ist-Zustand

- Ablösungen des Bodenbelags angrenzend zum Außenbereich

Ursachen

- Verseifung des Klebstoffs durch Feuchteeinwirkung von außen
- Erweichung der oberflächennahen Randzone des Estrichs
- fragliche Abdichtung im Außenbereich
- keine Entwässerung vor dem Eingang
- fehlende Drainrinne, Verbundsteinpflaster mit Gefälle zum Gebäude hin

Abb. 7.3: Durch äußere Feuchteeinwirkung ist das Klebstoffbett verseift.

Maßnahmen

Es ist zu prüfen, ob eine außenseitige Abdichtung des Wandbildners bzw. der Bodenplatte zum Verbundsteinpflaster vorhanden ist, falls nicht, muss sie angeordnet werden. Auch der Einbau einer Drainrinne im Außenbereich und der Anschluss an die Entwässerung sind notwendig.

Der Bodenbelag ist zurückzubauen, die Estrichkonstruktion zu trocknen und die zwischenzeitlich erweichte oberflächennahe Randzone des Estrichs abzutragen.
Danach kann grundiert, gespachtelt und ein neuer Bodenbelag verlegt werden.

Abb. 7.4: Das Verbundsteinpflaster fällt zum Gebäude hin ab, dennoch gibt es keine Entwässerung (keine Drainrinne), die Abdichtung ist fraglich.

7.1.1.2 Schadhafte Nahtkantenabdichtung eines werkseitig vergüteten PVC-Bodenbelags in einem Bürogebäude

Sachlage

Der Fußboden eines neu erstellten Bürogebäudes sollte mit werkseitig vergütetem PVC-Bodenbelag (Oberflächenvergütung mit Polyurethan) belegt werden. Die Nahtkanten waren durch den Auftragnehmer thermisch zu verschweißen.

Der Untergrund bestand aus neuem, schwimmend verlegten Zementestrich mit Fußbodenheizung.

Abb. 7.5: An der thermisch verschweißten Nahtkantenabdichtung ist es zum Fugenflankenabriss gekommen.

Schadensbild/Ist-Zustand

- offene Nahtkanten und Fugenflankenabrisse der Schweißschnur
- Beschädigung der werkseitigen Vergütung durch Runzelbildung und Weißbruch angrenzend zu den thermisch verschweißten Nahtkantenabdichtungen

Abb. 7.6: Die Runzelbildungen und der Weißbruch sind die Folge einer thermischen Überbeanspruchung.

Ursachen

- Maßänderungsverhalten beziehungsweise Schrumpfen von PVC-Bodenbelägen führt zum Aufreißen von verschweißten Nahtkanten. Dies ist bedingt durch die Verwendung umweltfreundlicher Weichmacher der neuen Generation, die eine weniger stabile Einbettung in die polymere Struktur des PVC aufzeigen und daher zur Wanderung neigen
- elastische Bodenbeläge haben von sich aus und in Verbindung mit wasserbasierten Klebstoffen die Tendenz zu Dimensionsänderungen (Schrumpfen oder Wachsen), sodass auch dadurch Nähte aufreißen können

- die Runzelbildungen und der Weißbruch an der werkseitigen Versiegelung resultierten aus thermischer Überbeanspruchung (zu hohe Temperatur beim Verschweißen, ungeeignete Schweißdüse, zu geringe Geschwindigkeit des Schweißautomaten)
- fehlerhafte Ausführung der Fräsnut vor dem Verschweißen
- fehlerhafte Verklebung: z. B. zu wenig Klebstoff, ungenügendes Anreiben, Überschreitung der Offenzeit, u. a.
- *Hinweis:* die Verlegeanleitungen des Bodenbelagsherstellers sind daher unbedingt zu beachten!

Maßnahmen

Wegen des materialtypischen Verhaltens des PVC-Bodenbelags müssen solche thermisch verschweißten Nahtkantenabdichtungen als Wartungsfugen bezeichnet werden, die im Laufe der Nutzung durch den Auftraggeber zu überprüfen sind.

Eine zusätzliche manuelle Einpflege mit einer filmbildenden Polymerdispersion kann von Fall zu Fall ein Kaschieren der thermischen Beschädigungen ermöglichen. Hierzu muss geprüft werden, ob eine solche Maßnahme mit der werkseitigen Vergütung verträglich ist! Eine Probefläche ist anzulegen! Damit kann eine fehlerhafte Verschweißung allerdings auch nicht beseitigt werden. Hier muss dann entweder neu verschweißt oder alternativ abgedichtet werden (1K- oder 2K-Fugendichtstoff).

7.1.1.3 Schadhafte Nahtkantenabdichtung eines PVC-Bodenbelags in einer Schule

Sachlage

Anlässlich einer Sanierungsmaßnahme wurden in einer Schule Fliesen aus PVC verlegt. In der Bodenbelagsebene kam es aber schon kurze Zeit nach Fertigstellung zu Fugenflankenabrissen.

Abb. 7.7: Schon kurz nach Fertigstellung sind die Fugenflanken des PVC-Bodenbelags gerissen.

Schadensbild/Ist-Zustand

- Fugenflankenabrisse an der Nahtkantenabdichtung

Abb. 7.8: Hier wurde zu kalt oder zu schnell geschweißt, denn die Schweißschnur lässt sich problemlos herauslösen.

Ursachen

- schadenursächlich war in diesem Fall, dass zu kalt und/oder zu schnell geschweißt wurde (Anzeichen: Die Schweißschnur ließ sich problemlos herauslösen)
- überlagert wurde die fehlerhafte Verschweißung durch das Maßänderungsverhalten beziehungsweise Schrumpfen von PVC-Bodenbelägen, welches letztendlich dann zum Aufreißen von verschweißten Nahtkanten führt
- nicht auszuschließen ist auch, dass die PVC-Fliesen vor der Verlegung nicht akklimatisiert wurden und zu warm waren. In der Folge kann es bei Anpassung an das Raumklima zum Schrumpfen kommen

- fehlerhafte Verklebung: z. B. zu wenig Klebstoff, ungenügendes Anreiben, Überschreitung der Offenzeit, u. a.

Maßnahmen

Zur Behebung der Schadensbilder ist das Ausschneiden schadhafter Nahtkantenabdichtungen, dann ein Nachfräsen sowie ein erneutes thermisches Verschweißen erforderlich. *Achtung:* Heute gelten derartige Nahtkantenabdichtungen als Wartungsfuge!

7.1.1.4 Offene Nahtkanten an einem PVC-Bodenbelag in einem Krankenhaus

Sachlage

Der PVC-Bodenbelag in einem Krankenhaus zeigte nach der Verlegung und dem thermischen Verschweißen der Nahtkanten Fugenflankenabrisse an den Kopf- und Längsnähten auf. Er wurde daher teilweise mit einem 2K-Spezialdichtstoff auf Basis von Epoxidharz ausgebessert. Aber auch diese Nachbesserung wurde wiederum schadhaft.

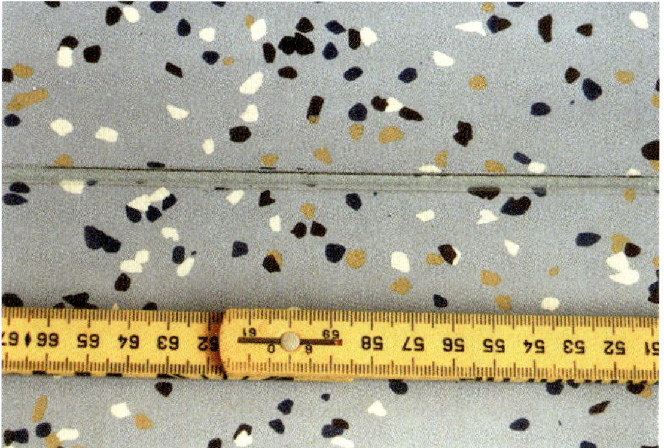

Abb. 7.9: Die Fugenflanken der thermisch verschweißten Nahtkanten sind abgerissen.

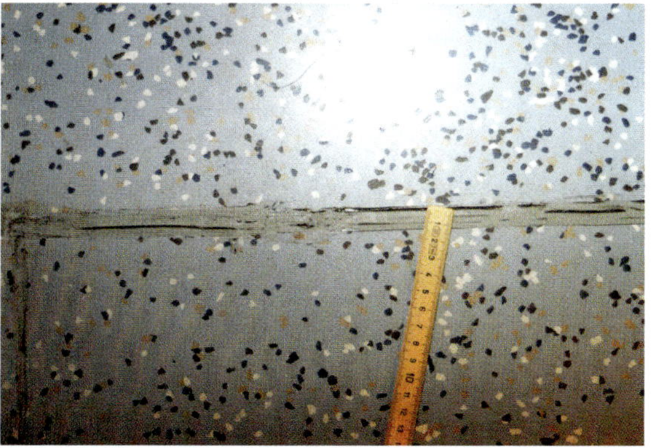

Abb. 7.10: Die Nahtkantenabdichtung ist bereits mehrfach mit 2K-Spezialdichtstoff nachgebessert worden: trotzdem Risse!

Schadensbild/Ist-Zustand

- Fugenflankenabrisse der thermisch verschweißten Nahtkanten
- Risse in den Abdichtungen (2K-Spezialdichtstoff)

Ursachen

- in den letzten Jahren wurden zunehmend Schäden an elastischen Oberböden durch kritisches Maßänderungsverhalten (vor allem das Schrumpfen von PVC-Bodenbelägen) beobachtet
- ursächlich hierfür sind offensichtliche Masseverluste (zum Beispiel durch Weichmacherwanderung in das Klebstoffbett und/oder durch Wechselwirkungen mit Reinigungs-, Pflege- oder Desinfektionsmitteln) und/oder Eigenspannungen (»Memory-Effekt«)
- fehlerhafte Verklebung: z. B. zu wenig Klebstoff, ungenügendes Anreiben, Überschreitung der Offenzeit, u. a.

Maßnahmen

Im Laufe der Zeit entstanden Fugen mit einer Breite > 10 mm und es entstehen trotz Nachbesserung ständig weitere Risse. Dies ist nicht mit den hygienischen Anforderungen an ein Krankenhaus zu vereinbaren, daher ist der Rückbau der Bodenbelagsebene geboten.

Auch beim Austausch der Bodenbelagebene kann das Schrumpfen eines neuen PVC-Belags infolge der Alterung und/oder Desinfektion und Reinigung jedoch nicht ausgeschlossen werden, da es sich eben um ein materialspezifisches Verhalten handelt.

Im Zuge der Pflege und Wartung sind daher auch Fugenabdichtungen zu prüfen und bei Bedarf zu überarbeiten (Wartungsfuge).

7.1.1.5 PVC-Bodenbelag in einem Möbelhaus

Sachlage

In einem Möbelhaus erfolgten umfangreiche Umbau- und Sanierungsmaßnahmen. Dabei wurde ein PVC-Bodenbelag in verschiedenen Dessins nach Spachtelung auf der Betonbodenplatte verklebt.

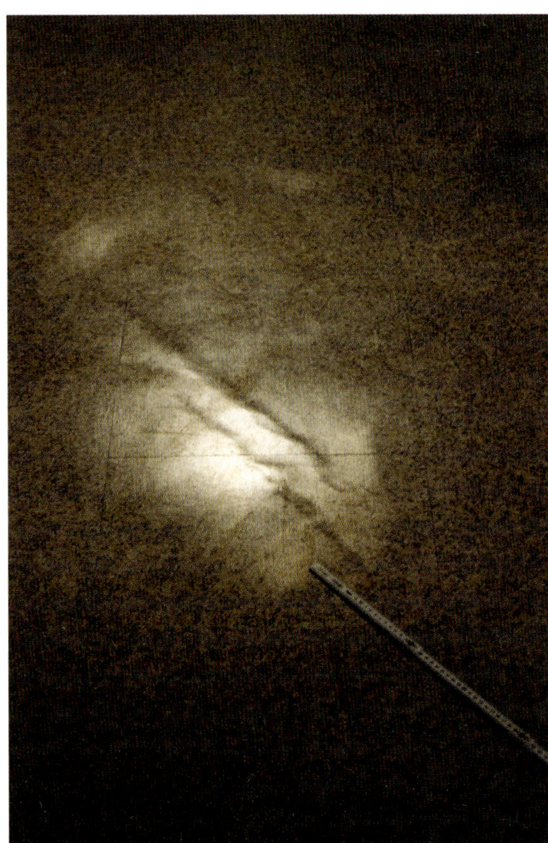

Abb. 7.11: Der PVC-Belag zeigt geradlinig verlaufende Wurm- und Faltenbildungen.

Schadensbild/Ist-Zustand

- gerichtet verlaufende Wurm- und Faltenbildungen einhergehend mit akustisch wahrnehmbaren Hohllegern

Abb. 7.12: Zu Prüfzwecken werden schadhafte Stellen geöffnet.

Abb. 7.13: Die Bewegungsfugen der Betonbodenplatte sind mit der Spachtelmasse und dem PVC-Bodenbelag überarbeitet worden.

Ursachen

- die Bewegungsfugen im Betonboden wurden vollflächig überspachtelt und mit dem Bodenbelag überarbeitet
- in der Folge stellten sich im Oberboden Rissbildungen und schollenartige Enthaftungen der Spachtelmasse sowie Wurm- und Faltenbildungen ein

Maßnahmen

Theoretisch reicht es aus, den Bodenbelag in den schadhaften Bereichen auszutauschen und die Bewegungsfugen im Betonboden durch Fugenprofile in die Bodenbelagsebene zu übernehmen (Beachte normative Anforderungen nach VOB, Teil C, ATV DIN 18 365 »Bodenbelagsarbeiten«).
Dabei würde es jedoch zu produktionsbedingten Farbtonunterschieden kommen. Eine zielführende Lösung kann daher nur der Austausch des kompletten Belags sein, falls der Bauherr/Eigentümer nicht bereit ist, solche Farbtonunterschiede hinzunehmen.

7.1.2 Linoleum-Bodenbeläge

7.1.2.1 Linoleum-Bodenbelag in der Einsatzleitstelle einer Polizeiwache

Sachlage

In der Einsatzleitstelle im Neubau einer Polizei- und Feuerwache wurde ein Linoleum-Bodenbelag auf einem neuen Zementestrich verlegt. Aufgrund eines vorgegebenen Liefertermins für den Einsatzleittisch war eine kurzfristige Verlegung des Bodenbelags ebenso unerlässlich wie die sofortige Inbetriebnahme und Nutzung.

Anzumerken ist, dass der Bodenbelag besonders belastet wird (24-stündige Nutzung an 365 Tagen im Jahr).

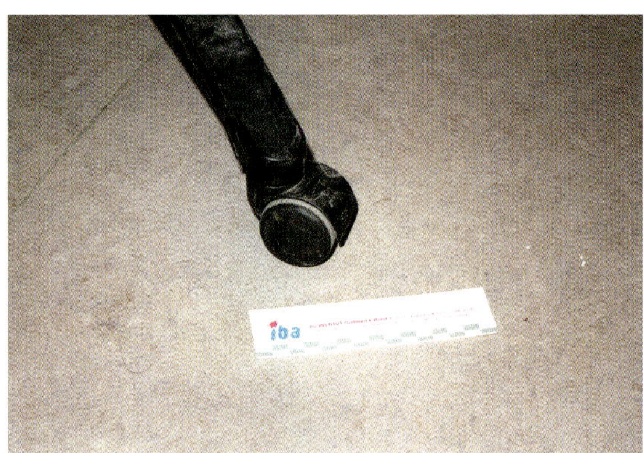

Abb. 7.14: Falsche, weil harte Stuhlrollen haben zu Blasen und Beulen im elastischen Bodenbelag geführt.

Abb. 7.15: Im Bereich der Schadensbilder wird der Belag geöffnet und geprüft.

Schadensbild/Ist-Zustand

- Blasen und Beulen im Bodenbelag schon kurze Zeit nach Inbetriebnahme

Abb. 7.16: Die oberflächennahe Randzone des Estrichs ist mürbe.

Abb. 7.17: An der Rückseite des Bodenbelags finden sich staubende, kreidende, mürbe und mineralische Bestandteile von Estrichkonstruktion und Spachtelmasse.

Ursachen

- die Arbeitsplätze am Einsatzleittisch waren mit Bürodrehstühlen bestückt, die mit »harten«, ungeeigneten Stuhlrollen ausgerüstet waren
- im Bereich der Schadensbilder wurde der Bodenbelag geöffnet und mit einer Blase vom Untergrund abgehoben: Zu 30 Prozent zeigte sich im Blasenbereich eine mürbe, pulverisierte

Oberfläche, zu 50 Prozent ein Kohäsionsbruch in der oberflächennahen Randzone des Estrichs und zu 20 Prozent ein Adhäsionsbruch zwischen Spachtelmasse und Estrich

- Gitterritzprüfungen erbrachten den Nachweis tiefer Ritzspuren, die von großen Ausbrüchen – vor allem im Bereich der Spurkreuzungen – flankiert wurden
- an der Rückseite des abgelösten Bodenbelags waren staubende, kreidende, mürbe und mineralische Bestandteile von Estrichkonstruktion und Spachtelmasse vorhanden
- die Enthaftung des Linoleum-Bodenbelags im Bereich der Formveränderung kann daher einerseits auf den Verlust der kohäsiven und adhäsiven Eigenschaften der Spachtelmasse und andererseits auf die geringe Oberflächenfestigkeit der Estrichkonstruktion zurückgeführt werden
- ungeeignete »harte« Stuhlrollen führten zur überproportionalen mechanischen Beanspruchung des Bodenbelags und der Spachtelung
- zu geringe Schichtdicken der Spachtelung und dadurch reduzierte Stuhlrolleneignung (gefordert werden von den meisten Herstellern Schichtdicken $\geq$ 1,0 – 2,0 mm, gefunden wurde lediglich eine 0,3 mm dicke Spachtelmasse)
- die Fußbodenkonstruktion wurde unmittelbar nach Verlegen und Arretieren der elastischen Bodenbelagsebene dauerhaft (24 Stunden täglich) belastet

Maßnahmen

Nach Rückbau der Bodenbelagsebene müssen die mürben Schichten bis auf die tragfähige Estrichschicht abgetragen werden. Danach kann ein neuer Bodenaufbau in Verbindung mit einem elastischen Bodenbelag erstellt werden.

Die Bürodrehstühle müssen mit Stuhlrollen des Typs W (Beachte herstellerseitige Vorgaben in der Reinigungs- und Pflegeanleitung des Bodenbelags!) ausgestattet werden.

7.1.2.2 Linoleum-Bodenbelag im Neubau eines Seniorenheims

Sachlage

Im Neubau eines Seniorenheims wurde ein Linoleum-Bodenbelag in den Fluren und Zimmern verlegt. Die Nahtkanten wurden mit Schmelzdraht thermisch verfugt (abgedichtet).

Abb. 7.18: Die Fugenflanken des Linoleum-Bodenbelags sind an den thermisch abgedichteten Nahtkanten gerissen.

Schadensbild/Ist-Zustand

- Fugenflankenabrisse an den Nahtkantenabdichtungen

Abb. 7.19: Die Belagsbahnen sind nur marginal angefräst worden.

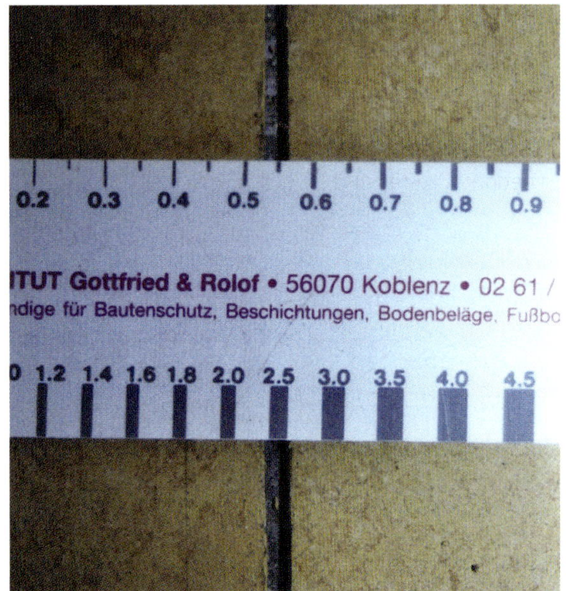

Abb. 7.20: Hier ist der Belag im Abstand von etwa 2,5 mm verlegt worden.

Ursachen

- sollen die Nahtkanten eines elastischen Bodenbelags thermisch abgedichtet werden, können zur Vermeidung von Stippnähten die Belagsbahnen oder Fliesen mit einem Abstand von circa 0,5 mm, das entspricht der Dicke einer Postkarte, verlegt werden
- geschieht dies nicht, und werden Platten und Bahnen mit größerem Abstand verlegt oder nur eine Belagsbahn angefräst, ist die Verbundfläche zwischen Schmelzdraht und Bodenbelag zu gering, um Spannungen aufzunehmen oder weiterzuleiten
- die Folge sind Abrisse an den Nahtkanten aufgrund fehlenden Haftverbunds

Maßnahmen

Der Belag wurde nur einseitig oder gar nicht gefräst, sondern im Abstand von etwa 2,5 mm stumpf gestoßen. Theoretisch denkbar wäre es, breitere Schweißschnüre zu verwenden. Dafür müsste entsprechend tiefer und breiter gefräst werden. Wobei dann aber die Gefahr besteht, dass nicht nur die Belagsbahnen thermisch verfugt werden, sondern die Nahtkantenabdichtung auch mit dem Untergrund verbunden wird. Daraus resultiert dann eine Dreiflankenhaftung, die wiederum zu Schäden wie Enthaftungen und/oder Rissen in der abgedichteten Nahtkante führen kann. Bei dieser Variante besteht mithin ein nicht vorherzusagendes Restrisiko (Probeflächen anlegen).

Um den Mangel zu beseitigen, ist es jedoch möglich, nur die Fugenbereiche mit einem 2-komponentigen Dichtstoff nachzubessern und anschließend eine Einpflege vorzunehmen. Dies erfordert, die schadhaften Nahtkantenabdichtungen herauszuschneiden und den Fugenbereich links und rechts der Kanten mit Klebeband abzukleben. Die Fugenflanken müssen gesäubert und entfettet und die Nahtkanten mit einem geeigneten Fugendichtstoff auf Basis von 1K- oder 2K-Reaktionsharz abgedichtet werden. Das Klebeband ist anschließend sofort abzuziehen.

Die neu abgedichteten Nahtkanten dürfen danach für rund zwölf Stunden nicht begangen und vor ihrer chemischen Aushärtung (circa acht bis zwölf Tage – Herstellerangaben beachten!) nicht mit Reinigungs- und/oder Desinfektionsmitteln beaufschlagt werden. Um die jeweilige Eignung zu prüfen, empfiehlt es sich, Musterflächen anzulegen.

7.1.2.3 Schäden am Linoleum-Bodenbelag in einem Büro- und Laborgebäude

Sachlage

In einem mehrgeschossigen Neubau eines Büro- und Laborgebäudes wurde in den Räumen und Fluren ein Linoleum-Bodenbelag vollflächig verklebt. Nach Fertigstellung erfolgte eine Grundreinigung und Einpflege der elastischen Bodenbelagsebene sowohl in den Büro- und Laborräumen als auch in den Flurbereichen der einzelnen Geschosse.

Aufgrund von Verunreinigungen durch Malerarbeiten musste die Belagsoberfläche in den Flurbereichen erneut einer Grundreinigung und Einpflege unterzogen werden. Dazu wurde eine Einscheibenmaschine mit rotem Pad verwendet. Dem Reinigen - das Wasser war zu 20 - 30 Prozent mit Grundreiniger versetzt worden - schloss sich das Neutralisieren an. Nach drei bis Stunden Wartezeit erfolgte dann die Einpflege (pures, unverdünntes Auftragen mit dem Flachmopp), die nach einer Trockenzeit von einer Stunde wiederholt wurde (zweimaliges Auftragen).

Am nächsten Tag wurde der Belag mit der Einscheibenmaschine und beigefarbenem Pad aufpoliert. An der Belagsoberfläche bildeten sich jedoch immer wieder weiße Schleier und/oder milchige Verfleckungen, wobei diese Erscheinungsbilder zunächst nach acht bis zehn Tagen schemenhaft entstanden und sich schließlich innerhalb von drei bis vier Wochen mehr oder weniger vollflächig ausbreiteten.

Ein halbes Jahr später wurden daher erneute Grundreinigungs- und Einpflegemaßnahmen durchgeführt (wegen wiederholt auftretender Schleierbildungen nun bereits die vierte Grundreinigung des Flurbodenbelags). Die Räume hingegen waren erst einmal grundgereinigt worden.

Schadensbild/Ist-Zustand nach zwei Jahren

- auf der Belagsoberfläche haben sich weiße Schleier und milchige Flecken gebildet
- lokale Hochpunkte und/oder erkennbare Kellenschläge in der Spachtelmasse

Abb. 7.21: Im Streiflicht sind lokale Hochpunkte durch Kellenschläge erkennbar.

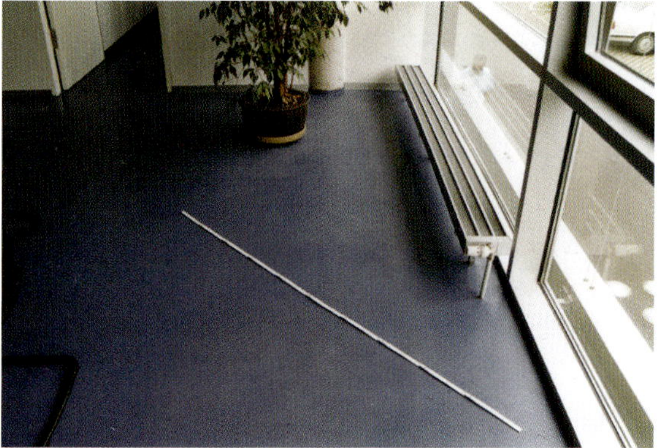

Abb. 7.22: Weiße Schleier und milchige Flecken kennzeichnen die Belagsoberfläche.

Ursachenforschung

- Inaugenscheinnahme
- makroskopische und mikroskopische Überprüfung
- Durchführung von Reinigungsversuchen

Ergebnis

- weiße Schleier und/oder milchige Verfleckungen, die sich in der eigentlich transparenten Pflegeschicht der Einpflege durch Porosität und/oder offenporige Strukturen feststellen ließen

- die negativen Erscheinungsbilder der eingepflegten Bodenbelagsebenen sind beim Begehen der Flure – begünstigt durch Tages- und Streiflicht – auch ohne Hinweis Dritter sehr auffällig
- Abpuderungserscheinungen der Einpflege
- makroskopisch wie mikroskopisch zeigt sich die Oberfläche der eingepflegten Bodenbelagsebene in den Flurbereichen von poröser und/oder offenporiger Struktur, sodass die normalerweise in die Belagsoberfläche eingeschlossenen Bestandteile wie Korkmehl und/oder Holzfasern deutlich als Partikel hervortraten
- die eingepflegte Bodenbelagsebene in den Büroräumen wies hingegen eine nahezu dicht geschlossene, glänzende Oberfläche auf
- die werkseitige Walzhaut und der Transportschutz in Form der Linopolschicht waren auf der Oberfläche der Bodenbelagsebene demzufolge nicht mehr vorhanden
- besonders im Streiflicht des einfallenden Tageslichts war zu erkennen, dass der verklebte Linoleum-Bodenbelag zahlreiche Maßtoleranzen auf kurzen Nennmaßbereichen aufzeigte (Kellenschläge)
- Durch das Licht- und Schattenspiel wurden auch die weißen Schleier und milchigen Verfleckungen stark hervorgehoben
- infolge der zahlreichen Hochpunkte durch Maßtoleranzen auf kurzen Nennmaßbereichen, welche durch die Kellenschläge verursacht werden, war ein überproportionales Verschleißverhalten der Oberfläche des eingepflegten Linoleum-Bodenbelags – durch Dreh-, Schub- und Walkbewegungen während der Nutzung und Frequentierung – festgestellt worden

Ursachen

- die in den Fluren festgestellten Befunde sind aufgrund der Erscheinungsbilder vor allem auf die mehrfach durchgeführten Grundreinigungen (in 24 Monaten insgesamt vier Mal) zurückzuführen

Abb. 7.23: Das Erscheinungsbild des Belags ist in Fluren und Büroräumen unterschiedlich.

- in den Büroräumen sind dagegen keine weißen Schleier und/oder milchigen Verfleckungen auf der Oberfläche der Bodenbelagsebene zu konstatieren gewesen. – Hier wurde nur eine Grundreinigung und Einpflege vor der Abnahme durchgeführt

Abb. 7.24: Ursache: Durch häufige Grundreinigung ist die Linopolschicht abgetragen worden. Korkmehl und/oder Holzfasern an der Oberfläche führen zu einer offenporigen Struktur.

- all das lässt die Vermutung zu, dass es bei den Grundreinigungsmaßnahmen zu anwendungstechnologischen Problemstellungen gekommen sein muss (zu geringe Wartezeit nach der Verlegung vor der Einpflege [> 24 h!], zu intensives Reinigen, zu lange Einwirkdauer und/oder zu hohe Konzentration des Grundreinigers und/

oder unzureichendes Neutralisieren und/oder zu geringe Wartezeit zwischen Grundreinigung und Einpflege [ca. 12 - 24 h] und/oder zu geringe Auftragsmengen der Einpflege und daher zu geringe Schichtdicken bei insgesamt ungenügenden Trocknungsbedingungen)

Bewertung

- überlagert werden die vorgenannten Sachverhalte durch den höheren Verschleiß der eingepflegten Bodenbelagsebene auf den zahlreichen Hochpunkten der Fußbodenkonstruktion infolge vieler Maßtoleranzen auf kurzen Nennmaßbereichen (Kellenschläge)

Maßnahmen

Die nachfolgend beschriebenen Maßnahmen und Arbeitsschritte sollen dazu führen, dass ein einheitlicher Glanz des Pflegefilms entsteht. Er besitzt porenfüllende Eigenschaften und suggeriert dem menschlichen Auge wieder eine kompakte und geschlossene, dichte Belagsoberfläche, die makroskopisch wie mikroskopisch betrachtet einheitlich und glänzend wirkt. Tatsächlich wird dieser Effekt durch die Brechung des Tageslichts hervorgerufen, das in die gefüllte, transparente Schicht des Pflegefilms einfällt (physikalischer Effekt).
Die nachfolgend geschilderten Vorgehensweisen können von den Reinigungs- und Pflegeanleitungen der Hersteller abweichen, denen aber grundsätzlich der Vorzug gegeben werden muss!

Grundreinigung und Einpflege sollten analog zu den vor Ort durchgeführten Reinigungsversuchen an Musterflächen vorgenommen werden:

- die Belagsoberfläche unter Verwendung von Grundreiniger in vorgegebenem Einsatzverhältnis mit dem Wischmopp beaufschlagen und reinigen (Flotte darf nicht antrocknen)
- dann mit der Einscheibenwischmaschine – unter Verwendung eines roten Pads – die mit Grundreiniger beaufschlagte Belagsoberfläche abfahren, Schmutzflotte aufnehmen bzw. die Oberfläche in den erforderlichen Wartezeiten zwischen den einzelnen Arbeitsschritten absaugen
- Neutralisieren der grundgereinigten Belagsoberfläche mit Leitungswasser unter Verwendung eines Wischmopps, wiederum anschließendes Absaugen des beaufschlagten Wassers
- dann den Neutralisierungsvorgang wiederholen
- mit einem roten Pad und der Einscheibenwischmaschine noch einmal nachbehandeln (Aufpolieren und/oder Auffrischen der Belagsoberfläche)
- Die mit Wasser beaufschlagten Belagsoberflächen ausgiebig durch Heizen und Lüften der Flurräume trocknen (eventuell muss die Trocknungsperiode auf die Nacht ausgeweitet werden!)
- Auftrag eines flüssigen, unverdünnten Pflegemittels durch Verteilen mit dem Mikrofaser-Wischmopp. Die Einpflege muss mindestens zweimal durchgeführt werden (Wartezeiten beachten!)
- die eingepflegte Bodenbelagsebene nach Trocknung der Pflegefilmschichten (eventuell am folgenden Tag) durch Polieren mit Maschine und Pad (beige oder weiß) verdichten
- für die fortlaufende Unterhaltsreinigung der Flurbereiche sollten die Herstellerangaben berücksichtigt werden
- *Hinweis:* Für einen besseren Schutz vor mechanischer Beanspruchung und damit dem Verschleiß durch Nutzung und Frequentierung, insbesondere auf den zahlreichen Hochpunkten der Bodenbelagsebene, wird empfohlen, die Einpflege in einem zusätzlichen, also dritten Arbeitsgang durchzuführen
- zur Vermeidung von Oberflächeneffekten ist die Verwendung einer matten Einpflege sinnvoll

7.1.2.4 Schäden am Linoleum-Bodenbelag in einer Schule

Sachlage

Die Klassenräume des Neubaus einer weiterführenden Schule wurden mit einem Linoleum-Bodenbelag ausgestattet (3,2 mm dick), an dem sich bereits vier Wochen nachdem der Unterricht wieder aufgenommen worden war, negative Erscheinungsbilder zeigten.

Abb. 7.25: Die neu eingerichteten Klassenräume sind mit einem Linoleum-Bodenbelag ausgestattet.

Schadensbild/Ist-Zustand

- kreisrunde bis ovale Ausbruchstellen (Durchmesser 30 – 50 mm)

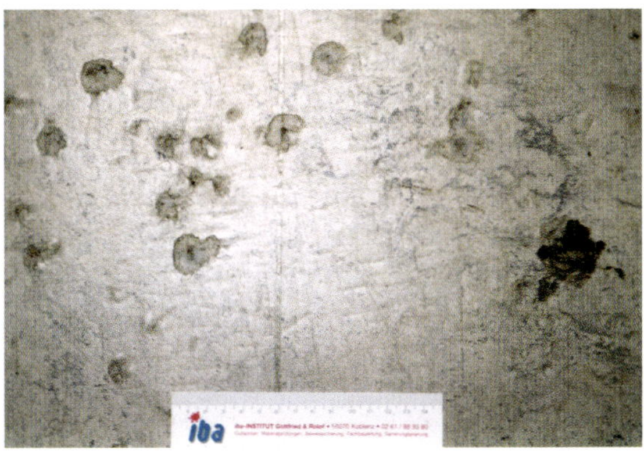

Abb. 7.26: Nach nur vier Wochen der Nutzung war die Bodenbelagsebene stark beschädigt.

Abb. 7.27: Das Linoleum ist bis auf das Trägergewebe durchlöchert.

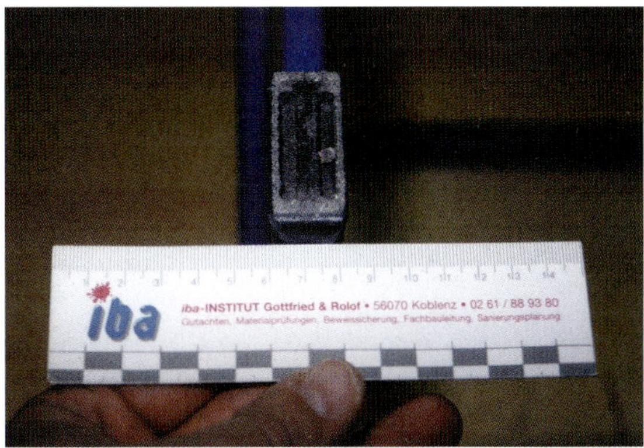

Abb. 7.28: An den Stühlen fehlen die Filzgleiter, die Auflagerungen sind für Stühle in Schulen nicht geeignet.

Ursachen

- Materialfehler konnten durch umfangreiche Laborprüfungen nicht festgestellt werden
- fehlender Schutz vor mechanischer Beanspruchung durch (scharfkantige) Auflagerungen von Stuhl- und Tischbeinen der Schulmöbel. Das Fehlen von Filzgleitern führt beim Verschieben der Stühle zu Schleif- und Kratzspuren.
- überproportionale Beanspruchung durch Wippen und/oder Kippen der Stühle führt zu partieller mechanischer Beschädigung sowie Ausbruchstellen in der oberflächennahen Randzone, die

durch zusätzliche Drehbewegungen bis auf das Trägermaterial des Linoleum-Bodenbelags herausgehebelt werden

- Linoleum-Bodenbeläge benötigen nach der Verlegung einen bestimmten Zeitraum, in dem die eingewirkte Restfeuchte - sie führt zum Quellen der Holzinhaltsstoffe - abgebaut werden kann. Diese Feuchte stammt aus wasserhaltigen Dispersionsklebern und/oder Wasser, das bei Grundreinigung und Einpflege, also nach dem Verlegen, verwendet wird. *Hinweis:* Linoleum reagiert ebenfalls empfindlich gegenüber (hoher) Alkalität der Reinigungsmedien!
- das Aufquellen der Holzinhaltsstoffe kann kurzzeitig auch zu einer Verminderung der (mechanischen) Belastbarkeit führen. Werden Linoleum-Bodenbeläge dann zusätzlich frühzeitig (hoher, punktartiger) mechanischer Beanspruchung und/oder schleifenden Belastungen ausgesetzt, können irreversible Verschleißerscheinungen und/oder Ausbrüche begünstigt werden.

Maßnahmen

Die Schulmöbel müssen mit Filzgleitern und Auflagerungen nachgerüstet werden, die für einen elastischen Linoleum-Bodenbelag geeignet sind (vergleiche die Reinigungs- und Pflegeanleitung der Hersteller).

Die Schüler sollten angewiesen werden, die unsachgemäße Nutzung (Wippen und Kippen) der Stühle zu unterlassen (beachte auch Unfallgefahr).

Die Eltern können zudem auf eine mögliche Inanspruchnahme bei Beschädigung von Bodenbelägen (Haftung) hingewiesen werden.

Der Linoleum-Bodenbelag muss in den geschädigten Bereichen ausgetauscht werden. Dabei kann alternativ auf solche Linoleum-Bodenbelagsqualitäten zurückgegriffen werden, die herstellerseitig als »besonders strapazierfähig« ausgelobt werden. Solche Beläge haben dann in der Regel eine Dicke von 4,0 mm.

Völlig auszuschließen ist das erneute Auftreten der Schadensbilder durch kippelnde und wippende Schüler allerdings nicht. Solch überproportional hohe Punktlasten, wie sie beim Kippeln resultieren, vermögen selbst den widerstandsfähigsten Bodenbelag zu schädigen, da die Belastungen vergleichbar mit denen von Industrieböden sind.

7.1.2.5 Bleibende Eindrücke in einem Linoleum-Bodenbelag

Sachlage

Im Neubau eines Verwaltungsgebäudes wurde, dem CI-Gedanken (Corporate Identity, auch Unternehmensidentität) folgend, ein roter Linoleum-Bodenbelag verlegt.

Wie so oft musste es schnell gehen, daher wurde beim Umzug das Mobiliar wie Aktenregale und Schreibtische vorerst in den gerade fertiggestellten Räumlichkeiten gelagert.

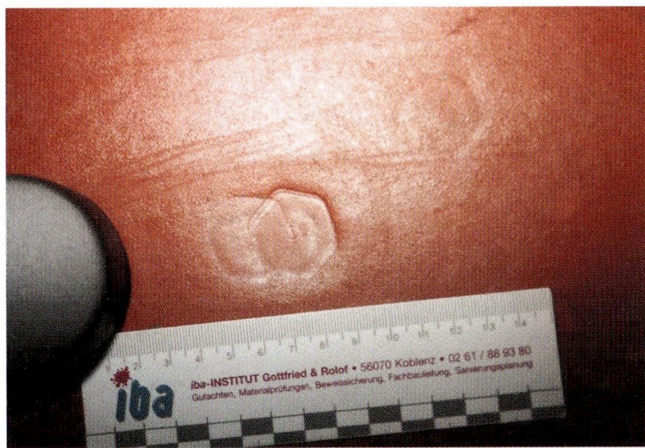

Abb. 7.29: Bleibender Eindruck: Das Klebstoffbett hatte erst nach dem Aufstellen von Mobiliar (hier: Schreibtisch) Zeit zum Aushärten – der Bodenbelag ist dadurch irreversibel verformt.

Abb. 7.30: Zur Ursachenforschung wird der Bodenbelag an einer Eindruckstelle (hier: durch Aktenregal) eingeschnitten und abgeschält.

Schadensbild/Ist-Zustand

- irreversible Eindrücke der Standfüße von Aktenregalen, Schränken, Schreibtischen beziehungsweise von Stuhlrollen

Abb. 7.31: Unterhalb des Eindrucks sind die Klebstoffriefen zerquetscht.

Ursachen

- werden elastische Bodenbeläge mit Dispersionsklebstoffen verlegt, ist zu beachten, dass diese eine längere Aushärtezeit benötigen, eine weiche Klebstoff-Fuge haben und auch erst nach Austrocknung voll zu belasten sind (Herstellerangaben unbedingt beachten!)
- wird das noch nicht ausgehärtete Klebstoffbett bereits kurz nach der Verlegung durch hohe Punktlasten beansprucht (zum Beispiel mit Stuhl- und Tischbeinen), können irreversible Eindrücke entstehen
- besonders bei Linoleum-Bodenbelägen ist zu beachten, dass der mit Dispersionsklebstoffen verklebte Belag Feuchtigkeit aus dem Klebstoff aufnimmt und erweicht. Daher ist eine zusätzliche Trocknungszeit vor der Belastung vorzusehen, damit das Linoleum seine Festigkeit zurückerhält

- auch eine zu hohe Klebstoffmenge kann dazu beitragen, dass Klebstoffnester entstehen, die zeitverzögert austrocknen (Ausgleich von Unebenheiten des Untergrundes sorgfältig durchführen, Kellenschläge vermeiden, herstellerseitig vorgegebene Spachtelzahnung beachten!)

Maßnahmen

Die Eindrücke sind irreversibel, da der Klebstoff mittlerweile getrocknet ist. Eine Behebung der Schäden ist daher nur durch einen partiellen Austausch des Linoleum-Bodenbelags möglich.

7.1.2.6 Vorzeitiger Verschleiß eines Linoleum-Bodenbelags

Sachlage

Wegen eines Mieterwechsels wurde in einer Wohnung der Bodenbelag auf der bestehenden Fußbodenkonstruktion erneuert. Nach Entfernen des alten Belags wurde ein dunkelblauer Linoleum-Bodenbelag nach vorheriger Spachtelung vollflächig arretiert. Anschließend erfolgte eine Einpflege durch den Bodenleger.

Abb. 7.32: Der Linoleum-Bodenbelag ist bereits nach anderthalb Jahren stark verschlissen.

Schadensbild/Ist-Zustand

- nach etwa anderthalb Jahren war der Linoleum-Bodenbelag überproportional verschlissen

Abb. 7.33: Bedingt durch Verschleiß und Gummiabrieb zeichnen sich die lokalen Hochpunkte der Spachtelschicht deutlich ab (Kellenschläge).

Ursachen

- da dem Auftraggeber nach der Verlegung keine Anleitung für die Reinigung und Pflege des Bodens übergeben worden war, konnte sie nicht sachgerecht erfolgen
- an den lokalen Hochpunkten, entstanden durch die Spachtelung mit der Glättekelle, kam es durch die Nutzung zu überproportionalem Verschleiß und/oder zu einem Abrieb von Gummisohlen, der sich hell von dem sonst dunklen Bodenbelag abhebt

Maßnahmen

Um das Erscheinungsbild des Bodenbelags zu verbessern, kann eine Grundreinigung mit anschließender Einpflege erfolgen. Führt dies zu keinem befriedigenden Ergebnis, muss der Belag ausgetauscht werden. Der Bodenleger hat entgegen der VOB, Teil C, ATV DIN 18 365, keine Reinigungs- und Pflegeanleitung übergeben. Somit haftet er für Schäden, die aus falscher oder unterlassener Reinigung und Pflege resultieren.

7.1.2.7 Verlegung eines Linoleum-Bodenbelags auf altem Stabparkett

Sachlage

Der in die Jahre gekommene Stabparkettboden in einer Grundschule sollte überarbeitet werden. Da er seinerzeit mit einem PAK-haltigen Klebstoff (PAK= Polycyclische aromatische Kohlenwasserstoffe) verlegt worden ist, sollte er aus Kostengründen nicht rückgebaut werden. Das Parkett wurde deshalb angeschliffen, mit einer wasserbasierten Grundierung vorbehandelt und gespachtelt. Anschließend wurde darauf vollflächig ein Linoleum-Bodenbelag verklebt.

Abb. 7.34: Das Fischgrätmuster des alten Parketts zeichnet sich im Linoleum-Bodenbelag ab.

Abb. 7.35: Ursache: Die wässrige Grundierung hat das Holz aufquellen lassen, außerdem ist die Schichtdicke der Spachtelmasse zu gering.

Schadensbild/Ist-Zustand

- Abzeichnungen des Stabparketts

Ursachen

- durch die wasserbasierte Grundierung ist das jahrzehntelang getrocknete Holz aufgequollen
- die Spachtelung erfolgte in zu geringer Schichtdicke (3,0 mm statt der für diesen Anwendungszweck empfohlenen 6,0 mm)

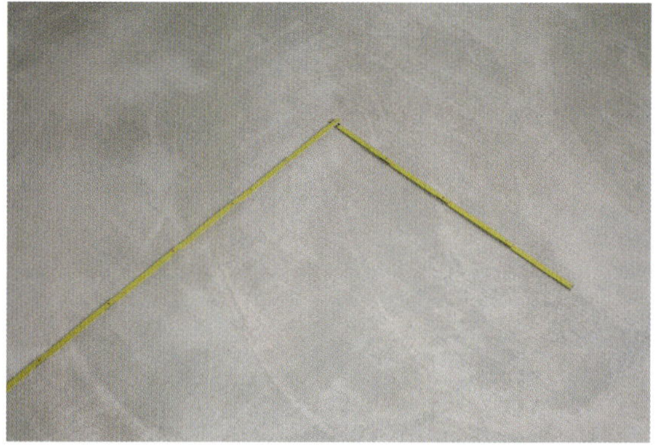

Abb. 7.36: Auch nach dem Rückbau der Bodenbelagsebene ist das Fischgrätmuster in der Spachtelmasse oberhalb des alten Parketts noch sichtbar.

Maßnahmen

Der Linoleum-Bodenbelag muss zurückgebaut werden. Es sollte nach dem Rückbau eine wasserfreie Grundierung auf Reaktionsharzbasis des gespachtelten Parkettbodens und eine erneute Spachtelung erfolgen, sodass eine ausreichende Schichtdicke erzielt wird. Anschließend kann ein neuer Linoleum-Bodenbelag verlegt werden.

7.1.2.8 Schlierenbildungen auf einem Linoleum-Bodenbelag mit Wasserlack

Sachlage

In der Lehrküche einer Berufsschule wurde ein neuer, dunkelroter Linoleum-Bodenbelag verlegt. Um die geforderten rutschhemmenden Eigenschaften zu erzielen, wurde nach Grundreinigung eine Beschichtung mit einem Wasserlack unter Zugabe eines Strukturpulvers aufgebracht.

Da der Bauherr mit dem Erscheinungsbild nicht zufrieden war, erfolgte nochmals eine Beschichtung. In der Folge wurden noch mehrere Schichten einer pigmentierten Polymerdispersion als Einpflege appliziert.

Abb. 7.37: Auf dem dunkelroten Linoleum-Bodenbelag haben sich weiße Schlieren gebildet.

Abb. 7.38: Das Auge des Betrachters nimmt Variationen der Schichtdicke als weiße Schlieren wahr.

Schadensbild/Ist-Zustand

- weiße Schlierenbildungen

Ursachen

- die Oberfläche des dunkelroten Linoleum-Bodenbelags ist mit einer mehrfachen (mindestens zweimaligen) Lackierung beziehungsweise Beschichtung unter Beimischung von Strukturpulver sowie einer mehrfachen pigmentierten Einpflege überarbeitet worden
- weiße Schlieren in transparenten Überzügen (farblose Lackierung beziehungsweise Beschichtung mit Strukturpulver) entstehen im Auge des Betrachters auf dunklen Substraten (dunkelroter Linoleum-Bodenbelag) durch Schichtdickenvariationen. Denn auch ein scheinbar farbloser Beschichtungsstoff weist durchaus einen Eigenfarbton des Bindemittels auf (je nach Rohstoff gelblich oder bräunlich). Wird dieser transparente Beschichtungsstoff von 0 bis $>200\,\mu m$ ($1\,\mu m = 0{,}001\,mm$) nun mit dem Keilspaltrakel auf einer Glasplatte appliziert, wird der an sich transparente Überzug mit zunehmender Schichtdicke erst trübe, dann milchig und schließlich opak erscheinen
- bei der manuellen Applikation der transparenten Beschichtung wurden unbeabsichtigt einige Stellen mehrfach mit der Lackwalze überrollt. Dadurch kam es zu lokalen Schichtdickenerhöhungen. Sie waren im Glanz der frischen Lackierung für das Auge nicht erkennbar, nach dem Abtrocknen aber schließlich als weiße Schlieren auf dem dunkelroten Linoleum-Bodenbelag sichtbar
- unterstützt werden kann dieses Erscheinungsbild außerdem dadurch, dass beim Einrühren des strukturgebenden Pulvers in den Lack nur eine ungenügende Durchmischung (beispielsweise zu kurzes Durchmischen, ungeeignetes Rührwerk oder nicht ausreichende Geschwindigkeit) erzielt wurde. Daraus resultieren Agglome-

rate und Zusammenballungen mehrerer Körner, also eine ungleichmäßige Verteilung bereits im flüssigen Beschichtungsstoff. Nach Aufrollen, Trocknen und Abbinden wird die unregelmäßige Verteilung des strukturgebenden Pulvers dann die eigentliche Transparenz der Beschichtung – bedingt durch unterschiedliche Lichtbrechungen – beeinträchtigen beziehungsweise eine Schleierbildung auf dem dunkelroten Linoleum-Bodenbelag begünstigen.

Maßnahmen

Ursächlich für die weißen Schleier sind lokal und/oder partiell ungleichmäßige Schichtdicken der Lackierung beziehungsweise Beschichtung sowie auch die unregelmäßige Verteilung des strukturgebenden Pulvers in dem transparenten, zweikomponentigen Wasserlack auf Polyurethanbasis.

Durch diese Reaktionsharzbeschichtung sind die Schleier derart auf der Oberfläche des Linoleum-Bodenbelags fixiert worden, dass es zu einer dreidimensionalen Vernetzung der transparenten Lackierung beziehungsweise Beschichtung gekommen ist, die hohen chemisch-physikalischen Ansprüchen genügt. Eine solche Reaktionsharzbeschichtung kann weder mechanisch noch chemisch wieder von der Oberfläche des Belags entfernt werden, ohne ihn selbst zu beeinträchtigen. Eine Entschichtung der Lackierung ist also zur Mangelbeseitigung technisch nicht möglich, daher ist der Rückbau und die Erneuerung der Bodenbelagsebene erforderlich, die allerdings nach den berufsgenossenschaftlichen Vorgaben hinsichtlich der Bewertungsgruppe der Rutschgefahr ausgewählt werden muss (R10 »in Zubereitungsbereichen« und R9 »genügender Bodenbelag in den Essbereichen«).

7.1.3 Synthesekautschuk-Bodenbeläge

7.1.3.1 Blasen im Synthesekautschuk-Bodenbelag durch fehlende Dampfsperre

Sachlage

Zur Erweiterung eines Trainingszentrums wurde ein Anbau an eine bestehende Sporthalle erstellt. Auf der Geschossdecke aus Stahlbeton wurde eine Polystyrol-Dämmschicht verlegt, darauf eine PE-Folie, circa 40 - 50 mm Calciumsulfatestrich und nach Spachtelung schließlich ein plattenförmiger Synthesekautschuk-Bodenbelag. Im Untergeschoss lagen auch Duschräume.

Schadensbild/Ist-Zustand nach einem Jahr

- Blasen und Beulen im Bodenbelag oberhalb der Duschräume

Ursachenforschung

- Inaugenscheinnahme
- Bauteilöffnung
- gravimetrische Bestimmung des Feuchtigkeitsgehalts

Abb. 7.39: Eine geöffnete Blase an einer Prüfstelle offenbart einen Kohäsionsbruch in der oberflächennahen Randzone des Estrichs.

Ergebnis

- im Bereich einer Beule - oberhalb der Duschräume - in dem sich die Bodenbelagsebene gelöst hatte, wurde der Fußboden geöffnet. Der Calciumsulfatestrich war auf einer schwarzen Folienabdeckung (Trennlage) eingebaut worden. Nach Einschneiden und Entfernen dieser Folie konnte festgestellt werden, dass sich unterhalb davon Wasser in tropfbar flüssiger Form angesammelt hatte. Auch die Polystyrol-Dämmschicht war fühlbar feucht
- die entnommenen Proben ergeben für den Calciumsulfatestrich in tieferen Zonen noch eine Restfeuchte von 0,61 Gewicht-Prozent. Die Polystyrol-Dämmschicht unterhalb der Folienabdeckung besaß einen Feuchtegehalt von 146,21 Gewicht-Prozent, demnach hatte sie also etwa das 1,5-fache des Eigengewichts an Wasser aufgenommen!

Abb. 7.40: Unterhalb des Estrichs findet sich eine schwarze Folie, die als Trennlage fungiert.

Ursachen

- im vorliegenden Fall wurde eine erhebliche Feuchtigkeitsanreicherung bis zu tropfbar flüssiger Form festgestellt. Ausschlaggebend für die Kondensatbildung innerhalb der Schichtenfolgen der Fußbodenkonstruktion war eine fehlende

Abb. 7.41: Unter der Trennlage hat sich flüssiges Wasser angesammelt, das auch die Wärmedämmung durchfeuchtet hat.

Feuchtigkeitsabdichtung (zum Beispiel Schweißbahn als Dampfsperre) auf der Rohbetondecke

- die Ablösungen des Bodenbelags sind darüber hinaus auf die nachstoßende Feuchtigkeit aus der Rohbetondecke des Neubaus zwischen Unter- und Erdgeschoss zurückzuführen: Aufgrund bauphysikalischer Vorgänge (Transport von Wasser durch Feststoffe mittels Diffusion und/oder Osmose) kann überschüssige Feuchte der Rohbetondecke in die calciumsulfatgebundene Estrichkonstruktion einwandern und sich unterhalb des dampfdichten Oberbodens anreichern.
  Solche Vorgänge sind noch Jahre nach Fertigstellung des Gebäudes möglich, da Stahlbeton sehr dicht ist, über einen langen Zeitraum kriecht und schwindet und das Restwasser daher nur zeitverzögert abgibt
- Grund hierfür ist, dass gerade unter sommerlichen Klimabedingungen im Fußbodenaufbau der Decke zwischen Unter- und Erdgeschoss mit einer Feuchtigkeitsanreicherung der Estrichkonstruktion durch nachstoßende Feuchte aus der Betondeckenplatte gerechnet werden muss
  Ein solcher bauphysikalischer Transportvorgang wird von dem Wasser hervorgerufen, das zur Herstellung der Betondeckenplatten verwendet wurde
- unmittelbar nach Herstellung solcher Deckenplatten ist der Feuchtigkeitsgehalt der Betondecke am höchsten. Auch die calciumsulfatgebundene Estrichkonstruktion und/oder der dampfdichte Oberboden unterliegen dann der höchsten Belastung, da die Feuchte von unten kontinuierlich nachstößt. Im Laufe der Zeit trocknen die Betondeckenplatten aus, sodass der Transport der Feuchtigkeit allmählich abebbt und nach Jahren schließlich ganz zum Stillstand kommt
- zu den Ablösungen und Schäden hat folglich das Fehlen einer Sperrschicht gegen Feuchtigkeit als Dampfsperre auf der Rohbetondecke beigetragen
- zusammengefasst können also multikausale Schadensparameter für das Ereignis benannt werden: Die nachstoßende Feuchtigkeit aus der jungen Rohbetondecke sowie bauphysikalische Transportvorgänge der Feuchte aus der Raumluft der Duschen im Untergeschoss, die in die darüber liegende Deckenkonstruktion eingedrungen ist.
  Die schwarze PE-Folie allein konnte als Dampfbremse nicht die Funktion einer Dampfsperre übernehmen, sodass die calciumsulfatgebundene Estrichkonstruktion unterhalb des dampfdichten Elastomer-Bodenbelags auffeuchten konnte und letztlich schadhaft wurde. (Die Feuchtigkeit im Estrich ist letztlich nicht eindeutig zu benennen. Es ist daher nicht auszuschließen, dass auch eine hohe Restfeuchtigkeit des Estrichs mitverantwortlich ist für die festgestellten Schäden)

Abb. 7.42: Auf der Rohbetondecke ist weder eine Dampfsperre noch eine Dampfbremse angeordnet worden.

Bewertung

- es wäre erforderlich gewesen, eine dampfbremsende Schicht auf der massiven Rohbetondecke anzuordnen, deren Produkt aus Wasserdampfdiffusionswiderstandsfaktor und Dicke (s_d-Wert) mindestens 20 m betragen sollte – besser aber noch eine diffusionsdichte Sperrschicht!
- diese Schicht hätte vollflächig ausgelegt werden müssen, bevor die Estrichkonstruktion auf der Wärmedämmschicht hergestellt wurde. Als dampfbremsende Schicht ist beispielsweise eine 0,2 mm dicke PE-Folie anzusehen. Dabei hätte darauf geachtet werden müssen, dass sie an allen aufstrebenden Bauwerksteilen (wie Wandbildner und Durchdringungen) wannenartig ausgebildet und hochgezogen wird, sodass auch die seitlichen Randflächen der Fußbodenkonstruktion (Oberboden, Estrich, Wärmedämmung und anderes) vor Feuchtigkeitseinwirkungen geschützt sind.
  Konsequenterweise wären dann auch die Stöße der Abdichtungsebene – eventuell durch Verschweißen oder Verkleben – abzudichten, mindestens aber ausreichend überlappend (mindestens 30 cm) zu verlegen gewesen.
  Eine solche Dampfbremse in Form einer schwarzen PE-Folie war zwar vorhanden, jedoch in Diffusionsrichtung (hier: feuchtwarme Raumluft der Duschen zur kälteren, trockeneren Raumluft im Foyer), also auf der kühleren Seite der Wärmedämmung. Da kühlere Luft weniger Feuchtigkeit aufnimmt, konnte hier auf der Oberseite der Dämmung, unterhalb der schwarzen PE-Folie, Kondenswasser ausfallen. Die PE-Folie hätte folglich auf der wärmeren Seite, unterhalb der Wärmdämmung angeordnet werden müssen!
- für den notwendigen Feuchteschutz der Fußbodenkonstruktion nach den normativen Anforderungen der DIN 4108 hätte es zudem einer bauphysikalischen Berechnung bedurft, aus welcher der Nachweis hervorgeht, ob und inwieweit eine Tauwasserbildung innerhalb der Schichtenfolgen der Fußbodenkonstruktion auf der Rohbetondecke verhindert wird
- zur Beurteilung der feuchteschutztechnischen Wirksamkeit von Baustoffen und/oder Bauteilen wird die wasserdampfdiffusionsäquivalente Luftschichtdicke (s_d-Wert) herangezogen. Entsprechend den normativen Vorgaben der DIN 4108-3 »Wärmeschutz und Energie-Einsparung in Gebäuden – Teil 3: Klimabedingter Feuchteschutz, Anforderungen, Berechnungsverfahren und Hinweise für Planung und Ausführung« (Ausgabe 07/2001) wird hinsichtlich der Baustoffeigenschaften grundsätzlich zwischen drei Arten von Schichten unterschieden:
- diffusionsoffene Schichten ($s_d \leq 0{,}5$ m)
- diffusionshemmende Schichten ($0{,}5\ \text{m} < s_d < 1500$ m)
- diffusionsdichte Schichten ($s_d \geq 1500$ m)

- in der DIN EN 12 524 »Baustoffe und -produkte; Wärme- und feuchteschutztechnische Eigenschaften – Tabellierte Bemessungswerte« (Ausgabe 07/2000) sind in Tabelle 3 für solche Folien aus Polyethylen (PE) folgende Bemessungswerte der wasserdampfdiffusionsäquivalenten Luftschichtdicke angegeben:
- Polyethylenfolie (0,15 mm Dicke): s_d = 50 m
- Polyethylenfolie (0,25 mm Dicke): s_d = 100 m

- demnach kann für die vorgefundene PE-Folie in einer Dicke von 0,2 mm ein s_d-Wert zwischen 50 und 100 m angenommen werden, wobei der tatsächliche s_d-Wert durch den Produkthersteller anzugeben ist. Daher ist eine (einlagige) PE-Folie analog zu der Unterscheidung in DIN 4108-3 als diffusionshemmende Schicht (0,5 m $< s_d <$ 1500 m) zu bewerten, die den Diffusionsstrom zwar einschränkt, jedoch nicht grundsätzlich unterbindet wie zum Beispiel eine aluminium-kaschierte Folienabdeckung

Maßnahmen

Im vorliegenden Fall ist nach dem Entfernen des schadhaften Oberbodens zunächst eine Trocknung der Estrichkonstruktion erforderlich. Vor der Erneuerung der Bodenbelagsebene muss zwingend eine Dampfsperre unterhalb der Decke im Duschraum angeordnet werden. Voraussetzung dafür ist die Zustimmung eines spezialisierten Bauphysikers.

Erst bei erfolgloser Trocknung muss die Fußbodenkonstruktion nebst Oberboden rückgebaut, eine Dampfsperre auf der Rohbetondecke sowie eine neue Dämmstoffebene angeordnet und anschließend Estrich und Oberboden erneuert werden.

7.1.3.2 Spitznähte an einem fliesenförmigen Synthesekautschuk-Bodenbelag

Sachlage

Im Neubau eines Bildungszentrums wurden auf einer Fläche von rund 3000 m^2 Synthesekautschuk-Fliesen verlegt.

Die Verlegung des Bodenbelags in diesem repräsentativen, mit großflächigen Verglasungen versehenen Gebäude erfolgte im Erdgeschoss auf einer erdreichangrenzenden Fußbodenkonstruktion (Wasserundurchlässiger Beton – WU). In den beiden oberen Geschossen teilweise auf einem Calciumsulfatestrich (auf Trennlage), in einzelnen Räumen auch auf Zementestrich. Zum Schutz vor Beschädigungen und Verschmutzungen während der Ausführung nachfolgender Gewerke wurde der Bodenbelag mehrere Wochen lang mit dampfdichter Schutzfolie aus aluminiumkaschierter Karton-Verpackung abgedeckt, die an den Stößen verklebt worden war.

Schadensbild/Ist-Zustand

- Spitznähte an den Stößen der Synthesekautschuk-Fliesen, die Fliesen standen an den Kanten hoch

Abb. 7.43: Im dampfdichten Synthesekautschuk-Bodenbelag haben sich Spitznähte gebildet.

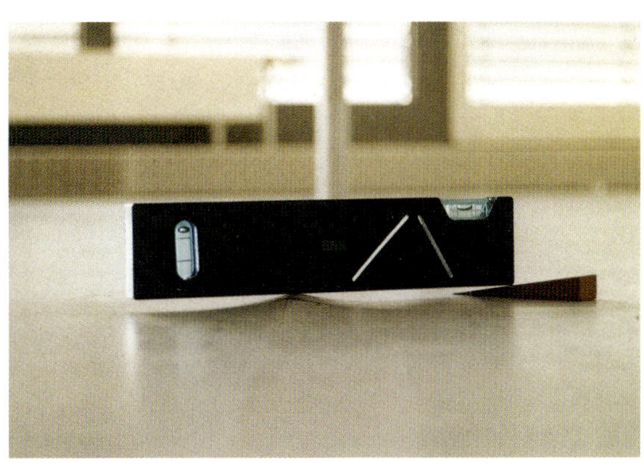

Abb. 7.44: Die Belagskanten stehen bis zu 5,0 mm hoch.

Ursachen

- zu hoher Feuchtegehalt der Estrichkonstruktion auf Trennlage in den beiden oberen Geschossebenen und der Betonbodenplatte im EG (Calciumsulfat-Fließestrich) zum Zeitpunkt der Bodenbelagsarbeiten (hier: teilweise 0,8 CM-%). In Räumen mit Untergrund aus Zementestrich betrug der Feuchtegehalt bis zu 5,5 Gewicht-Prozent
- unzureichende Verklebung und damit ungenügender Haftverbund des Bodenbelags zum Untergrund (überwiegend Adhäsionsbruch zwischen Fliesenrückseite und Kleber) infolge:
  - zu geringen Kleberauftrags
  - falsch gewählten Einlegezeitpunkts
  - ungenügenden Anreibens/Anwalzens des Belags
  - unzureichender Berücksichtigung der raumklimatischen Verhältnisse vor, während und nach den Bodenbelagsarbeiten
  - nicht ausreichender Verschattung der verglasten Außenwände
  - zu frühen Abdeckens des Bodenbelags mit dampfdichter Schutzabdeckung aus aluminiumkaschierter Karton-Verpackung
  - partiell zu geringer Schichtdicke der Spachtelung

- Weitere mögliche Einflussfaktoren: fragliche Dampfsperre, fehlende Nahtkantenabdichtung, Feuchtigkeit aus Reinigung- und Pflege

Abb. 7.45: Durch unzureichende Kleberbenetzung der Fliesenrückseite (<70 Prozent) ist kein ausreichender Haftverbund gegeben.

Maßnahmen

Aufgrund der festgestellten Erscheinungsbilder und Befunde handelt es sich um einen Totalschaden, der nur durch Rückbau der Bodenbelagebene bis auf den tragfähigen Untergrund zu beheben ist.

7.1.4 Korkfußböden

7.1.4.1 Eindrücke im Kork-Bodenbelag eines Einfamilienhauses

Sachlage

Die Sanierungsarbeiten in einem Einfamilienhaus erfolgten durch den Eigentümer in Eigenleistung. Er verlegte einen werkseitig vorversiegelten, schwimmenden Kork-Bodenbelag mit beige-lasierendem Polyurethan-Wasserlack, den er mit pigmentierter Schlussversiegelung endbehandelte.

Der Hersteller des Kork-Bodenbelags charakterisierte sein Produkt als »pflegeleicht, strapazierfähig, stöckelschuhfest und unbegrenzt haltbar«. Als Klassifizierung nach DIN EN 12 104 wurde die Klasse 23 »Wohnen, stark« ausgewählt, da es sich um einen Vier-Personen-Haushalt handelte, in dem auch ein Hund und eine Katze gehalten wurden.

Schadensbild/
Ist-Zustand rund vier Monate nach der Verlegung

- lokale Eindruckstellen, auch unterhalb der Couch und des Fernsehtischs, die mit harten Rollen ausgestattet waren
- punktuelle Beschädigungen und Fehlstellen der Versiegelung mit Rissbildungen im Esszimmer (Abdrücke von Geschirr und Besteck)
- an Türen war die Versiegelung zerkratzt (diese Riefen konnten als typische Gebrauchsspuren von Hund und Katze identifiziert werden)
- durch Fehlstellen und Riefen in der Nutzschicht des Bodenbelags war die Korkschicht sichtbar
- im Obergeschoss waren Umfang und Intensität dieser Erscheinungsbilder deutlich geringer als im Erdgeschoss, das deutlich höher frequentiert wurde
- die Aufstandsflächen von Stuhl- und Tischbeinen waren mit Auflagerungen aus hartem Kunststoff versehen

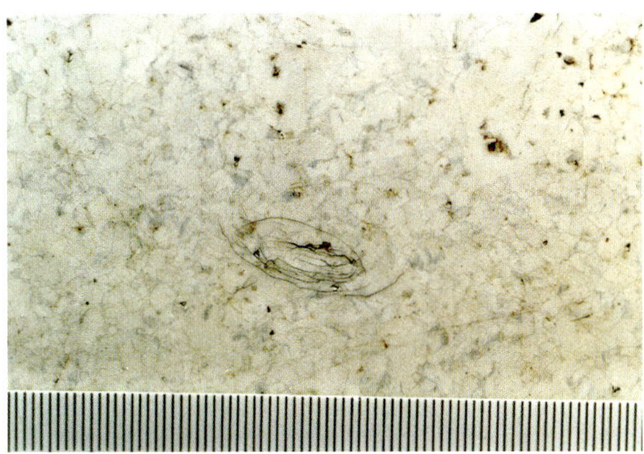

Abb. 7.46: Die Krallen der Haustiere haben Kratzer im Kork-Bodenbelag hinterlassen.

Abb. 7.47: Herabfallendes Geschirr hat seinen Eindruck im Bodenbelag hinterlassen.

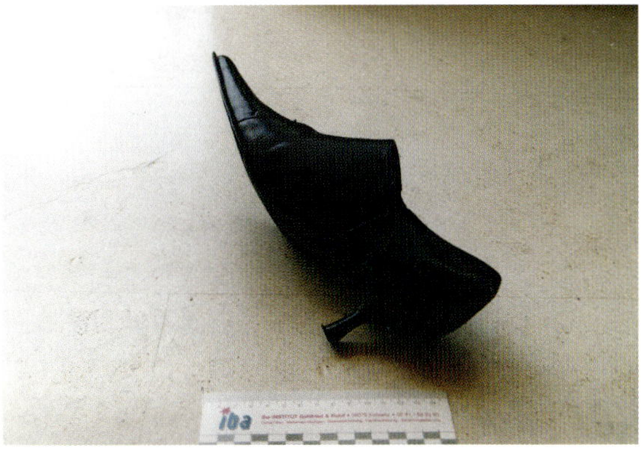

Abb. 7.48: Hohe Punktlast: Absätze von Stöckelschuhen überanspruchten den Bodenbelag.

- nicht nur der optische Geltungsnutzen des Kork-Bodenbelags war gemindert, sondern auch die Nutzungs- und Gebrauchstüchtigkeit

Abb. 7.49: Abdrücke von Stuhlbeinen mit Kunststoffkappen: Die Ausstattung mit Filzgleitern ist bei Kork-Bodenbelägen unerlässlich.

Ursachenforschung

- Inaugenscheinnahme
- Bestimmung des Resteindrucks nach DIN EN 433
- Überprüfung des Haftvermögens der Versiegelung mittels Gitterschnittprüfung und/oder Tape-Test in Anlehnung an DIN EN ISO 2409

Ergebnis

- der Bodenbelag wurde mechanisch (statisch und dynamisch) überbeansprucht durch:
  - hohe Punktlasten wie Stuhl-, Tisch- und Schrankbeine sowie kleinformatige, abgenutzte oder scharfkantige Absätze (Stöckelschuhe)
  - Verschieben von Stühlen ohne Filzgleiter
  - herabfallende Gegenstände wie scharfkantiges Besteck und Teller
  - Krallen von Haustieren (Schleif- und Kratzbeanspruchungen)
- Laboruntersuchungen an (unversiegelten) Rückstellmustern sowie an ausgebauten Probestücken ergaben nach konstanter Belastung einen Resteindruck (nach EN 433) von < 0,4 mm: Die Anforderungen nach DIN EN 12 104 waren jeweils erfüllt
- Gitterschnittprüfungen in Anlehnung an DIN EN ISO 2409 bestätigten sowohl der werkseitigen Vorversiegelung des Kork-Bodenbelags als auch der darauf applizierten Schlussversiegelung ein sehr gutes Haftvermögen

Ursachen

- aus dem irreversiblen Verhalten des Werkstoffs »Kork« bei hoher mechanischer Belastung oder Überbeanspruchung resultiert, dass Fußböden aus diesem Material in Abhängigkeit der Beschaffenheit dekorativer Nutzschichten einem nutzungsbedingten Verschleißverhalten unterliegen
- in diesem Fall war der Kork-Bodenbelag ungeeignet, da er nicht für das nutzertypische Wohnverhalten und die damit einhergehenden mechanischen Belastungen ausgelegt war

Bewertung

- das nutzerübliche Wohnverhalten ist nicht genormt: Was also ist üblich?
- Die Frage reduziert sich bei Laboruntersuchungen auf die Eignung eines Kork-Bodenbelags in Bereichen, die intensiv von spielenden Kindern sowie Hunden und Katzen genutzt werden
- hier ist jeder elastische Bodenbelag mit einer hellen Versiegelung (auch bei transparenter Einpflege) schnell an seine Grenzen gelangt
- der Eigentümer war, bedingt durch Werbeaussagen und eine eingehende Beratung, von einem materialtypischen Verhalten des Belags ausgegangen, das aber mit den tatsächlichen Produkteigenschaften dieses Kork-Bodenbelags nicht in Einklang stand

- die vom Hersteller deklarierten Eigenschaften des Bodenbelags wie »strapazierfähig« und »stöckelschuhfest« sind weder definiert noch existieren zum Nachweis Prüfverfahren
- insbesondere die Eigenschaft »stöckelschuhfest« war irreführend, da der Belag dieses Kriterium nicht erfüllte: Derartige Beanspruchungen des Bodens durch hohe Punktlasten durch scharfkantiges, hochhackiges Schuhwerk mit kleinen Absatzformaten können von einem Kork-Bodenbelag, der für den Wohnbereich geeignet ist, nicht ohne irreversible Verformung oder Schäden an der Versiegelung absorbiert werden
- daher hätte ein Kork-Bodenbelag mit höheren Klassifizierungsanforderungen beziehungsweise ein »härterer« Bodenbelag ausgewählt werden müssen
- allerdings wird jeder Bodenbelag bei derartiger Nutzung früher oder später entsprechende Gebrauchsspuren aufzeigen

Maßnahmen

Zuerst sollten alle Einrichtungsgegenstände mit geeigneten Aufstandsflächen oder Gleitern aus weichem Material ausgestattet werden [mit Filz oder mit schonenden Filzgleitern bzw. speziellen 2K-Gleitern (Floorcare-Schongleiter)].

Stuhlrollen müssen nach DIN EN 12 529 weiche Laufräder aufweisen, und wenn möglich sollten Unterlagsmatten (zum Beispiel aus Polycarbonat) ausgelegt werden. Nur so ist frühzeitigem Verschleiß vorzubeugen.

Für einen langfristigen Werterhalt ist neben der Anordnung von Schmutzfangmatten auch die richtige Pflege und Reinigung unentbehrlich.

Der Rückbau des Bodenbelags in den stark frequentierten Teilflächenbereichen des Wohnhauses erscheint unerlässlich. Anschließend kann ein neuer Bodenbelag verlegt werden, der den nutzungsbedingten Beanspruchungen und damit dem Wohnverhalten eher gerecht wird (Bodenbelag aus keramischen Fliesen und Platten, textiler Bodenbelag).

7.1.4.2 Reinigung und Pflege von Korkfußböden

Sachlage

In der Küche einer Mietwohnung lag ein versiegelter Kork-Bodenbelag. Der Vermieter behauptete, der Mieter habe den Bodenbelag beziehungsweise die Versiegelung durch ungeeignete, ätzende Reinigungsmittel geschädigt. Der Belag müsse daher ausgetauscht werden.

Abb. 7.50: In den Laufzonenbereichen ist die Oberfläche des Korkbodens vergraut.

Abb. 7.51: Durch einfache Maßnahmen kann der Kork-Belag gereinigt werden.

Schadensbild/Ist-Zustand

- Vergrauung der Oberfläche des Korkbodens in den Laufzonenbereichen
- an Prüfstellen konnte der Nachweis erbracht werden, dass sich die Waschflotte bei intensiver Einarbeitung des Reinigungsmittels schnell dunkelgrau verfärbte und sich der Korkboden wieder aufhellte

Ursachen

- keine ausreichend intensive Reinigung mit geeigneten Substanzen

Maßnahmen

Ein Austausch des Kork-Bodenbelags ist nicht notwendig. Grundreinigungsmaßnahmen bei anschließender Einpflege mit geeigneten Reinigungs- und Pflegemitteln sind dazu geeignet, den Bodenbelag wieder in einen optisch zufriedenstellenden Zustand zu versetzen.

7.1.4.3 Schäden am Naturkork-Fliesenbelag durch Untergrundvorbehandlung

Sachlage

Im Neubau eines dreigeschossigen Einfamilienhauses war ein Naturkork-Fliesenbelag vollflächig verklebt und anschließend versiegelt worden. Nach Abschluss der Arbeiten erschien die Oberfläche des versiegelten Naturkork-Fliesenbelags fleckig, der Bauherr verweigerte die Abnahme.

Daraufhin führte der Bodenleger eine Mangelbeseitigung durch (Anschleifen mit dem Walzenschleifer mit 80er und 120er Schleifpapier) und versiegelte den Bodenbelag anschließend erneut.

Der Auftraggeber war mit dem Erscheinungsbild des Bodens aber noch immer nicht zufrieden und nahm die Arbeit erneut nicht ab.

Abb. 7.52: Im Streiflicht sichtbar: Durch wiederholtes Schleifen sind zahlreiche Vertiefungen und Dellen entstanden.

Schadensbild/Ist-Zustand

- zahlreiche Vertiefungen beziehungsweise Dellen, die sich als 20 - 30 cm lange und 3,0 - 5,0 cm breite streifenförmige Unebenheiten markierten, insbesondere im Streiflicht

Abb. 7.53: Irreparable Beschädigungen haben zu einer Störung des optischen Geltungsnutzens geführt.

Ursachen

- die Oberfläche war bei der Mangelbeseitigung durch die mechanische Untergrundvorbehandlung vor Versiegelung beschädigt worden
- statt des Walzenschleifers mit Schleifpapier aus 80er und 120er Körnung hätte allenfalls eine Handschleifmaschine mit 150er Schleifpapierkörnung unter vorsichtigem Anschleifen ohne großen Druck verwendet werden dürfen
- ein handwerklicher Fehler führte damit zu den irreparablen Beschädigungen und somit zu einer Störung des optischen Geltungsnutzens

Maßnahmen

In der Oberfläche des 4,0 mm dicken Naturkork-Fliesenbelags finden sich tiefe und breite Macken. Da der Belag bereits mehrfach geschliffen wurde, ist ein erneutes Abschleifen bis zur erwünschten Ebenheit nicht mehr sinnvoll. Daher ist der Austausch der Bodenbelagsebene unerlässlich.

7.1.5 Designbodenbeläge

7.1.5.1 PVC-Designbodenbelag in einer Krankenstation

Sachlage

Im Erweiterungstrakt einer Krankenstation wurde ein plankenförmiger PVC-Designbodenbelag vollflächig auf einem neuen Zementestrich arretiert.

Abb. 7.54: Im PVC-Designbodenbelag scheinen sich Blasen gebildet zu haben.

Schadensbild/Ist-Zustand

- Ablösungen des Designbodenbelags infolge Delaminierung der transparenten Nutzschicht von der Dekorschicht des Trägermaterials

Abb. 7.55: Die transparente Nutzschicht hat sich an vielen Stellen abgelöst.

Ursachen

- der PVC-Designbodenbelag löste sich nicht mit allen Schichten vom Untergrund, wie dies zum Beispiel bei überhöhter Feuchtigkeit des Untergrunds zu erwarten gewesen wäre (z. B. Verseifung des Klebers oder Blasen- und Beulenbildung zwischen Belag und Untergrund)
- vielmehr lag teilweise ein Kohäsionsbruch in der Dekorschicht vor, teilweise ein Adhäsionsbruch zwischen transparenter Nutzschicht und Dekorschicht
- Prüfungen zeigten: Estrich trocken, keine nachstoßende Feuchtigkeit aus der Stahlbetondecke (Dampfsperre vorhanden), keine fehlerhafte

Abb. 7.56: Die Nutzschicht löst sich infolge eines Kohäsionsbruchs in der Dekorschicht ab.

Verklebung/Arretierung des PVC-Designbodenbelags, die Reinigung erfolgte entsprechend der Reinigungs- und Pflegeanleitung des Herstellers

- demnach handelte es sich um einen Materialfehler (Delaminierung)

Abb. 7.57: Das Schadensbild beginnt mit einer Trübung der Nutzschicht.

Maßnahmen

Wegen des fortschreitenden Schadensbildes und der daraus resultierenden Unfallgefahr ist ein Rückbau der Bodenbelagsebene erforderlich. Nach Grundieren und Spachteln kann erneut ein plankenförmiger PVC-Designbodenbelag verklebt werden.

Abb. 7.58: Die abgelösten Teile der Nutzschicht sind zu Stolperfallen geworden, so dass Verkehrssicherungsmaßnahmen erforderlich geworden sind.

7.1.6 Laminat-Fußbodenelemente

7.1.6.1 Mechanische Beschädigungen an einem Laminat-Bodenbelag

Sachlage

In einer Eigentumswohnung wurde ein dunkler Laminat-Bodenbelag in Nussbaum-Optik verlegt. Entsprechend den herstellerseitigen Auslobungen wurde der verlegte Belag den Beanspruchungsklassen AC 3/23 »Wohnbereiche mit intensiver Nutzung« und/oder AC 4/32 »Gewerbliche Bereiche mit mittlerer Nutzung« zugeordnet.

Abb. 7.59: Kratzer im Overlay sind wegen des Weißbruchs bei dunkler Dekornachbildung besonders gut sichtbar.

Abb. 7.60: Durch fehlende Filzgleiter an Stuhlbeinen sind Kratzer entstanden.

Schadensbild/Ist-Zustand

- Kratzer
- mechanische Beschädigungen

Ursachen

- die festgestellten Kratzspuren waren nur auf der oberflächennahen Randzone des Overlays (Melaminharz) des Laminatbodens vorhanden und bei aufrecht stehender Betrachtung aus etwa 1,6 m Abstand kaum erkennbar (übliche Betrachtungsweise zur Bewertung)

Abb. 7.61: Hinweise für die Ausrüstung von Stuhlbeinen finden sich üblicherweise in den Reinigungs- und Pflegeanleitungen des Bodenbelags (Filzgleiter).

Abb. 7.62: Mechanische Beschädigungen können – bei schwimmender Verlegung – durch den Austausch einzelner Elemente oder den Einsatz von Reparatur-Kits behoben werden.

- damit können diese Erscheinungsbilder als Gebrauchsspuren aus der üblichen Nutzung eines Oberbodens bezeichnet werden

Maßnahmen

Sämtliche Staubsaugeraufsätze, die auf Hartböden eingesetzt werden, müssen mit Borsten ausgestattet sein.

Um die Bildung von Kratzern oder Schleifspuren auf dem Overlay solcher Bodenbeläge zu vermeiden, muss eine sachgerechte Nutzung erfolgen, was auch bedeutet, dass Stuhl-, Tisch- und Schrankfüße mit Filzgleitern bzw. speziellen 2K-Gleitern (Floorcare-Schongleiter) versehen, sondern ausgerüstet werden (vergleiche Merkblatt »Reinigung und Pflege von Laminat-Fußböden im privaten Wohnbereich« des EPLF – Verband der europäischen Laminatfußbodenhersteller e. V., Bielefeld).

Lokale mechanische Beschädigungen, zum Beispiel durch herabfallende Gegenstände, können – bei schwimmender Verlegung – durch Austausch einzelner Elemente behoben werden. Zudem bieten Laminat-Hersteller auch sogenannte Reparatur-Kits an.

7.1.6.2 Wasserschaden an einem Laminat-Bodenbelag

Sachlage

In den Eingangsbereichen einer Sporthalle wurde ein Laminat-Bodenbelag schwimmend verlegt. Nach einem Überschwemmungsereignis, bei dem erhebliche Mengen Wasser in das Gebäude eingedrungen sind, kam es zu Schäden an der Bodenbelagsebene.

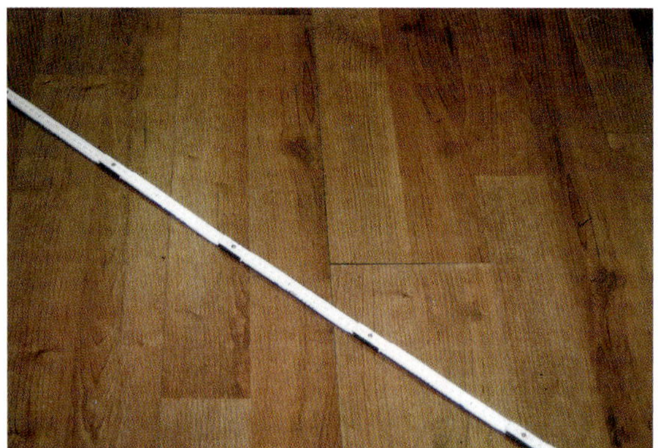

Abb. 7.63: Durch eine Überschwemmung ist es zu Schäden am Laminat-Bodenbelag gekommen.

Schadensbild/Ist-Zustand

- Aufwölbungen der Laminat-Bodenelemente

Ursachen

- durch das ins Gebäude eingedrungene Wasser ist das Trägerelement (MDF) der Laminat-Bodenelemente gequollen und die Kanten konnten sich aufstellen (Spitznähte)

Maßnahmen

Der Laminat-Bodenbelag ist aufzunehmen und zu entsorgen. Es ist zu prüfen, ob und inwieweit der darunter befindliche Estrich durch das Überschwemmungsereignis Schaden genommen hat. Gegebenenfalls sind Trocknungsmaßnahmen einzuleiten.

Abb. 7.64: Durch das ins Gebäude eingedrungene Wasser sind die Laminat-Bodenelemente gequollen und die Kanten konnten sich aufstellen (Spitznähte).

7.2 Textile Bodenbeläge

7.2.1 Schattierungseffekte (Shading) bei Velours

Sachlage

In einem Konzertgebäude mit einer Grundrissfläche von circa 1200 m^2 wurde unter anderem auf den Besuchertreppen und Galerien ein dreifarbiger Velours-Bodenbelag verlegt.

An rund 240 Tagen im Jahr finden in diesem Haus Veranstaltungen statt, die von durchschnittlich 1400 Zuschauern besucht werden. Der textile Bodenbelag wird anschließend durch Saugen gereinigt.

Abb. 7.65-7.67: Der Velours im Flurbereich des Konzertgebäudes zeigt scheinbare Farbtonveränderungen.

Schadensbild/Ist-Zustand nach rund drei Jahren

- uneinheitliches Erscheinungsbild durch scheinbare Farbtonveränderungen und/oder Farbtonabweichungen in geometrisch unregelmäßigen Umrissen (ähnlich Wasserflecken)

Ursachenforschung

- Inaugenscheinnahme
- Durchführung von Reinigungsversuchen (trockenmechanische Reinigung durch Saugen, Sprühextraktion)

Ergebnis

- der textile Bodenbelag erschien je nach Blickwinkel und -richtung unterschiedlich ausgeprägt
- die Farbtonveränderungen und -abweichungen sind nicht durch Nähte begrenzt
- die Reinigungsversuche blieben ohne Erfolg, die Farbtonveränderungen und/oder Farbtonabweichungen waren irreversibel

Abb. 7.68 und 7.69: Der Flor ist weder durch Saugen mit dem Bürstsauger noch durch Feuchtreinigung (Sprühextraktion) aufzurichten.

Ursachen

- immer wieder kommt es bei Teppichböden zu Reklamationen, weil sich helle oder dunkle Flecken störend abzeichnen. Manchmal zeigt sich bei der Überprüfung, dass derartige Erscheinungsbilder gar nicht eindeutig einem Verursacher zugeordnet werden können: Verlegefehler liegen nicht vor, Verunreinigungen sind nicht vorhanden, Materialfehler nicht nachweisbar, die Nutzung erfolgt in üblicher Weise
- hochflorige Bodenbeläge zeichnen sich durch eine typische, lebhafte Oberfläche aus. Die Florrichtung (oder auch Strichrichtung) der Polketten als Nutzschicht des Bodenbelags wird durch Nutzung und Frequentierung unterschiedlich beansprucht. Je nach Beleuchtungssituation (Streiflicht) und Lichtquelle (einfallendes Tageslicht oder vorherrschendes Kunstlicht) wird der Lichteinfall unterschiedlich reflektiert. Eine changierende, wechselhafte Optik ist das Resultat.
  Diese Eigenschaft ist materialspezifisch und kennzeichnet Schnittpolteppichböden, die als Velours bezeichnet werden. (Textilien wie Samt und Wildleder verhalten sich ähnlich)
- bereits bei normaler Nutzung zeichnen sich daher Gebrauchsspuren im Velours ab, die man als »Schreiben« oder »Trittschatten« bezeichnet und nicht als störend empfindet.
  Bei intensiver Nutzung sind regelrechte Zonen erkennbar, die die Art der Beanspruchung abbilden. Sie entstehen nicht nur dort, wo Personen häufig laufen, sondern auch dort, wo sie bevorzugt stehen oder sich wegbewegen (vor Tischen und Schränken). Dadurch werden partielle Florverlagerungen hervorgerufen, die durch richtige Pflege und Reinigung minimiert werden können
- der Flor eines Velours-Bodenbelags besteht aus einzelnen Fäden und wird als Polnutzschicht bezeichnet. Nach der Produktion besitzt der Flor eine gleichartige Ausrichtung beziehungsweise Neigung, die auch Strichrichtung genannt wird. Wenn sich der Teppichflor in eine Richtung neigt, erscheint im Auge des Betrachters, bedingt durch die Lichtreflexion, immer die gleiche Farbe. Ändert sich die Neigung benachbarter Polfäden gegenüber dem übrigen Flor, kommt es zu einer unterschiedlichen Reflexion des einfallenden Lichts: Es entsteht ein Hell-Dunkel-Effekt, der als Schattenbildung oder Verfleckung in Form scheinbarer Farbabweichung wahrgenommen wird.

Diese Erscheinung gibt dem Effekt den Namen »Shading«, zu deutsch: »Schattierung«. Davon sind unifarbene Velours stärker betroffen als gemusterte Ware.
Wichtig: Die Gebrauchstauglichkeit und Nutzungsdauer wird davon nicht beeinflusst, das Aussehen allerdings wesentlich!

- eine derartige Florscheitelung (auch Pollage genannt) ist unabhängig von dem zur Herstellung des Veloursteppichs verwendeten Polmaterial und bei Naturfasern (Wolle, Seide, Kokos) ebenso bekannt wie bei Synthesefasern (Polyamid, Polypropylen).
Auch das Herstellungsverfahren bestimmt nicht, ob das Shading-Phänomen auftreten kann: Maschinell gewebte Teppichböden sind genauso betroffen wie handgewebte oder etwa getuftete Bodenbeläge. Egal, ob abgepasster Teppich, Läufer in der Schmutzfangzone, lose verlegt, vollflächig verklebt, arretiert oder verspannt, auf Zement- oder Holzboden verlegt: Das Entstehen von unregelmäßigen Florverwerfungen konnte bisher nicht auf eine einzige solche Ursache zurückgeführt werden. Auch das individuelle Nutzerverhalten war bislang nicht als weiterer Parameter festzustellen
- möglicherweise beeinflussen sich Raumklima (Luftfeuchte), elektromagnetische Wechselwirkungskräfte und Energiefelder gegenseitig und wirken damit auf die Strichrichtung des Polmaterials ein

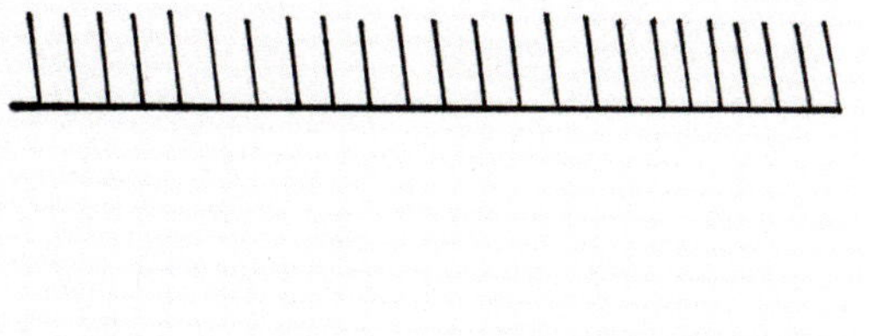

Abb. 7.70: Oben: Der Flor des Velours ist nach der Produktion akkurat ausgerichtet. Unten: Durch Nutzung und Frequentierung kann es zu einer unterschiedlichen Neigung des Polmaterials kommen, man spricht dann von einer Florverwerfung.

Bewertung

- jeder Bodenbelag sollte nach der geplanten Nutzung ausgewählt werden: Fußböden in durch Laufkundschaft oder hohe Besucherzahlen gekennzeichneten Objekten (Ladengeschäfte, Foyer im Theater und Ähnliches) sind großen Beanspruchungen aus Dreh,- Schub-, und Walkbewegungen ausgesetzt. Zeigen sich hier bei Velours schnell Florneigungen, muss Folgendes geklärt werden: Entspricht die Konstruktion des Bodenbelags der geforderten Klasse der Beanspruchung? Stimmt die Strapazierfähigkeit? Falls nicht, liegt möglicherweise ein Materialfehler oder eine Überbeanspruchung des Bodenbelags und damit eine falsche Auswahl vor?
- der Auftragnehmer für Bodenbelagsarbeiten hat dem Auftraggeber nach VOB, Teil C, ATV DIN 18365 »Bodenbelagsarbeiten« eine Reinigungs- und Pflegeanleitung zu übergeben. Bei Veloursteppichböden sind funktionierende, gewartete Schmutzfangzonen und regelmäßiges Staubsaugen mit Bürstsauger und Rotationsbürste besonders wichtig: Bürstenhöhe dabei auf die Florhöhe einstellen! Die Bürsten müssen gewartet und bei Bedarf erneuert werden.
Wer dies als Auftraggeber bei der Nutzung nicht beachtet, riskiert vorzeitige Laufzonen oder frühzeitigen Verschleiß. Die Hersteller von Bodenbelägen weisen darauf hin, dass nach mechanischen Feuchtreinigungen überproportionale Florverwerfungen auftreten können. Um solch störenden Effekten vorzubeugen, ist ein

Bürsten in Strichrichtung im noch feuchten Zustand notwendig. Auf diese Weise kann der Flor wieder aufgerichtet werden (parallelisieren genannt)
- nach der Reinigung das vollständige Durchtrocknen abwarten: Frühzeitiges Begehen führt sonst wieder zu lokalem Absenken des Flors! In solchen Fällen kann das Auflegen von Handtüchern Abhilfe schaffen. Ist der Teppichboden wieder trocken, sollte er abgesaugt werden
- Shading kann demzufolge durch unsachgemäße Reinigung begünstigt werden. Um Reklamationen oder Inanspruchnahmen durch den Kunden zu vermeiden, sollten die Hersteller auf die Möglichkeit von Shading bei Velours hinweisen. Gleiches gilt für Fachverkäufer und bodenlegende Handwerker im Beratungsgespräch. Um sicher zu gehen, empfiehlt es sich, diesen Hinweis noch einmal im Kostenangebot zu dokumentieren, denn im Schadensfall ist die aktuelle Rechtsprechung unerbittlich: Shading wird als Sachmangel angesehen und begründet Ansprüche, wenn kein rechtzeitiger Hinweis erfolgte. Und dies, obwohl derartige Florverwerfungen keine Beeinträchtigung der Nutzungs- und Gebrauchstauglichkeit und damit keinen vorzeitigen Verschleiß (Materialfehler) eines Veloursteppichbodens bedeuten.

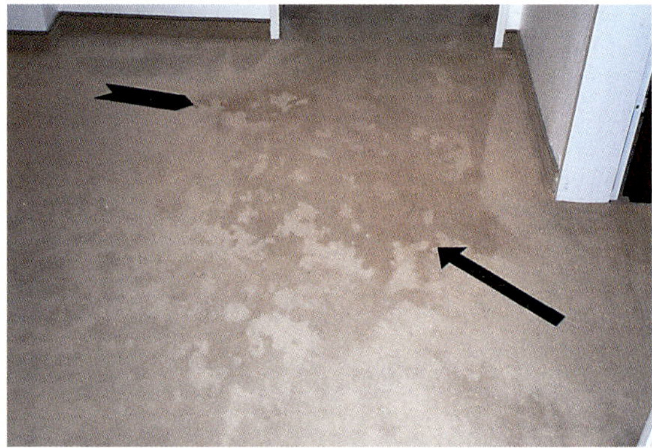

Abb. 7.71: Dunkle »Flecken« auf hellem Belag führen zur Störung des optischen Geltungsnutzens.

Dennoch: Wer einmal die Folgen des Shadings erlebt hat, kann den Ärger des Kunden verstehen, denn der optische Geltungsnutzen des Belags kann erheblich gestört sein. Je nach repräsentativer Funktion der Räume bedeutet dies, dass der Kunde diese Folgen nicht hinzunehmen hat. Ob dann eine Wertminderung die Folge ist, oder der Austausch des Bodenbelags gefordert werden kann, ist vom Einzelfall abhängig. In Zeitwert-Tabellen, die Sachverständige bei der Bewertung im Streitfall heranziehen, wird Shading ebenso wie die Pillingbildung als Schönheitsfehler angesehen, aus dem Wertminderungen in Höhe von 10 - 25 Prozent der Kosten für die Werkleistung oder das Material resultieren können

Maßnahmen

Aufgeklärt ist das Entstehen von Shading bis heute nicht. Daher gibt es auch kein Patentrezept zur Vorbeugung oder Beseitigung derartiger unregelmäßiger Florverwerfungen bei Velours.

Bei nicht mehr hinnehmbaren Fleckenbildungen bleibt in letzter Konsequenz nur der Austausch gegen Schlingenware.

7.2.2 Sisal-Bodenbelag in einem Einfamilienhaus

Sachlage

Ein Einfamilienhaus wurde umfangreich renoviert und hochwertig eingerichtet. Dabei wurde ein Sisal-Bodenbelag verlegt. Bereits kurz danach waren dem Bauherrn handwerkliche Fehlleistungen des Ausführenden sowie Farbtonveränderungen des Belags infolge Sonneneinstrahlung aufgefallen, woraufhin er die Abnahme verweigerte.

Abb. 7.72: Der Sisal-Belag zeigt Hell-Dunkel-Unterschiede quer zur Herstellungsrichtung.

Abb. 7.73: Durch unfachgerechte Bearbeitung sind die Nahtkanten ausgefranst.

Schadensbild/Ist-Zustand

- unsaubere Nahtkantenbearbeitung
- Hell-Dunkel-Unterschiede quer zur Herstellungsrichtung
- Farbtonveränderung/fehlende Lichtechtheit

Abb. 7.74: Im Vergleich zur verlegten Ware zeigt das Musterstück keine Farbtonunterschiede.

Ursachen

- handwerkliche Fehlleistung: Die Bearbeitung von Webkanten von Sisal-Bodenbelägen erfordert Erfahrung und besondere Sorgfalt, andernfalls kommt es zu Ausfransungen
- Farbtonunterschiede; sie treten bei allen Naturfasern produktions-, oder auch rohstoffbedingt auf
- im Gegensatz zu textilen Bodenbelägen sind Naturfasern wie Sisal in der Regel nur eingeschränkt lichtecht

Maßnahmen

Der Sisal-Bodenbelag fällt durch unsaubere Nahtkantenbearbeitung, Hell-Dunkel-Unterschiede und Farbtonveränderungen auf. Er wirkt daher - im sonst harmonischen Gesamtbild des hochwertig eingerichteten Raums - optisch sehr störend. Infolgedessen sind Rückbau und Neuverlegung erforderlich. Dabei muss der Besteller die für Bodenbeläge aus natürlichen Rohstoffen materialspezifischen Eigenschaften (eingeschränkte Lichtechtheit) hinnehmen.

7.2.3 Offene Nahtkanten an einem Nadelvlies-Bodenbelag

Sachlage

In einem Bürogebäude wurde auf neuem Calciumsulfat-Fließestrich ein Nadelvlies-Bodenbelag verlegt. Der Bodenleger verwendete dazu einen wasserbasierten Dispersionsklebstoff. Vor der Verlegung wurde der Feuchtegehalt des Estrichs mit <0,3 CM-% ermittelt.

Wegen des voranschreitenden Innenausbaus (unter anderem Installation von Heiz-Kühldecken sowie Malerarbeiten) wurde die jeweilige Tagesleistung mit einer PE-Folie abgedeckt.

Abb. 7.75: Durch Schrumpfprozesse haben sich die Nahtkanten des Nadelvlies-Belags geöffnet.

Schadensbild/Ist-Zustand

- offene Nahtkanten (>0,5 mm, <2,0 mm)

Abb. 7.76: Der Bodenbelag lässt sich ohne besonderen Kraftaufwand vom Untergrund abschälen.

Abb. 7.77: Die Öffnung des Bodens ergibt, dass der Klebstoff nur in unzureichender Menge aufgetragen worden war.

Ursachen

- moderne Dispersionsklebstoffe benötigen ausreichend Zeit zur Erhärtung
- wird jedoch ein Ablüften des Klebers durch den diffusionsoffenen Oberboden mittels Abdeckung mit PE-Folie behindert, kann der Bodenbelag durch die Einwirkung des Wassers schrumpfen (Maßänderungsverhalten)
- das noch nicht erhärtete Klebstoffbett vermag diesem Prozess nicht entgegenzuwirken, die Folge sind offene Nahtkanten

- im vorliegenden Fall war der Klebstoff außerdem zu gering aufgetragen

Maßnahmen

Die offenen Nahtkanten sind nach Aushärtung des Klebstoffs nur schwer zu beseitigen. In Abhängigkeit des Grades der optischen Beeinträchtigung kann eine Wertminderung in Betracht kommen (vergleiche BSR-Merkblatt »Leitfaden zur Ermittlung von Zeitwerten und Wertminderungen von Bodenbelägen«).

Als Reparaturversuch ist denkbar, den Nahtbereich zu öffnen und den Bodenbelag mit einem lösemittelhaltigen Kontaktklebstoff nachzukleben. Durch das Lösemittel erweicht der Bodenbelag und kann mit Hilfe von Spannern zusammengezogen werden. Beachte: eventuelle Geruchsbelästigung durch Lösemittel/Einwirkung auf den Bodenbelag?

7.2.4 Verschmutzungen und Farbtonveränderungen eines textilen Bodenbelags

Sachlage

Bei Auszug aus einem Bürogebäude hinterließ ein Mieter nach nur fünfjähriger Nutzung den textilen Bodenbelag in einem unansehnlichen Zustand.

Abb. 7.78: Die Umrisse der ehemaligen Arbeitsbereiche sind deutlich erkennbar.

Schadensbild/Ist-Zustand

- Verschmutzungen
- Farbtonveränderungen

Abb. 7.79: Dort wo der textile Bodenbelag durch Möbel vor UV-Strahlung geschützt war, hat er seinen ursprünglichen Farbton behalten.

Abb. 7.80: Auch durch intensive Reinigungsversuche (hier: Sprühextraktion) können die Verschmutzungen nicht entfernt werden. Die Farbtonveränderung ist ohnehin irreversibel.

Ursachen

- vom Nutzer zu vertreten:
- unzureichende (tägliche) Unterhaltsreinigung, nicht angepaßte Intervalle notwendiger Grundreinigung, keine sofortige Fleckendetachur
- fragliche Verwendung geeigneter Stuhlrollen
- vom Auftragnehmer bzw. Hersteller des Bodenbelags zu vertreten:
- Stuhlrolleneignung
- Lichtechtheit des textilen Bodenbelags (UV-Strahlung)

Maßnahmen

Reinigungsmaßnahmen führen nicht zum Erfolg. Der textile Bodenbelag muss vollflächig ausgetauscht werden.

7.2.5 Pilling an einem Nadelvlies-Bodenbelag

Sachlage

Im Neubau eines Bürohochhauses wurde ein Nadelvlies-Bodenbelag verlegt. Über die Zeit der Nutzung war es trotz täglicher Unterhaltsreinigung durch Saugen zu intensiven Fusselbildungen sowie Ablösungen von Fasern gekommen.

Abb. 7.81: Unterhalb der Bürodrehstühle zeichnen sich kreisrunde, helle Stellen ab.

Schadensbild/Ist-Zustand

- Ablösungen von Fasern durch Pilling
- kreisrunde, helle Abzeichnungen unterhalb der Bürodrehstühle

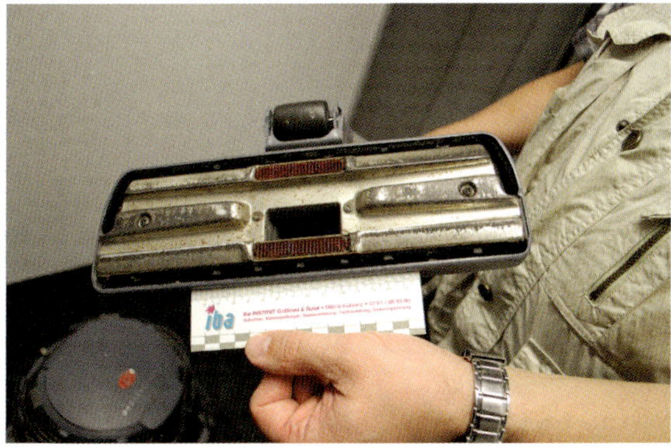

Abb. 7.82: Für die Unterhaltsreinigung ist ein handelsüblicher Staubsauger ohne Bürstenausstattung verwendet worden.

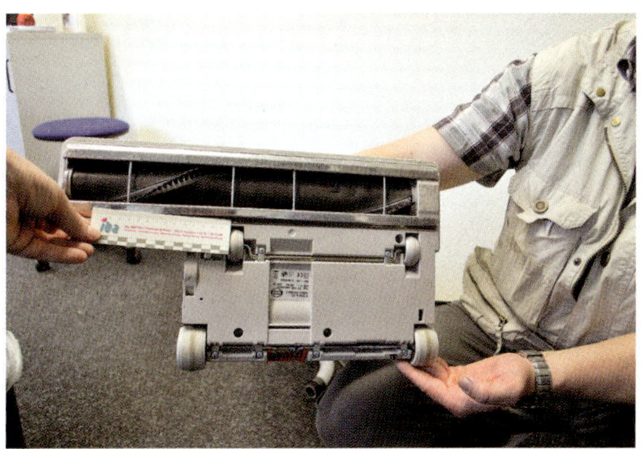

Abb. 7.83: Für die tägliche Pflege von Nadelvlies-Bodenbelägen werden Geräte mit rotierender, motorbetriebener Bürstenwalze empfohlen.

Ursachen

- nutzerseitig wird ein handelsüblicher Staubsauger ohne Bürstenausstattung für die (werk-)tägliche Unterhaltsreinigung verwendet. Für die Pflege von Nadelvlies-Bodenbelägen werden jedoch Geräte mit rotierender, motorbetriebener Bürstenwalze empfohlen
- herstellungsbedingt kann es bei Nadelvlies zu einem Abtrag der nicht ausreichend vernadelten beziehungsweise überschüssigen Fasern kommen (Pilling). Dieser Prozess dauert bei fachgerechter Reinigung und Pflege erfahrungsgemäß zwischen vier Wochen und einem halben Jahr und ist abhängig von der Intensität der Nutzung und den Reinigungsintervallen
- aufgrund der nicht fachgerechten Reinigung zeigte der Nadelvlies-Bodenbelag auch anderthalb Jahre nach der Verlegung noch Fusselbildungen
- es wurden zwar harte Stuhlrollen verwendet, die Reinigung war jedoch nicht fachgerecht, das heißt nicht intensiv genug: Der verbleibende Schmutz wurde von den Stuhlrollen in den Nadelvlies eingerieben. Die Folge sind helle Abzeichnungen unterhalb der Bürodrehstühle

Abb. 7.84: Aus einem Reinigungsversuch mit einem Bürstsauger resultieren Fasern des Nadelvlies-Bodenbelags sowie Kontaktschmutzansammlungen.

Maßnahmen

Der Rückbau und die Neuverlegung ist nicht notwendig. Bei fachgerechter Reinigung und Pflege ist die Nutzungs- und Gebrauchstauglichkeit des Nadelvlies-Bodenbelags vollumfänglich gegeben.

Um die kreisrunden Kontaktschmutzansammlungen unterhalb der Bürodrehstühle zu beseitigen, wird eine Grund- und Tiefenreinigung empfohlen (vergleiche Reinigungs- und Pflegeanleitung und/oder RAL 991 A2 »Teppichreinigung«).

Dabei ist der Nadelvlies-Bodenbelag trockenmechanisch mittels Bürstsauger mit rotierender, motorbetriebener Bürstenwalze zu reinigen. Danach wird mit einer Shampoonier-Maschine eine Reinigungslösung in den Teppichboden eingearbeitet (*Achtung:* Maßänderungsverhalten von Nadelvlies-Bodenbelägen beachten! Daher möglichst wenig Flüssigkeit mit der Schaumflotte aufbringen!).

Das verwendete Teppichshampoo sollte ein besonders hohes Schmutztragevermögen haben und weder klebende (ungünstiges Wiederanschmutzungsverhalten) noch maskierende Rückstände (wie Kunststoffpolymere mit Aufhellungseffekten) enthalten.

Anschließend kann eine Sprühextraktion mit klarem Wasser erfolgen.

Um Nachteile hinsichtlich Trockenzeiten, Wiederanschmutzung und Liegeverhalten (Kleberhaftung) zu verhindern, muss der Boden unbedingt sofort und gründlich, gegebenenfalls mehrmals abgesaugt (Extraktion) werden. Auf eine weitere Flüssigkeitszugabe ist zu verzichten.

Eine Nassreinigung dieser Art stellt hohe Anforderungen an das Reinigungspersonal und die Reinigungsgeräte. Sie sollte daher nur von Fachbetrieben mit entsprechend kompetentem Personal durchgeführt werden sollte.

Achtung: Verklebung und Untergrund müssen für eine Naßreinigung geeignet sein!

7.2.6 Bewertung von Farbtonunterschieden textiler Bodenbeläge

Sachlage

Der bahnenförmige, textile Bodenbelag (Velours) für ein Einfamilienhaus, der vom Bauherrn selbst verlegt worden ist, wurde wegen Mangel an Lagermöglichkeiten in mehreren Teillieferungen und zeitlichen Abständen direkt vom Bodenbelagshersteller geliefert.

Abb. 7.85: Mit dem Graumaßstab sind keine Farbtonunterschiede zwischen den Belagsbahnen festzustellen (Stufe 5).

Schadensbild/Ist-Zustand

- Farbtonunterschiede zwischen den Belagsbahnen verschiedener Teillieferungen

Abb. 7.86: Ab Stufe 3 sind Farbtonunterschiede sachverständig zu bewerten, Minderung je nach optischem Geltungsnutzen der Räumlichkeit!

Ursachen

- der textile Bodenbelag stammt aus verschiedenen Produktionschargen, bedingt dadurch zeigt er Farbtontoleranzen auf

Maßnahmen

Farbtonunterschiede von textilen Bodenbelägen werden mit dem Graumaßstab bewertet.

Die Farbtonunterschiede können zunächst orientierend mit dem kleinen Graumaßstab (s. Abb. 7.84) beurteilt werden. Im Zweifel ist der große Graumaßstab [Abmessungen 2 x (15 cm x 10 cm)] anzuwenden. Stufe 5 bedeutet dabei, dass gar keine Farbtonunterschiede sichtbar sind. Die Stufen 3/4 und 4 werden als produktionsbedingte Farbtontoleranzen bezeichnet, die tolerierbar und somit hinzunehmen sind. Abweichungen der Stufen 1 bis 3 (ggf. auch $^{3}/_{4}$) hingegen sind beanstandungswürdig und können Austausch oder Minderung bedingen. Bewertung erfolgt in Abhängigkeit des optischen Geltungsnutzens eines Bodenbelags, z. B. »Kommentar zur DIN 18 365 Bodenbelagsarbeiten«, SN-Verlag, »Leitfaden zur Ermittlung von Zeitwerten und Wertminderungen von Bodenbelägen« des BSR Bundesverband der vereidigten Sachverständigen für Raum und Ausstattung oder Bewertungsmatrix von Oswald/Abel in »Hinzunehmende Unregelmäßigkeiten bei Gebäuden«.

Abb. 7.87: Farbtonabweichungen der Stufen 2 oder 1 bedingen erhebliche Minderung bis zum Austausch je nach optischem Geltungsnutzen der Räumlichkeit!

7.2.7 Schadhafter textiler Bodenbelag auf Dämmunterlage

Sachlage

In einem neu errichteten Bürotrakt wurde ein textiler Bodenbelag (Velours mit textilem Zweitrücken) verlegt. Aus Schallschutzgründen und zur Verbesserung des Gehkomforts wurde der Bodenbelag auf einer vollflächig geklebten Dämmunterlage arretiert.

Abb. 7.88: Unterhalb von Bürodrehstühlen zeigt der Belag starke Wurm- und Faltenbildungen.

Abb. 7.89: Die Prüfung ergibt, dass der textile Bodenbelag an sich – analog zur Auslobung des Herstellers – stuhlrollengeeignet ist. Trotzdem war es zu Ablösungen gekommen.

Schadensbild/Ist-Zustand

- Wurm- und Faltenbildungen im Bereich von Bürodrehstühlen infolge Delaminierung des Trägermaterials der Nutzschicht vom textilen Zweitrücken

Ursachen

- der textile Bodenbelag wurde sowohl hinsichtlich der Stuhlrolleneignung auf starrem Untergrund (Faserzementplatte) als auch im »System« mit der Dämmunterlage geprüft. Dabei wurde festgestellt, dass der Bodenbelag auf starrem Untergrund sehr wohl stuhlrollengeeignet war, wie dies auch vom Hersteller ausgelobt war. In der schwächsten Schicht der Dämmunterlage kam es jedoch aufgrund der kombinierten Scher-, Schub- und Druckbelastungen der Bürostuhlrollen zu Ablösungen beziehungsweise Delaminierungen (hier: zwischen Trägermaterial und textilem Zweitrücken)
- somit war die Kombination aus dem textilen Bodenbelag und der Dämmunterlage nicht stuhlrollengeeignet

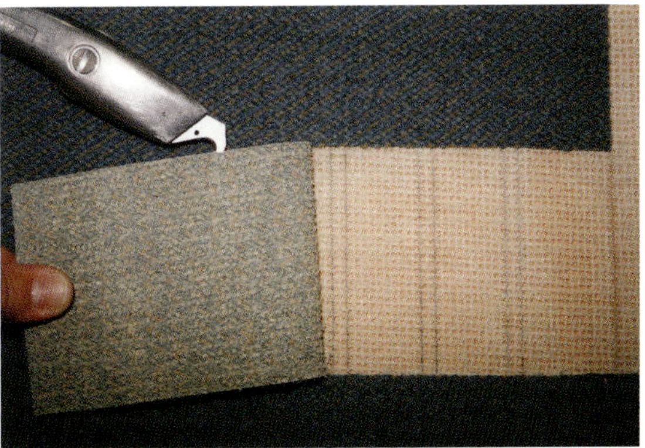

Abb. 7.90: Die Delaminierungen sind in der schwächsten Schicht der Dämmunterlage – zwischen Trägermaterial und textilem Zweitrücken – infolge kombinierter Scher-, Schub- und Druckbelastungen aus den Stuhlrollen aufgetreten.

Maßnahmen

Der textile Bodenbelag muss samt Dämmunterlage zurückgebaut werden.

Ist bei der Neuverlegung aus schallschutztechnischen Gründen wiederum eine Verlegung auf Dämmunterlage notwendig, ist es erforderlich, sich von den jeweiligen Herstellern der Verlegewerkstoffe und des Bodenbelags die (Stuhlrollen-)Eignung in Verbindung mit den anderen Materialen schriftlich zusichern zu lassen (Prüfzeugnis der Stuhlrolleneignung einer Materialprüfanstalt)!

7.2.8 Ablösungen eines textilen Bodenbelags in einer Schule

Sachlage

In den Klassenzimmern eines Schulneubaus wurde auf einem neuen Zementestrich nach zementärer Spachtelung ein textiler Bodenbelag mit einem Dispersionsklebstoff arretiert.

Während der Verlegearbeiten wurde die neue Heizung einem »Funktionstest« unterzogen und war voll hochgefahren worden.

Abb. 7.91: Im Bereich des Heizkörpers schält sich der Bodenbelag ab, daran haftet zementäre Spachtelmasse.

Schadensbild/Ist-Zustand

- Ablösungen des textilen Bodenbelags vom Klebstoffbett
- unzureichende Festigkeit der zementären Spachtelmasse

Ursachen

- wegen ungeeigneter raumklimatischer Verhältnisse bei der Verlegung war das Anmachwasser aus der zementären Spachtelmasse und/oder das Wasser aus dem Dispersionsklebstoff zu schnell verdunstet
- die zementäre Spachtelmasse konnte daher nicht die erforderliche Festigkeit entwickeln, weil ihr für die Abbindereaktion nicht genügend Wasser zur Verfügung stand
- durch die hohen Raumlufttemperaturen erreichte der Dispersionsklebstoff den Einlegezeitpunkt früher, als der Bodenleger angenommen hatte, sodass der Belag zu spät, also in das mittlerweile schon harte Klebstoffbett eingelegt wurde. Das Anreiben mit der Gliederwalze führte daher auch nicht zum Zerquetschen der Klebstoffriefen

Abb. 7.92: Mangelnde Verklebung: Das Klebstoffbett ist früher als erwartet ausgehärtet, der Einlegezeitpunkt demzufolge verpasst worden.

Abb. 7.93: Auch im Bereich der raumhohen Fensterelemente (Sonneneinstrahlung!) war die Belagsunterseite nicht ausreichend mit Klebstoff benetzt.

Maßnahmen

Wegen des eingeschränkten Haftverbunds besteht insbesondere im Nahtkantenbereich Stolper- und Sturzgefahr. Der Bodenbelag muss also ausgetauscht werden, damit der Schulbetrieb gefahrlos fortgeführt werden kann.

7.3 Holzfußböden

7.3.1 Parkett

7.3.1.1 Stabparkett angrenzend an einen Außenbereich

Sachlage

In den Bewohnerzimmern eines Altenheimneubaus wurde ein Stabparkett als Oberboden verlegt. Die Terrassen und Balkone erhielten einen plattenförmigen Betonbelag.

Abb. 7.94: Fehlende Rinnen im Außenbereich haben durch eingetragenes Wasser zu Schäden am Parkett geführt.

Abb. 7.95: Durch Überdachung des Außenbereichs hätten die Schäden vermieden werden können.

Schadensbild/Ist-Zustand

- Vergrauung
- offene Fugen
- konkave Verformungen

Abb. 7.96: Das Parkett muss in Teilbereichen ersetzt werden.

Ursachen

- fehlende Schmutzfangmatten
- fehlende Entwässerung und/oder Überdachungen im Außenbereich
- infolge Feuchteeintrags (durch Schuhwerk, undichte Fensterdichtungen und anderes) konnte sich das Parkett irreversibel verformen

Maßnahmen

Das Parkett war irreversibel geschädigt und muss angrenzend an den Außenbereich ersetzt werden. Vor solchen Maßnahmen sollte jedoch eine ausreichend dimensionierte Überdachung und/oder eine Drainrinne mit Anschluss an die Dachentwässerung angeordnet werden. Andernfalls wird sich ein vergleichbarer Schaden immer wieder einstellen.

7.3.1.2 Weißbruch in der Versiegelung eines Parketts aus Missanda

Sachlage

In einer Stadthalle erhielt der etwa 30 Jahre alte Parkettboden der Holzart Missanda eine Überarbeitung. Dazu erfolgten mehrere Schleifgänge (36-er, 60-er, 100-er und 120-er Körnung). Wo erforderlich wurden breite Fugen ausgespänt und eingeleimt.
Der geschliffene Parkettboden ist im Anschluß mit einer Mischung aus Schleifstaub und Fugenkittlösung abgespachtelt und zur Anfeuerung der Holzmaserung grundiert worden. In drei Arbeitsgängen erfolgt anschließend der Auftrag einer wasserbasierten Versiegelung. Zum Schluss erfolgte eine Erstpflege.

Schadensbild/Ist-Zustand nach rund zwei Jahren

- Weißbruch der Versiegelung oberhalb der Fugen des Parketts
- ausgehend von den Fugenbereichen: Abplatzungen der Versiegelung

Abb. 7.97: Die durch Weißbruch der Versiegelung gekennzeichneten Fugenbereiche heben sich deutlich von dem sonst dunklen Parkett ab.

Ursachenforschung

- Inaugenscheinnahme
- Gitterschnittprüfung und/oder Tape-Tests

Abb. 7.98: Nur die Fugenbereiche sind von Weißbruch und Abplatzungen betroffen.

Ergebnis

- außerhalb der Fugenbereiche existierte ein guter Haftverbund zwischen Versiegelung und Parkett

Abb. 7.99: Der Haftverbund zwischen Versiegelung und Parkett kann auf der übrigen Fläche als »gut« bezeichnet werden.

Ursachen

- in mehr als 30 Jahren der Nutzung und der üblicheweise durch Klimatisierung vorherrschenden raumklimatischen Verhältnisse konnte sich eine niedrige Ausgleichsfeuchtigkeit des Parkettbodens einstellen

- während der Ausführung der Arbeiten herrschte eine hohe Raumluftfeuchtigkeit bei gleichzeitig hohen Lufttemperaturen
- dadurch wurde ein Auffeuchten des Parkettbodens ausgelöst, der daraufhin zu quellen begann
- während der dreimaligen Applikation der wasserbasierten Versiegelung nahm der Boden weitere Feuchtigkeit auf
- während der Sommermonate war der Parkettboden einer hohen Raumluftfeuchte ausgesetzt. Als man die Stadthalle im Herbst wieder in Betrieb nahm, wurde der Raum klimatisiert. Die Änderung der Luftfeuchte führte im Laufe der Winterperiode dazu, dass der versiegelte Parkettboden die Feuchte wieder abgeben konnte. Dies begünstigte das Schwindverhalten, aus dem die Fugenbildung zwischen den Parkettstäben resultierte
- das in der Winterperiode durch niedrige Raumlufttemperatur und geringere Luftfeuchte ausgelöste Schwindverhalten und die daraus resultierenden Zugbelastungen führten dazu, dass sich die filmbildende, transparente Versiegelung oberhalb der Fugen so stark dehnte, dass sie weiß anlief
- durch fortgesetzte überproportionale Zugbelastung entstand darüber hinaus bei größeren Fugenbreiten auch ein Mikroriss, der schließlich Rissbildungen der Versiegelung begünstigte
- das für die Holzart Missanda typische gelbliche bis rötlich-braune oder rotbraun geaderte Kernholz war in drei Jahrzehnten stark nachgedunkelt. Nach Applikation der transparenten Versiegelung zeichneten sich die weiß angelaufenen Fugenbereiche des sonst dunklen Parkettbodens sehr deutlich und störend ab

Bewertung

- aus vorgenannten Gründen ist es erforderlich, dafür zu sorgen, dass eine permanente Klimatisierung erfolgt, sodass +18 bis +20 °Celsius Lufttemperatur und eine relative Raumluftfeuchtigkeit von 50 – 60 Prozent konstant eingehalten werden, und zwar nicht nur während der Saison (Veranstaltungen und Tagungen), sondern auch in nutzungsfreien Zeiten wie Sommerferien und Winterpausen
- andernfalls wird es auch nach der Sanierung aufgrund der hygroskopischen Werkstoffeigenschaften des Parketts erneut zu Quell- und Schwindbewegungen beziehungsweise neuen Fugenbildungen kommen

Maßnahmen

Zunächst muss der entsprechende Raum für einen gewissen Zeitraum klimatisiert werden, damit sich der Parkettboden regenerieren kann (Messung der Holzfeuchte).

Danach wird die Versiegelung des gesamten Parkettbodens abgeschliffen und – nach fachgerechter Untergrundvorbereitung – eine neue Versiegelung appliziert, die auf die Holzart Missanda abgestimmt ist. Hierüber sollten Erfahrungswerte beim Hersteller vorliegen, andernfalls sind Musterflächen anzulegen, die eine Zeit lang vorgehalten und dann überprüft werden müssen.

Sollte die vorgenannte Klimatisierung gar nicht oder nicht lange genug möglich sein, kann eine erneute Fugenbildung im Parkettboden durch Verwendung von ölhaltigen Versiegelungsmitteln und/oder Öl-Kunstharz ohne Anteile von Polyurethan im Bindemittel verhindert werden. Nur so kann eine Seitenverleimung zwischen den Parkettstäben reduziert werden. Diese Verfahrensweise setzt allerdings die Verwendung von (stark) lösemittelhaltigen Produkten voraus, die noch längere Zeit nach der Trocknung ausgasen und zu Geruchsbelästigungen führen beziehungsweise die Raumluft beeinträchtigen.

Dies scheint weder im Hinblick auf das menschliche Wohlbefinden noch aus ökologischen Gründen sinnvoll zu sein.

7.3.1.3 Aufwölbungen eines Parkettbodens infolge von Reinigungsmaßnahmen

Sachlage

Das mehr als 50 Jahre alte Stabparkett einer Mehrzweckhalle (als flächenelastischer Sportboden schwimmend auf einer Holzkonstruktion verlegt) wird einmal jährlich in den Sommerferien einer Grundreinigung unterzogen.

Während dieser Arbeiten war in einer Pause der Frischwasserhahn einer Reinigungsmaschine nicht ordnungsgemäß verriegelt worden. Die Arbeiter kehrten erst zurück, als das Wasser schon in Pfützen auf dem Parkett stand.

Abb. 7.100: Trotzdem der Parkettboden bereits 50 Jahre genutzt worden ist, hat er einen guten Erhaltungszustand.

Abb. 7.101: Infolge der Feuchteaufnahme ist es in der Mehrzweckhalle zu Aufwölbungen gekommen, die eine Nutzung unmöglich machen.

Schadensbild/Ist-Zustand

- einen Tag nach diesem Ereignis wölbte sich der Parkettboden um bis zu 30 mm auf
- auch nach mehrtägigem Heizen und Lüften bildeten sich die Aufwölbungen nicht zurück

Ursachen

- das Parkett besaß auf Grund der üblicherweise vorherrschenden raumklimatischen Bedingungen und des Alters eine Vergleichsweise niedrige Ausgleichsfeuchte
- durch offene Fugenspalten konnte das »trockene« Holz das in kurzer Zeit aus der Reinigungsmaschine ausgelaufene Wasser aufnehmen, quellen und sich aufwölben bzw. irreversibel verformen
- noch während der Begutachtung konnte eine Holzfeuchte > 12 Prozent festgestellt werden

Abb. 7.102: Noch während der Begutachtung der Parkettstäbe ist eine Holzfeuchte von > 12 Prozent gemessen worden.

Maßnahmen

Um die Mehrzweckhalle wieder nutzen zu können, ist es erforderlich, das Stabparkett vollflächig aufzunehmen. Es ist auch zu prüfen, ob und inwieweit die Holzkonstruktion durch den Feuchteeintritt Schaden genommen hat. Gegebenenfalls ist sie ebenfalls auszutauschen. Nach der Verlegung eines neuen Stabparketts erfolgt das Abschleifen, Verkitten der Fugen, Grundieren und Versiegeln. Abschließend wird der Boden grundgereinigt und eingepflegt.

7.3.1.4 Aufwölbungen eines Parkettbodens aufgrund unzureichender Randfugen

Sachlage

In einer Eigentumswohnung wurde ein 22 mm dickes Massivparkett als Oberboden verlegt. Der Eigentümer war beim Einzug jedoch nicht mit dem Erscheinungsbild des neuen Bodenbelags zufrieden.

Abb. 7.103: Die Fugenspalten des Massivparketts sind bis zu 1,8 mm breit.

Schadensbild/Ist-Zustand

- Aufwölbungen
- Hohlleger und Hohlstellen
- offene Fugenspalten

Abb. 7.104: Durch die Aufwölbungen ist das verklebte Massivparkett aus dem Klebstoffbett gelöst worden und liegt hohl.

Ursachen

- unzureichende Ausbildung von Randfugen durch
- dichtes Anarbeiten an aufgehende Bauteile führt beim Quellen des Holzes zu Aufwölbungen
- die dabei entstehenden Kräfte vermögen selbst vollflächig verklebtes Parkett vom Untergrund abzulösen

Abb. 7.105: An aufgehende Bauteile ist das Massivparkett dicht angearbeitet worden.

Maßnahmen

Da das Massivparkett nicht mehr vollflächig mit dem Untergrund verbunden war, muss es zurückgebaut werden.

7.3.1.5 Hohlleger und Ablösungen eines Hochkantlamellenparketts

Sachlage

In einem Alten- und Pflegeheim wurde ein Hochkantlamellenparkett (andere Bezeichnungen: Industrieparkett und Mehrzweckparkett) auf einem neuen Zementestrich verklebt. Nach etwa sechs Jahren reklamierte der Nutzer, weil sich das Parkett vom Untergrund ablöste.

Abb. 7.106: Das Hochkantlamellenparkett zeigt Ablösungen mit oberflächennaher Randzone des Estrichs.

Schadensbild/Ist-Zustand

- Hohlleger
- lose Parkettstäbe

Abb. 7.107: An der Bruchzone finden sich staubige Bestandteile.

Ursachen

- die Grundrissflächen sind vor dem Verkleben des Hochkantlamellenparketts nicht mechanisch vorbehandelt worden
- die oberflächennahe Randzone des Estrichs zeigte daher keine ausreichende Festigkeit auf, sodass sich die Parkettlamellen ablösten

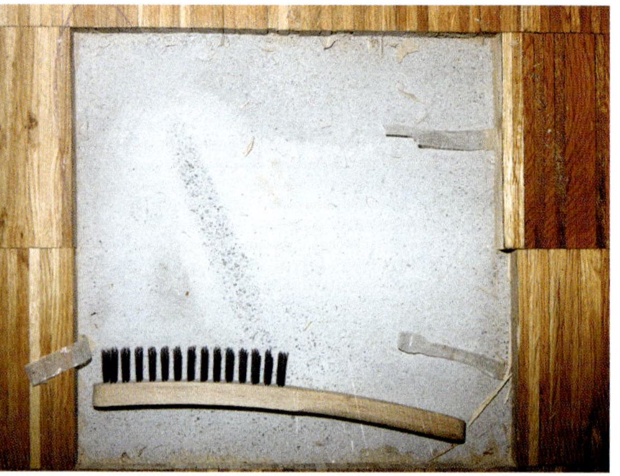

Abb. 7.108: Infolge ausbleibender Untergrundvorbehandlung besitzt der Estrich nur eine geringe Oberflächenfestigkeit.

Maßnahmen

Die lose liegenden und/oder großflächig zusammenhängend hohlliegenden Parkettstäbe des Hochkantlamellenparketts müssen aufgenommen und entfernt werden. Nach Untergrundvorbehandlung (Säubern, Schleifen, Grundieren, Spachteln, Schleifen) sind die resultierenden Fehlstellen durch vollflächiges Verkleben beziehungsweise Arretieren gleichartigen Oberbodens zu ergänzen. Da deutliche Farbton- und/oder Glanzgradunterschiede zwischen dem altem und dem neuem Hochkantlamellenparkett zu erwarten sind, ist anschließend eine vollflächige Überarbeitung erforderlich (Schleifen bis auf das rohe Holz, Auftragen einer lösemittelfreien Versiegelung, wasserverdünnbar, beispielsweise 2K-PUR). Dann wird Grundreinigung und Einpflege durchgeführt.

7.3.1.6 Seitenverleimung an einem Hochkantlamellenparkett

Sachlage

Im Neubau eines Universitätsgebäudes wurde vollflächig ein Hochkantlamellenparkett verklebt. Die Versiegelung erfolgte mit einem Wasserlack. Nach der ersten Heizperiode zeigte sich ein unregelmäßiges Fugenbild mit breiten Fugen.

Abb. 7.109: Nach der ersten Heizperiode haben sich die Fugen des Parketts geöffnet.

Abb. 7.110: Durch Seitenverleimung können überproportional breite Fugen entstehen.

Schadensbild/Ist-Zustand

- Fugenbreiten >0,1 – 3,0 mm

Ursachen

- das Holz unterlag nach der Verlegung einem Schwinden (durch fragwürdige Klimatisierung des Parketts – entweder vor, während oder nach der Verlegung)
- es wurde ein wässriges Versiegelungsmaterial verwendet, das naturgemäß zur Seitenverleimung neigt
- im Zuge der Verlegung kann auch Klebstoff zwischen die Parkettlamellen gelangt sein, der die Seitenverleimung zusätzlich fördert
- die Seitenverleimung begünstigt die Blockbildung der Einzelstäbe, sodass anstelle von feinen Fugen zwischen den einzelnen Stäben dann überproportional breite Fugen in größeren Abständen resultieren (Addition des Schwindmaßes der einzelnen Lamellen bis zum Versagen an der schwächsten Fuge, dann Abriß und breite Fuge)

Abb. 7.111: Auch im Querschnitt sind die Fugenspalten des Hochkantlamellenparketts gut zu erkennen.

Maßnahmen

Es ist zu überprüfen, ob und inwieweit sich die Fugen bei geeigneter Klimatisierung der Räumlichkeiten bei etwa +20 °Celsius und 60 Prozent relativer Luftfeuchte von selbst zurückbilden.

Verbleiben weiterhin Fugen > 1 mm, ist das Hochkantlamellenparkett vollflächig abzuschleifen, und offene Fugenspalten sind zu verkitten.

Falls wiederum ein wasserbasierter Lack aufgetragen werden soll, ist zuvor eine Grundierung zu applizieren, die der Seitenverleimung vorbeugt.

Alternativ bietet es sich an, ein Hartöl und anschließend ein Wachs als Erstpflege aufzutragen.

7.3.2 Holzpflaster

7.3.2.1 Holzpflaster in einer Stadthalle

Sachlage

Die Stadthalle war seit ihrer Errichtung - um das Jahr 1900 - immer wieder erweitert worden. Dabei wurden zum Höhenausgleich auch verschiedene Estrichschichten eingebaut. Im Zuge der jüngsten Sanierungsmaßnahme erfolgte schließlich die Verlegung eines Holzpflasters (Holzpflaster RE mit Versiegelung). An dem mittlerweile zehn Jahre alten Belag waren immer wieder Aufwölbungen und breite Fugen entstanden.

Abb. 7.112: Der Holzpflasterbelag wölbt sich in der Türleibung auf.

Abb. 7.113: Die Aufwölbungen sind unter anderem die Folge verschlossener Raumfugen.

Schadensbild/Ist-Zustand

- Aufwölbungen
- breite Fugenbildungen

Abb. 7.114: Gemäß DIN 18 367 »Holzpflasterarbeiten« müssen Bewegungsfugen des Bauwerks auch in die Bodenbelagsebene aus Holzpflaster übernommen werden.

Ursachen

- die Aufwölbungen waren durch Verschließen der Raumfugen mit einer starren Spachtelmasse und/oder durch die fehlerhafte Ausbildung, das heißt dichtes Stoßen der Hirnholzklötze an die Wandbildner, entstanden. Die Feuchteaufnahme hatte zum Quellen des (Hirn-)Holzes geführt. Die Raumfugen konnten das vergrößerte

Abb. 7.115: Die Hirnholzklötze sind zu dicht an die Wandbildner gestoßen worden.

Volumen nicht aufnehmen, dies führte zu Aufwölbungen. Fehlerhafte Raumfugen bei solchen Holzfußböden können bis zur Zerstörung des Wandbildners führen

- die offenen Fugen resultierten aus Rissbildungen im Estrich, dessen Trennfugen zwischen Alt- und Neubau kraftschlüssig überarbeitet worden waren (fehlende Kellenschnitte)
- gemäß DIN 18 367 »Holzpflasterarbeiten« müssen Bewegungsfugen des Bauwerks auch in die Bodenbelagsebene aus Holzpflaster übernommen werden. Sie dürfen keinesfalls kraftschlüssig geschlossen, sondern müssen mit plastischen Stoffen wie Kork- oder Holzfaserstreifen gefüllt werden
- generell ist bei der Bewertung des Fugenbildes von Holzpflaster im Versammlungsstätten (Holzpflaster RE) zu beachten, dass materialspezifisch und raumklimatisch bedingt Fugen auftreten können, die im Mittel bis 1,0 mm breit sind. Nach DIN 68 702 sind auch »[...] in geringem Umfang [...] größere Fugen zu tolerieren, wenn dadurch der Gesamteindruck der Fläche nicht wesentlich beeinträchtigt wird [...]«

Maßnahmen

Zur Beseitigung der schadensursächlichen Faktoren müssen Holzpflaster und Sockelleisten an den Randbereichen und oberhalb der Fugen zwischen Alt- und Neubau aufgenommen werden.
Danach sollten fachgerechte Raumfugen hergestellt werden, das heißt, frei von Verfüllungen, Estrichmörtel und anderem. Der Abstand der Hirnholzklötze zum Wandbildner sollte ≥ 10 mm betragen.
Oberhalb der Risse im Estrich zwischen Alt- und Neubau müssen Fugen im Holzpflaster mittels Korkstreifen ausgebildet werden. Auch im Estrich sollten an gleicher Stelle Trennfugen hergestellt werden, um weitere Rissbildungen zu vermeiden.

7.3.2.2 Holzpflaster in einer Produktionshalle

Sachlage

Nach dem Auszug des Mieters aus einem Gewerbeobjekt schaltete der Vermieter aus Kostengründen die Klimaanlage in dem leerstehenden Gebäude ab. Kurze Zeit später kam es zu Aufwölbungen des unbehandelten Holzpflaster-Belags (Holzpflaster GE mit geölter Oberfläche zur Verzögerung der Feuchteaufnahme).

Abb. 7.116: Durch Erhöhung der relativen Luftfeuchtigkeit ist es zu Querverzug und Ausbrüchen des Holzpflaster-Bodenbelags gekommen.

Abb. 7.117: Verändert sich die relative Luftfeuchtigkeit, beginnt Holz zu schwinden oder - wie hier - aufzuquellen.

Schadensbild/Ist-Zustand

- flächige und/oder linienförmige Aufwölbungen und Ausbrüche des Holzpflasters
- Hohlleger und Hohlstellen infolge der Aufwölbung
- Querverzüge der Bodenbelagsebene
- fehlende beziehungsweise nicht (mehr) feststellbare Randfugen an aufgehenden Bauteilen
- fehlende beziehungsweise nicht (mehr) feststellbare Bewegungsfugen in der Fläche

Ursachen

- Bodenbeläge aus Holzpflaster reagieren wie alle Holzböden äußerst empfindlich auf Veränderungen der raumklimatischen Verhältnisse, insbesondere der relativen Luftfeuchtigkeit. Sie muss daher gleichbleibend sichergestellt sein, um Schädigungen durch Quellen und Schwinden des hygroskopischen Materials zu vermeiden

Maßnahmen

Das Holzpflaster war irreversibel verformt und muss aufgenommen werden. Es kann geprüft werden, ob sich die Holzklötze zur nochmaligen Verlegung eignen (anhaftender Klebstoff) oder es ohnehin wirtschaftlicher ist, ein neues Holzpflaster zu verlegen. Eine gleichbleibende Luftfeuchtigkeit muss zukünftig sichergestellt sein.

8 Keramische Fliesen und Platten, Feinsteinzeug

8.1 Keramische Fliesen und Platten

8.1.1 Aufwölbungen von keramischen Fliesen und Platten durch Ettringittreiben

Sachlage

Im Kellergeschoss eines Alten- und Pflegeheims war eine erdreichangrenzende Fußbodenkonstruktion ohne horizontale Abdichtungsebene erstellt worden. Auf der Betonbodenplatte ist ein zementärer Verbundestrich eingebracht worden, auf dem keramische Fliesen und Platten im Dickbettmörtel verlegt und vollflächig verfugt worden sind.

Nach rund 20 Jahren Nutzung kam es zu einem Wasserschadenereignis, sodass die Fußbodenkonstruktion durch Feuchtigkeit im Aggregatszustand flüssig unterwandert beziehungsweise hinterfeuchtet worden ist.

Abb. 8.1: Ein Wasserschaden hat zu Aufwölbungen und konvexen Verformungen der Bodenbelagsebene geführt.

Schadensbild/Ist-Zustand

- Aufwölbungen und konvexe Verformungen
- Hohlleger
- Risse im Oberboden

Abb. 8.2: Besonders deutlich wird die Verformung an Türen.

Ursachen

- die Lastverteilungsschicht hatte sich in sich selbst gelöst, da die kohäsiven und adhäsiven Eigenschaften des Dickbettmörtels und/oder der zementären Verbundestrichkonstruktion nicht mehr gegeben waren
- an einer Prüfstelle konnte nachgewiesen werden, dass die zementäre Lastverteilungsschicht ohne entsprechende Randfugen eingebracht worden war
- solche Randfugen sind in der Regel bei Verbundestrichkonstruktionen nicht notwendig, da diese die einwirkenden Lasten aus Nutzung und Frequentierung dynamisch an den Untergrund weiterleiten
- wenn jedoch flüssiges Wasser in großer Menge die Lastverteilungsschicht und/oder weitere Schichtenfolgen der Fußbodenkonstruktion hinterfeuchtet, kann es zu chemisch-physikalischen Wechselwirkungen und in der Folge zu derartigen Schäden kommen
- im vorliegenden Fall kann das zurückliegende Schadensereignis (Wasserschaden über einen unbekannten Zeitraum) dazu geführt haben, dass flüssiges Wasser innerhalb der Schichten-

folgen der Fußbodenkonstruktion mit Bestandteilen der zementären Lastverteilungsschicht in Berührung gekommen ist. Dadurch bildete sich Ettringit

- dabei wird durch eine »treibende« Reaktion das Gefüge des Zementsteins zerstört, was den Verlust der Festigkeit zur Folge hat. Ursächlich hierfür sind nach Erkenntnissen aus Wissenschaft und Forschung Sulfate, die auf zementäre Baustoffe einwirken und dort zu kristallwasserreichen Anlagerungsverbindungen führen. Im Zementstein entsteht das Ettringit durch die Anlagerung von Gips an Calciumaluminathydrat
- durch die dabei hervorgerufene ernorme Volumenvergrößerung kommt es zu einer erheblichen Sprengwirkung (das Gefüge des Zementsteins hält dem Druck der wachsenden Ettringitkristalle nicht mehr stand). Voraussetzung für diese chemisch-physikalischen Wechselwirkungen ist das Vorhandensein besagter Sulfationen und das Einwirken von Wasser
- im vorliegenden Fall kann der Dickbettmörtel und/oder der Verbundestrich von vornherein durch gipshaltige Zuschlagstoffe und/oder sulfathaltiges Anmachwasser verunreinigt worden sein. Beleg hierfür mag sein, dass es beim Beträufeln der scheinbar zementären Baustoffe mit 5-prozentiger Salzsäure nicht zu einer CO_2-Gasentwicklung gekommen ist. Dies würde eher für gipshaltige Baustoffe sprechen
- die durch Ettringitbildung hervorgerufene Sprengwirkung innerhalb des Zementsteins des Dickbettmörtels und/oder des Verbundestrichs hat schließlich einerseits zum Verlust der kohäsiven und adhäsiven Eigenschaften geführt. Anderseits hat sie zu den abnormen Längenänderungen beigetragen, die schließlich aufgrund behinderter Dimensionsänderungen durch fehlende Randfugen zum Aufwölben der Lastverteilungsschicht und des keramischen Oberbodens führen mussten

Abb. 8.3: Die Fliesen liegen an vielen Stellen hohl.

Maßnahmen

Die Fußbodenkonstruktion ist bis auf den tragfähigen Kern der Betonbodenplatte rück- und anschließend erneut aufzubauen. Wegen der fehlenden Abdichtungsebene sollten dampfdichte Oberböden (wie PVC und Synthesekautschuk) nur dann eingebaut werden, wenn zuvor eine entsprechende Feuchtesperre aufgebracht wird (z. B. aus 2K-EP).

8.1.2 Aufwölbungen von keramischen Fliesen und Platten durch Frosteinwirkung

Sachlage

Auf einem Balkon wurden keramische Fliesen und Platten auf Zementestrich verlegt. Bereits nach zwei Jahren und somit zwei Wintern zeigten sich an dem Oberboden negative Erscheinungsbilder.

Abb. 8.4: Bereits nach zwei Wintern sind die keramischen Fliesen und Platten des Balkons aufgewölbt und verworfen.

Schadensbild/Ist-Zustand

- Aufwölbungen, Verwerfungen
- Hohlleger
- Risse
- Ablösungen von Fliesen

Abb. 8.5: Durch Frosteinwirkung ist der Oberboden regelrecht abgesprengt worden.

Ursachen

- die entstandenen Aufschüsselungen, Ablösungen und/oder Verwerfungen der keramischen Fliesen und Platten sind auf Hinterfeuchtungen beziehungsweise Frosteinwirkungen zurückzuführen
- in die der Witterung ausgesetzten Fußbodenkonstruktion des Balkons konnte Oberflächenwasser zwischen die keramischen Fliesen und Platten und den zementären Estrich gelangen. Aufgrund von Minustemperaturen veränderte sich der Aggregatzustand des Wassers zu »fest«. Eine Volumenvergrößerung, die schließlich ein Versagen der oberflächennahen Randzone der Estrichkonstruktion und ein regelrechtes Absprengen der keramischen Fliesen und Platten bewirkte, war die Folge
- Indiz dafür sind die Bruchzonen und/oder Bruchbilder der abgesprengten keramischen Fliesen und Platten mit überwiegend mineralischen Anhaftungen und kristallinen, salzartigen Ausblühungen, sowie dem daraus resultierenden Kohäsionsbruch in der oberflächennahen Randzone der Estrichkonstruktion und die dort gefundene Feuchtigkeit in tropfbar flüssiger Form

- Ursache ist eine fehlende, zu dünn bemessene und/oder mangelhaft ausgeführte Abdichtungsebene (aus Kunststoffdispersion, Kunststoff-Zement, (Mörtel)-Kombination oder Reaktionsharzen) zwischen Dünnbettmörtel der Fliesen und Platten und zementärer Estrichkonstruktion

Abb. 8.6: Schadenursächlich ist eine fehlende und/oder mangelhaft ausgeführte Abdichtungsebene.

Maßnahmen

Die Fußbodenkonstruktion ist bis auf den tragfähigen Kern des Estrichs zurückzubauen. Bevor erneut keramische Fliesen und Platten verlegt werden, muss eine geeignete Abdichtungsebene eingebracht werden.

8.2 Feinsteinzeug

8.2.1 Risse in Fliesen aus Feinsteinzeug

Sachlage

In einem neu erstellten Einfamilienhaus wurden auf einem Zementestrich mit Bewehrung (durch Zugabe von Fasern) Bodenfliesen aus Feinsteinzeug im Dünnbettmörtel verlegt. Bei dem Zementestrich handelte es sich um eine schwimmende Estrichkonstruktion, die auf Mineralfaserdämmung eingebaut wurde. Mittels CM-Methode soll der Estrich auf Rest- beziehungsweise Haushaltsfeuchte geprüft und als belegreif (1,5 - 1,8 CM-%) für den neuen Oberboden beurteilt worden sein.

Schadensbild/Ist-Zustand nach etwa drei Jahren

- Rissbildungen und/oder Rissmarkierungen in Bodenfliesen oder Estrich
- Hohlleger und/oder Hohlstellen zwischen Bodenfliesen und Estrich
- gerissene Fugenabdichtungen zwischen Sockelfliesen und Bodenfliesen

Ursachenforschung

- Inaugenscheinnahme
- Bauteilöffnung
- gravimetrische Bestimmung des Feuchtigkeitsgehalts des Estrichs (zerstörende Prüfung/Darrmethode) im Labor

Ergebnis

- im Gegenlicht zeigten sich leicht gebogene, sonst aber geradlinig verlaufende Knickbildungen in den Bodenfliesen
- die Knickbildungen setzten sich als Risse im Estrich fort
- Feuchtigkeitsgehalt des Estrichs: 1,6 Gewicht-Prozent (gravimetrisch ermittelt)
- die Ränder der Fußbodenkonstruktion haben sich abgesenkt, in der Folge sind die elastischen Fugenabdichtungen gerissen

Abb. 8.7: Im Gegenlicht zeigten sich leicht gebogene, sonst aber geradlinig verlaufende Knicke in den Bodenfliesen.

Abb. 8.8: Die Bauteilöffnung belegt: Unterhalb der Knicke in den Bodenfliesen ist der Estrich durch den gesamten Querschnitt gerissen.

Abb. 8.9: Auch die Fugenabdichtungen zwischen Sockelfliesen und Bodenfliesen haben Schaden genommen.

Abb. 8.10: Schwimmend verlegte Zementestriche haben die Neigung, sich bei Austrocknung zu verkürzen. Das kann zur Absenkung der Fußbodenkonstruktion führen.

Ursachen

- gerissene Fugenabdichtungen zwischen Sockelfliesen und Oberboden: Schwimmend verlegte Zementestriche haben die ausgeprägte Neigung, sich bei Austrocknung zu verformen, insbesondere zu verkürzen (Schwinden)
- der schwimmende Estrich kann diesem Bestreben – aufgrund seiner entkoppelten Einbauweise auf Dämmschicht mit Randfuge zu allen angrenzenden Bauteilen, Wänden oder Durchdringungen – folgen, da er sich auf der Unterlage frei verformen kann
- jedoch können auch bei dieser Estrichkonstruktion Verwölbungen und/oder Aufschüsselungen auftreten: In Abhängigkeit mehrerer Faktoren – Estrichdicke, Raumklima (Luftfeuchtigkeit, Lufttemperatur) und Rest- oder Haushaltsfeuchtigkeit des Estrichs – kann es zu einem unterschiedlichen Trocknungsverhalten der Ober- und Unterseite des Estrichs kommen. Auch Zugluft oder zu schnelles Entweichen des Anmachwassers durch hohe Lufttemperatur können Verformungen bewirken. Solche Verhältnisse haben dann aber eine Verkürzung der oberflächennahen Randzone und eine konkave Verformung der Fußbodenkonstruktion zur Folge
- tatsächlich liegt eine konvexe Formveränderung vor, die in der Regel darauf zurückzuführen ist, dass der schwimmende Estrich im Schwindvorgang behindert wurde. (Durch einen Schichtenverbund – Arretierung – mit nicht schwindenden Hartbelägen, hier: Bodenfliesen, konnte sich der Estrich nur an der unteren Zone, der Dämmunterlage, verkürzen und ungehindert schwinden. Daraufhin stellten sich Aufwölbungen ein (Bimaterialeffekt)
- allerdings beschränken sich die festgestellten Verformungen beziehungsweise Absenkungen des Estrichs im Randbereich auf wenige Millimeter und sind für sich allein betrachtet aus technischer Sichtweise nicht als handwerklicher Fehler zu bewerten
- bei zementären Estrichkonstruktionen auf Dämmschicht mit keramischen Belägen oder Bodenfliesen können auch bei fachgerechter Ausführung je nach Dämmstoff, Estrichdicke und Verkehrs-, Punkt- und Flächenlasten Randabsenkungen von 4,0 - 6,0 mm entstehen, wobei auch bei anderen Oberböden noch Verformungen von 3,0 - 4,0 mm auftreten können. Unter bestimmten Auflasten – wie Schrankwände – kann es hingegen noch zu größeren Randabsenkungen kommen
- bei schwimmenden Estrichen, die auf eine zusammendrückbare, weiche Dämmschicht gebettet sind, kann es zu konvexen Formveränderungen und einem Eindrücken der Estrichränder in die Dämmung kommen. Die Folge sind Abrisse oder durchtrennte elastische Fugenabdichtungen zwischen Sockelplatten und Bodenfliesen
- weiter ist zu berücksichtigen, dass Bewegungsfugen, die mit elastischen, spritzbaren Fugendichtstoffen hergestellt wurden, bestimmten chemischen und/oder physikalischen Einwirkungen unterliegen (beispielsweise durch in

Wasser gelöste Reinigungsmittel, UV-Einstrahlung, Dehnen und Stauchen sowie der daraus resultierenden Alterung)

- jedoch können auch unvermeidbare Verformungen einer schwimmenden, zementären Estrichkonstruktion die Elastizität von Fugenabdichtungen überschreiten, sodass sie zwischen Sockelplatte und Bodenfliesen reißen
- in Ergänzung der zuvor erläuterten Ursache-Wirkungs-Komplexe zur Verformung oder Randabsenkung schwimmender Estrichkonstruktionen muss gesagt werden, dass Verwölbungen des Estrichs beim Erreichen der maximalen Biegespannung – in Abhängigkeit von seiner Dicke und Festigkeit und unter Beachtung der auftretenden Verkehrslasten – häufig auch zum Bruch der Konstruktion und folglich in harten Oberböden wie keramischen Fliesen und Platten, Naturstein, Betonwerkstein oder Bodenfliesen zu Rissen führen kann
- immer dann, wenn die Biegespannungen die Biegezugfestigkeit des Estrichs erreichen, zerbricht der Schichtenverbund aus Estrich und Bodenfliesen unter der Verkehrslast oder den Punkt- und Flächenlasten (hier: Esszimmer mit Esstisch und Stühlen sowie schwerem Ofen) in einzelne Bruchschollen mit Abmessungen von 2,0 – 3,0 m
- somit kann mit großer Wahrscheinlichkeit davon ausgegangen werden, dass die Anomalie der Bodenfliesen (unabhängig voneinander vorhandene Knickbildungen, Rissbildungen und/oder -markierungen) auf die konvexen Formveränderungen der schwimmenden Estrichkonstruktion mit Hartbelag als Oberboden zurückzuführen ist. Dabei können schwere Auf- sowie Punkt- und Flächenlasten das Ereignis begünstigt haben

Bewertung

- aus der Praxis ist bekannt, dass Schäden wie im vorliegenden Fall minimiert oder vermieden werden können, wenn folgende Bedingungen eingehalten werden:
  - Verwendung eines schwindarmen Estrichs
  - Vermeidung ungünstiger Sieblinien der Zuschlagstoffe des Estrichmörtels
  - Vermeidung eines ungünstig hohen Wasser-/Zementwerts des Estrichmörtels
  - Rest-/Haushaltsfeuchtegehalt des Estrichs < 2,0 CM-% vor Verlegung keramischer Fliesen
  - möglichst spätes Verlegen des Oberbodens, um Restschwinden des Estrichs abzuwarten
  - Verwendung möglichst kleinformatiger Oberböden aus Keramik beziehungsweise Naturstein
  - möglichst spätes Verfugen mit elastifiziertem Fugenmörtel (frühestens zwei Wochen nach dem Verlegen, es sei denn, der Hersteller des Mörtels gibt etwas anderes vor)
  - möglichst spätes Ausführen der Randfuge zwischen Sockelplatte und Bodenfliesen
- unter Berücksichtigung dieser Faktoren wäre dann das Restschwinden der Estrichkonstruktion abgeklungen und damit auch das Risiko von Aufwölbungen und die damit verbundene Problematik für die aufgebrachten Hartbeläge minimiert. Nach etwa 15 Monaten sind die unvermeidbaren Verformungen in der Regel abgeklungen. Dann könnte auch die elastische Fugenabdichtung zwischen Sockelplatte und Bodenfliesen eingebracht werden. Allerdings widerspricht ein derartiges Vorgehen den Anforderungen der Praxis, da jeder Bauherr möglichst kurze Ausführungsfristen wünscht, um das Objekt schnell und ungehindert nutzen zu können

- aus diesem Grund werden die elastischen Abdichtungen von Bodenfugen auch als Wartungsfugen bezeichnet, die regelmäßig auf Funktionstüchtigkeit zu prüfen und im Schadensfall zu erneuern sind. Aus technischer Sicht sind die gerissenen Dehnfugen im Übergang der Fliesen zur Wand daher nicht als handwerklicher Fehler zu bewerten

Maßnahmen

Die gerissenen, elastischen Fugenabdichtungen müssen entfernt werden. Danach erfolgt das Säubern der Fugenflanken sowie der Sockelplatten und Bodenfliesen. Vor der Herstellung einer elastischen Fugenabdichtung mit geeignetem Dichtstoff muss eine Hinterfüllschnur eingebracht werden, um eine Dreiflankenhaftung zu vermeiden.

Zur Beseitigung der Knickbildungen im Oberboden bleibt nur der komplette Rückbau aller Fliesen. Möglicherweise kann der verbleibende Estrich wieder genutzt werden, wenn sich die Formveränderungen zurückbilden und die Rissbildungen kraftschlüssig mit 2K-Reaktionsharz und Querverdübelung geschlossen wurden.

Sollte sich die konvexe Verformung des Estrichs nicht zurückbilden, muss auch die Lastverteilungsschicht erneuert werden. Für diesen Fall ist zu prüfen, ob die vorhandene Dämmschicht aus Mineralfaser den Anforderungen genügt und somit belassen werden kann. Sonst ist auch sie unter Beachtung der DIN 4108 »Wärmeschutz im Hochbau« beziehungsweise der EnEV (Energieeinsparverordnung) sowie der DIN 4109 »Schallschutz im Hochbau« auszutauschen.

Dann kann unter Beachtung der in Abschnitt »Bewertung« genannten Maßgaben eine neue schwimmende, zementäre Estrichkonstruktion in ausreichender Güte und Festigkeit eingebaut werden. Nach erfolgreicher Belegreifeprüfung schließt sich die Verlegung von (gleichartigen) Bodenfliesen an.

9 Betonwerkstein

9.1 Schäden durch ungeeignete Reinigung und Pflege

Sachlage

In einem Sporthallenkomplex wurden die Flure mit einem Bodenbelag aus Betonwerksteinplatten ausgestattet. Nach vier Jahren war der Bodenbelag unansehnlich geworden und wirkte stets verschmutzt.

Abb. 9.1: Nach nur vier Jahren sind die Betonwerksteinplatten eines Sporthallenkomplexes unansehnlich geworden.

Schadensbild/Ist-Zustand

- Verschmutzungen
- Abzeichnung von Reinigungsgeräten (Einscheibenmaschine, Wischmopp)
- raue Oberflächenstruktur
- Oberfläche nicht dicht geschlossen

Abb. 9.2: Umrisse von Reinigungsgeräten zeichnen sich auf dem Untergrund ab.

Abb. 9.3: Auch Bürsten und Einscheibenmaschinen haben ihre Spuren hinterlassen.

Abb. 9.4: Ungeeignete Reinigungsmittel haben die Oberfläche der Betonsteinplatten verätzt.

Ursachen

- ungeeignete Reinigung und Pflege durch Beaufschlagung mit ungeeigneten und/oder hochkonzentrierten Reinigungsmitteln
- erschwerte Reinigung rauer Oberflächen, die daher überproportional verschmutzt waren

Maßnahmen

Die aufgetretenen Verschmutzungen an rauen beziehungsweise durch falsche Reinigung aufgerauten Teilflächenbereichen ließen sich auch durch intensive Reinigungsversuche nicht entfernen.

Daher ist folgende Vorgehensweise möglich: Grundreinigung, Beaufschlagung mit sauer eingestellten Reinigungsmedien zum gleichmäßigen Anätzen der Oberfläche, die anschließend durch Porenverschluss imprägniert wird. Allerdings hat sich in der Vergangenheit gezeigt, dass solche Maßnahmen – infolge unterschiedlichen Anätzens – nicht bei jedem Betonwerkstein zu optisch befriedigenden Ergebnissen führen. Schlimmstenfalls resultieren daraus sogar noch unansehnlichere Oberflächen.

Somit ist das Nassschleifverfahren als Alternative geboten: Betonwerksteinplatten im Planschliff abschleifen und anschließendes Nassschleifen mit Diamantschleifscheiben (eventuell sind zur Schadensbehebung mehrere Arbeitsgänge erforderlich).

Dazu werden unterschiedlich beschaffene Schleifscheiben in den Körnungen C 60, C 80, C 120, C 220, C 400, C 1600 und C 3500 verwendet, die sogar eine Werkspolierung mit hohem Glanz ermöglichen.

9.2 Betonwerkstein in den Nasszellen eines Altenpflegeheims

Sachlage

Im Neubau eines Altenpflegeheims wurde in den Nasszellen ein Betonwerkstein verlegt, der mit einer werkseitigen Imprägnierung versehen war.

Abb. 9.5: Unterhalb der Toiletten sind Urinflecken erkennbar.

Schadensbild/Ist-Zustand

- mehr oder weniger intensive, flächige und/oder punktuelle dunkelgraue bis braune Verfleckungen und Verfärbungen im Bereich der Toiletten

Abb. 9.6: Verbleiben diese sauren Medien längere Zeit auf dem Betonwerkstein, wird der Zementstein angegriffen.

Ursachen

- Urin konnte über längere Zeit auf den Betonwerkstein einwirken (über Nacht)
- besonders der Urin älterer Menschen hat - auch bedingt durch geringere Flüssigkeitsaufnahme und Medikamente - einen niedrigen pH-Wert
- Urin ist ein saures Medium, es schädigte zunächst die nicht ausreichend säurebeständige Imprägnierung und in der Folge auch die Zementmatrix des alkalischen Betonwerksteins
- auch die Verwendung ungeeigneter, weil saurer Reinigungsmittel könnte eine Rolle spielen

Maßnahmen

Die aufgetretenen Verfleckungen ließen sich auch durch eine intensive Reinigung nicht entfernen. Daher sind die Betonwerksteinplatten im Planschliff abzuschleifen, es folgt ein Nassschleifen mit Diamantscheiben (eventuell sind mehrere Arbeitsgänge zur Schadensbehebung erforderlich). Dann kann der Betonwerkstein mit einer geeigneten, säurebeständigen Imprägnierung behandelt werden. *Hinweis:* Bei Auswahl derartiger Oberböden für diesen Anwendungsbereich ist auf die regelmäßige Unterhaltsreinigung zu achten. Bei längerer Beaufschlagung von Urin kommt es neben Geruchsbelästigungen sonst immer wieder zu Schäden.

9.3 Betonwerkstein im Treppenhaus eines Mehrfamilienhauses

Sachlage

Der Betonwerkstein als Bodenbelag im Treppenhaus eines Mehrfamilienhauses wurde in unregelmäßigen Abständen durch den Hausmeister gereinigt. Nach zwei Jahren zeigte sich der Bodenbelag in einem optisch nicht mehr zufriedenstellenden Zustand.

Abb. 9.7: Ein Reinigungsversuch belegt: Die laufende Unterhaltsreinigung ist nicht intensiv genug durchgeführt worden.

Schadensbild/Ist-Zustand

- Verfärbungen und Verfleckungen
- poröse Oberflächenstruktur des Betonwerksteins

Abb. 9.8: Die poröse Oberfläche des Betonwerksteins begünstigt das Anhaften von Schmutz.

Ursachen

- die laufende Unterhaltsreinigung wurde nicht intensiv genug mit geeigneten Reinigungs- und Pflegemitteln durchgeführt
- es fehlten Grobschmutzabscheider und Sauberlaufzonen

Maßnahmen

Die festgestellten flächigen Verunreinigungen und/oder lokalen Verschmutzungen sind sicher als überproportional zu bezeichnen und auf die Porigkeit und/oder Rautiefe der Oberfläche der Betonwerksteinplatten zurückzuführen.

In dieser oberflächennahen Randzone kann sich Schmutz in Abhängigkeit der Art und Weise der durchgeführten Bauschlussreinigung, Grundreinigung, etwaiger Einpflege und/oder Unterhaltsreinigung ablagern. Ist Letztere unzureichend, werden abgelagerte Verschmutzungen in (filmbildenden) Detergenzien (Reinigungsmitteln) nach dem Verdunsten des Wassers eingeschlossen, wodurch ein Entfernen durch Reinigen in der Folge immer schwieriger wird. Es ist daher erforderlich, alle Podeste und Treppenläufe einer intensiven, unter Umständen mehrfachen Grundreinigung mit einem für Betonwerkstein geeigneten Mittel zu unterziehen und mit klarem Wasser so lange nachzuwaschen, bis eine »porentiefe« Sauberkeit erreicht worden ist.

Danach ist eine Einpflege mit einem für Betonwerkstein geeigneten Pflegemittel angeraten, das, im Sinne der Verkehrssicherheit der Treppenanlage, gegebenenfalls rutschhemmende Eigenschaften besitzen sollte. Anschließend empfiehlt sich eine wöchentliche Unterhaltsreinigung mit einem auf die Einpflege abgestimmten Reinigungsmittel.

Je nach Witterungsbedingungen ist auch eine Verkürzung der Reinigungsintervalle (im Winter alle zwei bis drei Tage) sinnvoll.

Nach drei bis fünf Jahren ist, je nach Zustand der Oberfläche, eine erneute Grundreinigung erforderlich,

um bisher aufgetragene Pflegeschichten wieder bis auf die Poren des Betonwerksteins zu entfernen. Der vorbeschriebene Zyklus beginnt dann erneut.
Hinweis: Auch Grobschmutzabscheider und/oder Fuß- und Schmutzfangmatten (die übrigens auch für Schleusenbereiche empfohlen werden) bedürfen der Pflege und Wartung und sind je nach Verschmutzungsgrad wöchentlich oder monatlich zu reinigen beziehungsweise zu erneuern.

10 Naturwerkstein

10.1 Verfärbung eines plattenförmigen Granit-Bodenbelags

Sachlage

Im Neubau eines Einfamilienhauses wurde ein plattenförmiger Naturwerkstein-Bodenbelag (Granit der Bezeichnung Padang Cristallo Bianco) mit zementärem Fugenmörtel verlegt.

Abb. 10.1: Die dunklen Fugen zeichnen sich deutlich im hellen Bodenbelag ab.

Abb. 10.2: Durch Aufnahme von überschüssigem Anmachwasser hat sich der Granit verfärbt.

Abb. 10.3: Auch die Fugen aus Zementmörtel zeigen rötliche Verfärbungen.

Schadensbild/Ist-Zustand

- gelblich-braune und rötliche Verfleckungen, Farbtonveränderungen des Fugenmörtels sowie des Naturwerksteins entlang der Fugen

Ursachen

- der verwendete Naturwerkstein Granit, insbesondere aber der Herkunft Padang aus China, ist für seine hohe Wasseraufnahme bekannt (er stammt aus der Verwitterungszone solcher Vorkommen)
- dieser Naturwerkstein enthält zudem mehr oder weniger wasserlösliche, salzartige Verbindungen aus Mangan und Eisen

- durch Aufnahme von überschüssigem Anmachwasser aus dem Fugenmörtel konnten diese Salze beispielsweise Eisen in Rost umwandeln und so zu den Verfärbungen führen
- dieser Effekt hätte deutlich minimiert werden können, wenn polymervergüteter Fliesenkleber beziehungsweise Fugenmörtel verwendet worden wären, die mit weniger Wasser angemacht werden und einen Überschuss außerdem kristallin binden

Maßnahmen

Zunächst kann der Naturwerkstein mit speziell ausgelobten Reinigungsmitteln behandelt werden. Um ihn dann vor weiterer Wasseraufnahme (zum Beispiel während der Unterhaltsreinigung) zu schützen, sollte er imprägniert werden.

Sind die Reinigungsmaßnahmen nicht erfolgreich, ist abschließend der Grad der Beeinträchtigung durch die Verfärbungen zu bewerten und unter Umständen eine Wertminderung zu vereinbaren. Sollte die Bewertung ergeben, dass die Verfärbungen nicht hinnehmbar sind, bleiben nur Rückbau und Austausch der Bodenbelagsebene.

10.2 Schäden an einem plattenförmigen Travertin-Bodenbelag

Sachlage

Nach Auszug des Mieters aus einer Wohnung war der Zustand des Travertin-Bodenbelags, der 25 Jahre genutzt worden war, beanstandet worden.

Abb. 10.4: Für Naturstein-Bodenbeläge, hier: Travertin, sind unterschiedlich ausgeprägte Oberflächen charakteristisch.

Schadensbild/Ist-Zustand

- lokale Mattierungen
- Fleckenbildungen
- raue Oberflächenstruktur
- Gebrauchsspuren (wie Kratzer und Abrieb)

Abb. 10.5: Durch ungeeignete oder überkonzentrierte Reinigungsmittel ist es zu Mattierungen gekommen.

Abb. 10.6: Auch Fleckenbildungen resultieren aus der Verwendung solcher Substanzen.

Ursachen

- die Reinigung und Pflege erfolgte mit ungeeigneten und/oder hochkonzentrierten Mitteln

Maßnahmen

Zur Sanierung ist es erforderlich, die geschädigte Oberfläche bis in die Tiefe der festgestellten Mattierung abzutragen.

Hier haben sich Verfahren bewährt, bei denen nach Grundreinigung (Entfernung von Kontaktschmutzansammlungen, Wachsen oder Resten sonstiger anhaftender Reinigungsmittel) auch die Politur wiederhergestellt wird.

Vorhandene Gebrauchsspuren durch Kratzer oder Abrieb infolge einer 25-jährigen Nutzung können durch solche Maßnahmen allerdings nicht beseitigt werden. Dazu bedarf es eines flächenabtragenden Schleifens mit anschließendem Nachverdichten durch immer feinkörnigeres Schleifmittel bis zum gewünschten Grad der Politur (Oberflächenbearbeitung Schliff C 220 und andere).

10.3 Schäden durch Reinigung an einem Granit-Bodenbelag

Sachlage

Der Bauherr eines Bürogebäudes wählte als Bodenbelag einen farblich zum Firmenlogo passenden Granitstein aus einem brasilianischen Steinbruch aus. Die Granitplatten wurden im Dickbett verlegt und mit einer Mischung aus Quarzsand und Trasszement verfugt.

Zur Bauschlussreinigung wurde ein Reiniger auf Seifenbasis sowie eine Einscheibenmaschine verwendet. Dabei verblieb jedoch ein Grauschleier auf dem Bodenbelag. Es wurde versucht, ihn mit Bimsmehl, Wasser, Alkoholreiniger und Einscheibenmaschine mit rotem Pad zu entfernen.

Die laufende Unterhaltsreinigung erfolgt im Wechsel mit Reinigern auf Seifen- beziehungsweise Alkoholbasis.

Schadensbild/Ist-Zustand

- Verfärbungen
- Fleckenbildungen
- Glanzgradunterschiede

Abb. 10.7: Auf dem hochwertigen dunklen Granit hat sich ein Grauschleier gebildet.

Abb. 10.8: Durch das Herausschwappen von Reinigungslösungen aus Eimern entstehen Pfützen, in denen das Medium höher konzentriert ist.

Abb. 10.9: Die Verfleckungen und Glanzgradveränderungen können auch durch geeignete Reiniger nicht beseitigt werden.

Ursachen

- Reinigung und Pflege mit ungeeigneten und/oder hochkonzentrierten Reinigungsmitteln
- besondere Ausprägungen im Bereich von Pfützen, da das Verdunsten des Wassers zu einem höheren pH-Wert (pH >7, alkalisch) oder niedrigeren (pH <7, sauer) des beaufschlagten Mediums führt
- insbesondere wenn Reinigungslösungen aus Eimern herausschwappen oder an ihnen herablaufen, kommt es zu Pfützenbildungen. Hier sind die Medien höher konzentriert. Beleg dafür sind die kreisrunden Glanzgradveränderungen der Granitplatten

Maßnahmen

Die Verfleckungen und Glanzgradveränderungen konnten durch einen handelsüblichen, für Granitplatten geeigneten Reiniger, auch unter Verwendung verschiedener Konzentrationen, nicht beseitigt werden, die Reinigungsmaßnahmen blieben erfolglos.

Theoretisch möglich wäre es nun, eine Grundreinigung durchzuführen und danach ein sauer eingestelltes Reinigungsmedium (beispielsweise auf Flusssäurebasis) zu verwenden, um ein gleichmäßiges Anätzen der Granitplatten zu bewirken. Wobei anschließend eine Art Porenverschluss durch Auftragen eines Imprägniermittels erzielt werden müsste. In der Vergangenheit hat sich jedoch gezeigt, dass solche Maßnahmen nicht bei jedem Naturstein zu befriedigenden Ergebnissen führen: Infolge unterschiedlichen Anätzens waren bisweilen sogar noch unansehnlichere Oberflächen entstanden.

Daher wird in diesem Fall das Nassschleifverfahren empfohlen. Dabei ist es erforderlich, die gesamte Oberfläche der Granitplatten zunächst in einem ersten Arbeitsschritt plan abzuschleifen, um vorhandene Überzahnungen zu egalisieren. Anschließend wird mit metallbesetzten und/oder kunststoffgebundenen Diamantsteinschleifscheiben nass geschliffen (eventuell sind mehrere Arbeitsgänge notwendig).

Für gewerblich genutzte Grundrissteilflächenbereiche wie Treppenhäuser und Flure in Büro- und Verwaltungsgebäuden sind die Vorgaben der Berufsgenossenschaft für Arbeitssicherheit (Merkblatt BGR 181 »Fußböden in Arbeitsräumen und Arbeitsbereichen mit Rutschgefahr«) zu berücksichtigen. Hier wird eine Tritt- und Begehsicherheit gefordert, die für die Oberfläche der Granitplatten eine Rutschhemmstufe der Bewertungsgruppe R9 bedeutet. R9 wird bei Natursteinbetrieben, die solche Bodenbeläge in Plattenform vertreiben, üblicherweise durch ein Schleifen mit einer Scheibe der Körnung C 120 erreicht.

10.4 Sauberlaufzone im Naturwerkstein als Stolperfalle

Sachlage

Beim Neubau eines Büro- und Verwaltungsgebäudes wurde in den Naturwerksteinbelag im Eingangsbereich eine Sauberlaufzone eingelassen.

Abb. 10.10: In den Naturwerksteinbelag ist eine Sauberlaufzone eingelassen worden.

Schadensbild/Ist-Zustand

- Versatz zwischen Sauberlaufzone und Naturwerkstein von 7,0 mm

Ursachen

- keine höhengleiche Anarbeitung, Sauberlaufzone liegt zu tief

Abb. 10.11: Der Höhenversatz von 7,0 mm stellt eine Stolperfalle dar.

Maßnahmen

Im Merkblatt M 10, »Fußböden in Arbeitsbereichen mit Rutschgefahr«, herausgegeben von der BGE, Berufsgenossenschaft für den Einzelhandel, heißt es im Abschnitt »Weitere bauliche Anforderungen an Fußböden«: »[...] Fußböden dürfen keine Stolperstellen aufweisen. Als Stolperstellen gelten im Allgemeinen Höhenunterschiede von mehr als 4,0 mm, bei Stufenflächen von Gebäudetreppen mehr als 2,0 mm [...]«. Demnach birgt der festgestellte Höhenversatz von 7,0 mm eine Unfallgefahr für Kunden, Besucher und Mitarbeiter.

Hinweis: Soll der Eingangsbereich zudem behindertengerecht sein, sind Höhenunterschiede > 2,0 mm zu vermeiden.

Die Sauberlaufzone ist durch geeignete Maßnahmen (für nassbelastete Bereiche) anzuheben (zum Beispiel mit Kunstharzmörtel in ausreichender Schichtdicke).

10.5 Naturwerkstein im VIP-Bereich eines Stadions

Sachlage

Der VIP-Bereich in einem neu errichteten Stadion wurde mit hochwertigen dunklen Naturwerkstein-Fliesen ausgestattet.

Abb. 10.12: In benachbarten Bereichen des Oberbodens lassen sich deutliche Farbtonunterschiede erkennen.

Schadensbild/Ist-Zustand

- Farbtonunterschiede

Ursachen

- Farbtonunterschiede lassen sich bei diesem Naturprodukt nicht vermeiden

Abb. 10.13: Naturprodukte unterliegen mehr oder weniger starken Farbschwankungen.

Abb. 10.14: Lebhaft: Fliesen verschiedener Pakete sollten vor dem Verkleben gemischt werden.

Maßnahmen

Zur Vermeidung solch deutlicher Farbtonunterschiede sollten Fliesen verschiedener Pakete vor Ort gemischt und dann erst verklebt werden. So entsteht eine lebhafte Oberfläche. Zum Ansatz eines Minderwertes kann der »Leitfaden Minderwertermittlung von keramischen Fliesen-, Platten- und Mosaikarbeiten, Natur-, Betonwerkstein und Kunststeinarbeiten« des Fachverbandes Deutsches Fliesengewerbe im ZDB oder die Bewertungsmatrix von Oswald/Abel in »Hinzunehmende Unregelmäßigkeiten bei Gebäuden« herangezogen werden.

10.6 Ungleichmäßiges Fugenbild eines Naturwerksteins

Sachlage

Ein ehemaliges Botschaftsgebäude wurde zu einer exklusiven Villa umgebaut und unter Berücksichtigung höchster optischer Ansprüche ausgestattet. Dazu gehörte auch ein plattenförmiger, italienischer Kalkstein als Bodenbelagsebene.

Abb. 10.15: Variierende Fugenbreiten des italienischen Kalksteins nach der Verlegung.

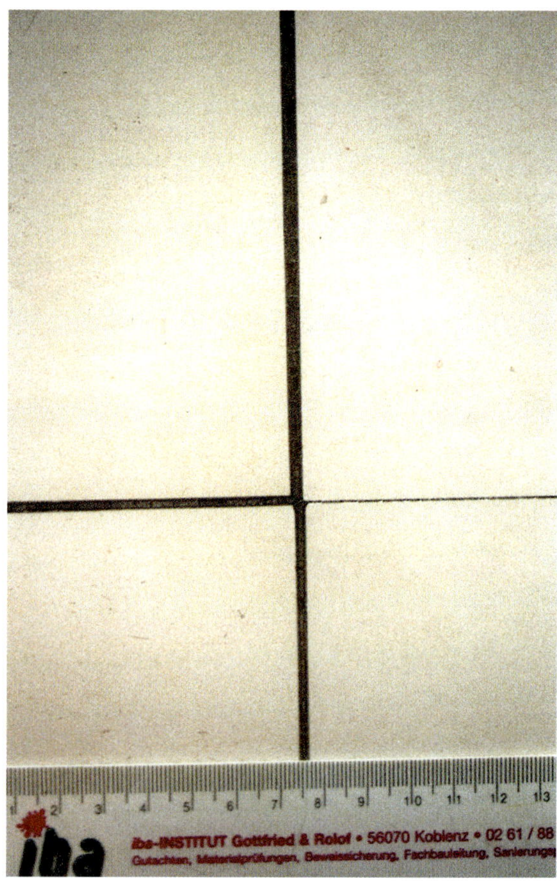

Abb. 10.16: Das uneinheitliche Bild stellt eine große optische Beeinträchtigung dar.

Schadensbild/Ist-Zustand

- ungleichmäßiges Fugenbild

Ursachen

- Verlegefehler

Maßnahmen

Nach den normativen Vorgaben der VOB, Teil C, ATV DIN 18 332 »Naturwerksteinarbeiten«, Abschnitt 3 »Ausführung«, Punkt 3.3 »Ausbildung von Fugen«, soll die Breite der mineralischen Mörtelfuge bei Plattenformaten bis 60 cm Kantenlänge etwa 3,0 mm betragen.

Dabei sind nach Abschnitt 2 »Stoffe, Bauteile«, Punkt 2.1.2, die Grenzabmaße von Platten und Werkstücken bei Kantenlängen bis 60 cm mit ± 1,0 mm festgelegt. Nach Punkt 3.2.2 dieser Norm sind Fugen gleichmäßig breit anzulegen und zulässige Grenzabmaße der Platten, das heißt toleranzbedingte Abweichungen in den Fugen, während der Verlegung auszugleichen. Daraus folgend errechnet sich für die mineralische Mörtelfuge umlaufend um die Naturwerksteinplatten die zulässige Fugenbreite mit 3,0 mm bei zulässigen Abweichungen von ± 1,00 mm mit mindestens 2,0 mm – maximal 4,0 mm. Dies ergibt eine zulässige Abweichung der Fugenbreite von 2,0 mm. Insgesamt gab es 312 Abweichungen der zulässigen Fugenbreite von 3,0 mm (± 1 mm) mit mindestens 0,2 mm – maximal 4,0 mm.

Die ermittelten vielzähligen Überschreitungen der zulässigen Toleranzen beziehungsweise Grenzabmaße

gelten damit eindeutig nicht mehr als hinnehmbare Unregelmäßigkeiten, zumal auch einem zufälligen Betrachter der Naturwerksteinplatten das voneinander abweichende Fugenbild sofort ins Auge fallen würde, ohne dass er von Dritten auf diese störenden Abweichungen aufmerksam gemacht würde.
Der optische Geltungsnutzen unter Berücksichtigung der hier geforderten hohen Ästhetik war derart eingeschränkt, dass trotz eines etwaigen Gebrauchs- und Nutzwerts des Oberbodens nur ein Rückbau der Naturwerksteinplatten infrage kommt.

Zur Bewertung beachten: »Leitfaden Minderwertermittlung von keramischen Fliesen-, Platten- und Mosaikarbeiten, Natur-, Betonwerkstein und Kunststeinarbeiten« des Fachverbandes Deutsches Fliesengewerbe im ZDB oder Bewertungsmatrix von Oswald/Abel in »Hinzunehmende Unregelmäßigkeiten bei Gebäuden«.

11 Sockel- und Fußleisten

11.1 Hartkern-Sockelleisten in einem Wohnheim

Sachlage

Im Neubau eines Gebäudes für Betreutes Wohnen wurde ein elastischer Oberboden verlegt. Der ausführende Bodenleger befestigte außerdem Hartkern-Sockelleisten (Hartkern aus mitteldichter Faserplatte - MDF - mit Kunststoffummantelung aus Polypropylen) mit blanken Stahlstiften an den Wänden.

Schadensbild/Ist-Zustand nach etwa zwei Jahren

- die Hartkern-Sockelleisten sind verformt und stehen wellenförmig von den Wandflächen ab

Ursachenforschung

- Inaugenscheinnahme
- Messung des Abstands der Befestigungsmittel
- Messung der raumklimatischen Verhältnisse (Lufttemperatur, Luftfeuchte)
- Messung der Haushaltsfeuchtigkeit des Estrichs und des Innenputzes
- Prüfung der Feuchteaufnahme der kunststoffummantelten Hartkern-Sockelleisten

Abb. 11.1: Die Hartkern-Sockelleisten stehen wellenförmig von den Wandflächen ab.

Ergebnis

- die Hartkern-Sockelleisten sind verformt und stehen mit Abständen von bis zu 30 mm wellenförmig von den Wandflächen ab
- eine über das normale Maß hinausgehende Luftfeuchtigkeit in den Räumen konnte nicht festgestellt werden (38 – 48 Prozent relativer Feuchte)
- statt verzinkter wurden blanke Stahlstifte verwendet, die teilweise bereits korrodiert waren

Abb. 11.2: Der Abstand zu den Wandflächen beträgt bis zu 30 mm.

Abb. 11.3: Querschnitt der kunststoffummantelten Sockelleiste: Der Hartkern besteht aus mitteldichter Faserplatte (MDF).

Abb. 11.4: Ungeeignete Befestigungsmittel: Statt verzinkter Stahlstifte sind blanke verwendet worden, die korrodiert sind.

Ursachen

- hohe Restfeuchte aus den Wandflächen und/oder dem Estrich
- eine mehr oder weniger hohe Auffeuchtung der Sockelleisten führt zu einer erhöhten Quellung des Hartkerns. Davor schützt auch nicht die Kunststoffummantelung aus Polypropylen, weil sie ebenfalls einer Massen- und Längenänderung durch Auffeuchtung unterliegt
- keine Bewegungsmöglichkeit durch bündiges Anarbeiten an andere Bauteile wie Türzargen

Bewertung

- in Neubauten geben die Baustoffe ihre (Rest-) Feuchtigkeit im Laufe der ersten Monate beziehungsweise Jahre der Nutzung in die Atmosphäre ab. Dieser Prozess wird durch Heizen und Lüften begünstigt. Naturgemäß ist damit zu rechnen, dass Wasser vor allem im dampfförmigen Aggregatzustand infolge bauphysikalischer Transportvorgänge (wie Lösungsdiffusion und Osmose) erst durch Feststoffe wandert, bevor es die Raumluft erreicht
- DIN 18 365 »Bodenbelagsarbeiten« definiert Prüfungspflichten. Mit der bloßen Einhaltung dieser Pflichten ist es für den Handwerker aber noch nicht getan. Er ist daher gut beraten, alle nur erdenklichen Einflussfaktoren zu berücksichtigen, die sich auf die Qualität der Bodenbelagsarbeiten auswirken können
- das hier beschriebene Beispiel mündete in einem Gerichtsverfahren, in dem der Auftragnehmer einwandte, dass er lediglich die Restfeuchtigkeit der Estrichkonstruktion zu überprüfen habe und deshalb nicht für den Schaden verantwortlich gemacht werden könne. – Vergeblich –
- das Gericht bejahte zwar eine Prüfpflicht des Bodenlegers für den Estrich, schloss aber deswegen nicht aus, dass er auch die Wände hätten überprüfen müssen, auch wenn die DIN 18 365 dies nicht explizit fordert.

Nach Auffassung des Gerichts wird der Umfang der Prüfungspflicht nicht abschließend, sondern nur beispielhaft umschrieben. Daher obliegt dem Werkunternehmer die Pflicht, alle Faktoren, die sich auf die Qualität der Bodenbelagsarbeiten auswirken können, zu überprüfen. Insbesondere dann, wenn – wie im vorliegenden Fall – kunststoffummantelte Hartkern-Sockelleisten auf Wandflächen im Neubau montiert werden sollen. Einem fachkundigen Handwerker hätte bekannt sein müssen, dass gerade dann auf ausreichende Trocknung der Wände zu achten gewesen wäre. Mindestens oblag dem Handwerker eine entsprechende Hinweispflicht, die erkennbaren Risiken in Form von Bedenken schriftlich geltend zu machen (vergleiche OLG Köln, 11 U 93/04).

Maßnahmen

Anlässlich der Begutachtung sind die wellenförmigen Verwerfungen an Prüfstellen überwiegend durch erneutes Befestigen (Nageln mit blanken Stahlstiften) nachgebessert worden, an einem Teilflächenbereich wurde die Hartkern-Sockelleiste auch gekürzt und erneut befestigt.

Es zeigte sich jedoch, dass diese Nachbesserungen nicht zum Erfolg geführt haben, da es an denselben sowie an neuen Stellen nach etwa sieben Monaten wieder zu gleichartig gelagerten Verformungen kam. Daher muss es als notwendig erachtet werden, die teils erheblich verworfenen und durch Formveränderungen gekennzeichneten Hartkern-Sockelleisten auszutauschen und durch neue zu ersetzen.

Zur Befestigung durch Nageln sind verzinkte Stahlstifte zu verwenden, für eine einwandfreie Verklebung sind geeignete Kontaktklebebänder einzusetzen. Die Auswahl der Befestigungsart und Befestigungsmittel ist dabei vom Untergrund abhängig, eine vorherige Rücksprache mit dem Hersteller sollte unbedingt erfolgen.

Bei der weiteren Montage der Hartkern-Sockelleisten ist darauf zu achten, dass die den Hartfaserkern umschließende Kunststoffummantelung durch die Kerbstanzung nicht durchtrennt wird. Auch eine fugenlose Verarbeitung an den Außen- und Innenecken muss sichergestellt sein.

Darüber hinaus müssen die Sockelleisten spannungsfrei montiert werden. Das heißt, Plus-Toleranzen sind unbedingt zu vermeiden und Abstände zu anderen Bauteilen wie Stahlzargen in geeigneter Weise herzustellen, sodass eine bewegungsausgleichende Fuge nicht zu einer behinderten Längenausdehnung führen kann.

12 Treppen

12.1 Korrosionserscheinungen an einer Stahltreppe

Sachlage

Beim Neubau eines Bürogebäudes wurden Stahltreppen aus Baustahl S235 eingebaut. Als Treppenstufen waren Wannen ausgebildet und diese vor Ort mit einem Zementestrich ausgegossen worden. Nach dem Ausgießen wurden auf den Treppenstufen schließlich keramische Fliesen verlegt und die Fugen zwischen Fliesen und Stahltreppe mit einem 1K-Silikonkautschuk-Dichtstoff abgedichtet.

Schadensbild/Ist-Zustand

- Korrosionserscheinungen an den Treppenstufen

Ursachen

- die Fugenabdichtung erfolgte mit einem essigsäurehärtenden Dichtstoff
- unter dem Einfluss saurer Medien ist bei gleichzeitiger Anwesenheit von Wasser (Restfeuchte aus dem Zementestrich, Luftfeuchtigkeit) sowie Sauerstoff aus der Atmosphäre ein korrosionsauslösendes Moment gegeben: Der Baustahl rostete im Kontaktbereich

Abb. 12.1: Als Treppenstufen sind Baustahl-Wannen ausgebildet und mit Zementestrich vergossen worden.

Abb. 12.3: Im Kontaktbereich zum Fugendichtstoff ist auch der Baustahl korrodiert.

Abb. 12.2: Die Fugenabdichtung zeigt deutliche Korrosionsspuren.

Abb. 12.4: Unter Einfluss von Wasser und Sauerstoff lassen Fugenabdichtungen aus essigsäurehärtendem Dichtstoff Baustahl rosten.

Maßnahmen

Die Treppenstufen sind zurückzubauen und der Baustahl zu entrosten. Anschließend kann wie zuvor verfahren werden, es sollte jedoch kein säurehärtender Fugendichtstoff verwendet und auf eine ausreichende Trocknung des Zementestrichs geachtet werden (CM-Prüfung).

12.2 Holztreppe in einem Altbau

Sachlage

In einem Altbau sollte eine für diese Gebäude typische alte Holztreppe optisch aufgewertet werden. Dazu wurden die Holzbauteile abgeschliffen und zweifarbig mit einem Holzlack beschichtet.

Abb. 12.5: Die für einen Altbau typische Holztreppe ist optisch aufgewertet worden.

Schadensbild/Ist-Zustand

- glatte Oberfläche
- ausgetretene Holzstufen

Abb. 12.6: Durch jahrzehntelange Nutzung sind die Holzstufen ausgetreten.

Ursachen

- infolge der neuen Holzlack- Beschichtung waren die Trittstufen glatt und damit nicht tritt- und begehsicher
- aus dem Zusammenspiel von ausgetretenen Stufen und abgerundeten Kanten (als Folge jahrzehntelanger Nutzung) resultierte eine erhöhte Unfallgefahr

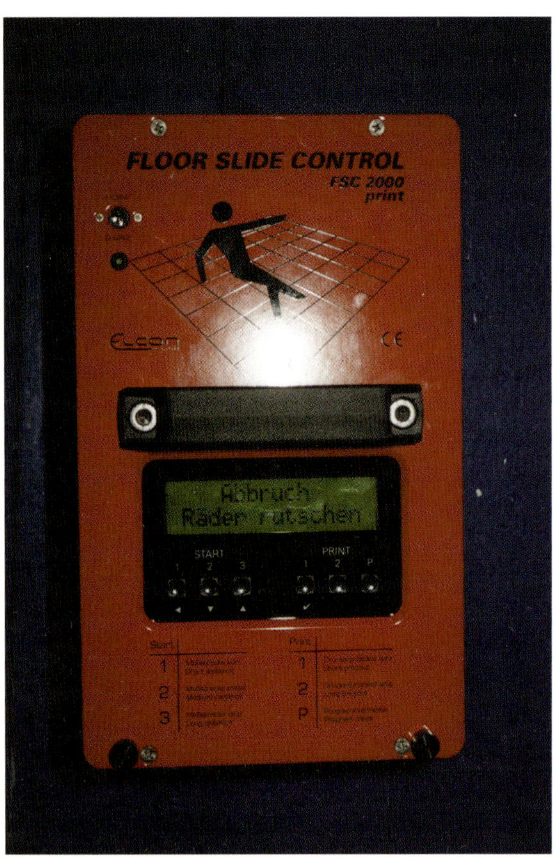

Abb. 12.7: Die Treppenstufen sind auch in trockenem Zustand so glatt, dass eine Messung des Gleitreibungskoeffizienten unmöglich ist, weil die Antriebsräder des Prüfgeräts durchdrehen (Tipp: Malerkrepp in den Fahrspuren aufkleben und Messung wiederholen!).

Maßnahmen

Hinsichtlich der Tritt- und Begehsicherheit kann eine filmbildende Polymerdispersion aufgetragen werden, die über entsprechende rutschhemmende Eigenschaften verfügt. An der Abnutzung der Trittstufen ändert dies jedoch nichts. Hier sind tiefgreifendere Maßnahmen wie der Austausch gefragt, um dem heutigen Sicherheitsverständnis für solche Treppenanlagen gerecht zu werden (vergleiche Merkblatt M 44 »Sicherheit auf Treppen« der BGHW Berufsgenossenschaft Handel und Warendistribution und/oder BGI 561 »Treppen« des HVBG).

12.3 Stahltreppe mit Sichtbetonstufen in einer Multifunktionsarena

Sachlage

Im Neubau einer Multifunktionsarena für mehr als 11.000 Zuschauer wurden auf den sechs Haupttreppen zu den Rängen Sichtbetonplatten in Stahlwannen verklebt. Nach Reinigung des Untergrunds wurde dazu ein Klebstoff – Silikondichtstoff – punktuell auf die Stahlwannen aufgetragen. Darauf wurden die Sichtbetonplatten verklebt.

Abb. 12.8: Die Sichtbetonplatten der Stahltreppe in der Multifunktionsarena wippen.

Abb. 12.9: Infolge ständiger Be- und Entlastung haben die Sichtbetonplatten Risse bekommen.

Schadensbild/Ist-Zustand

- Risse in den Sichtbetonplatten quer zur Stufenbreite
- die einzelnen Platten wippten spürbar

Ursachen

- durch die Belastung der Treppen kommt es zu einer Durchbiegung der Sichtbetonplatten – dieser kann der elastische Fugendichtstoff nur einen geringen Widerstand entgegensetzen
- in der Folge können die Sichtbetonplatten reißen (zum Beispiel bei intensiver Be- und Entlastung nach Ende einer Veranstaltung)

Abb. 12.10: Die Treppe ist zu einer Stolperfalle geworden.

Abb. 12.11: Der Höhenversatz zur Bodenbelagsebene der Podeste liegt bei 8,0 mm.

Maßnahmen

Die Sichtbetonplatten sind aufzunehmen, der elastische Fugendichtstoff beziehungsweise der Klebstoff ist zu entfernen, und die Platten sind auf einer ausreichenden Anzahl starrer Mörtelsäckchen zu verlegen. Dabei ist darauf zu achten, dass eine regelmäßige Stufenhöhe erzielt wird.

12.4 Holztreppe in einem Einfamilienhaus

Sachlage

Die neue, helle Ahorn-Holztreppe eines Einfamilienhauses zeigte dunkle Verfärbungen an den Stufenkanten auf. Der Eigentümer bemängelte einen überproportionalen Verschleiß der Versiegelung an Stufenkanten und Holz nach nur einem Jahr Nutzung.

Abb. 12.12: Holztreppe neben der Eingangstür: Es fehlen innen ausreichend dimensionierte Sauberlaufzonen und Grobschmutzabscheider außen.

Schadensbild/Ist-Zustand

- intensive Verschmutzung der Stufenkanten

Abb. 12.13: Erhöhter Abrieb von dunklen Gummisohlen hat zur Verschmutzung der Stufenkanten geführt.

Ursachen

- durch erhöhten Gummiabrieb von dunklen Schuhsohlen ist es zur Verschmutzung der Stufenkanten gekommen

Abb. 12.14: Die Kanten müssen intensiv mit einem Reiniger für versiegelte Hölzer behandelt werden.

Maßnahmen

Die Stufenkanten sind zunächst intensiv mit einem Reiniger für versiegelte Hölzer zu behandeln. Dies ist regelmäßig zu wiederholen. Im Außenbereich sollte darüber hinaus ein Grobschmutzabscheider angeordnet werden, im Innenbereich eine ausreichend dimensionierte Sauberlaufzone. Auch für solche Holztreppen sind Reinigungs- und Pflegeanleitungen sinnvoll und werden von einigen Herstellern bzw. Schreinereien dem Kunden ausgehändigt. Treppen dürfen wegen der Sturz- und Stolpergefahr keinesfalls mit gleitfördernden Reinigungs- und Pflegemitteln behandelt werden!

13 Sportböden

13.1 Flächenelastische Sportböden

13.1.1 Sportboden in einer Mehrzweckhalle

Sachlage

In einer neu errichteten Mehrzweckhalle, die von den örtlichen Schulkindern auch als Sporthalle genutzt wird, wurde ein flächenelastischer Sportboden aus einer elastischen Unterkonstruktion aus Holz, Baufurniersperrholz-Platten (BFU-Platten) als Lastverteilungsschicht und einem Oberboden aus Linoleum eingebaut.

Abb. 13.1: Unterhalb des elastischen Bodenbelags wippen die Kanten der BFU-Platten.

Abb. 13.2: Die Lastverteilungsschicht überlappt die Stöße der elastischen Unterkonstruktion nicht ausreichend.

Schadensbild/Ist-Zustand

- die Stöße der Spanplatten wippen bei Nutzung des Bodens
- erhöhter Abrieb des Linoleum-Bodenbelags an wippenden Stößen

Ursachen

- an den eingerichteten Prüfstellen wurde festgestellt, dass die Lastverteilungsschicht die Stöße der elastischen Unterkonstruktion nicht ausreichend überlappte (Unterdimensionierung: Es wurden nur etwa 5,0 mm gemessen)
- bei Durchbiegung infolge Belastung konnten sich die Stöße daher abbilden
- zudem wurden zu kurze Schrauben eingesetzt, die nicht der herstellerseitigen Anforderung entsprachen. Die Verschraubung war daher insgesamt nicht fachgerecht

Abb. 13.3: Aufgrund einheitlicher Abmaße der BFU-Platten ist davon auszugehen, dass im Laufe der Zeit alle Stöße zu wippen beginnen. Der Boden muss daher komplett erneuert werden.

Maßnahmen

Da die BFU-Platten in einheitlichen Abmaßen verlegt worden sind, ist davon auszugehen, dass im Laufe der Zeit alle Stöße – nach dem Fehlerfortpflanzungsprinzip – wippen und/oder sich abzeichnen können. Daher ist der Sportboden insgesamt zu erneuern. Bei wahlloser Nachverschraubung ist möglicherweise die flächenelastische Eigenschaft nicht mehr in vollem Umfang gegeben.

13.2 Punktelastische Sportböden

13.2.1 Sportboden mit Linoleum-Bodenbelag

Sachlage

Die Sporthalle war seit ihrer Errichtung rund zehn Jahre in Betrieb.

An den Nahtkanten ihres Linoleum-Bodenbelags war es immer wieder zu Rissen gekommen, die nachgebessert wurden – entweder thermisch wieder verschweißt oder mit 2K-Material auf Polyurethanbasis überarbeitet.

Abb. 13.4: Stippnähte: Der Linoleum-Bodenbelag der Sporthalle birgt einige Stolperfallen.

Schadensbild/Ist-Zustand

- Fugenflankenabrisse, Rissbildungen und Rissmarkierungen quer zur Naht und/oder zu Ausbruchstellen an den Nahtkantenabdichtungen
- Stippnähte
- Ablösungen des Linoleum-Bodenbelags angrenzend zu Nahtkanten

Ursachen

- die Ursachen für die schadhaft gewordenen Nahtkantenabdichtungen lagen entweder in handwerklichen Fehlleistungen (wie zu hohe Temperatur beim Verschweißen, zu schnelles Schweißen, nicht fachgerechtes Fräsen, zu

Abb. 13.5: Die Abdichtungen sind im Bereich der Nahtkanten gerissen.

Abb. 13.6: Eindringendes Reinigungswasser hat zur Verseifung des Klebstoffs und schließlich zur Ablösung des Bodenbelags geführt.

geringe Wartezeit zwischen Verlegung und Verschweißung) und/oder in der fehlenden Eignung des verwendeten 2K-PUR-Materials, das für die vollflächige Nachbesserung der bereits schadhaft gewordenen Nahtkantenabdichtungen verwendet worden war

- während der regelmäßigen Unterhaltsreinigungen und/oder jährlichen Grundreinigungsmaßnahmen wurde der Oberboden temporär mit flüssigen Medien beaufschlagt, die durch Schadstellen an den Nahtkanten- und/oder Fugenabdichtungen in die Schichtenfolgen des Sporthallenbodens einwandern und den Oberboden hinterfeuchten konnten
- dadurch kam es zu chemisch-physikalischen Wechselwirkungen mit dem Klebstoffsystem, das daraufhin verseifte. Dies führte schließlich zur Enthaftung des Linoleum-Bodenbelags im Bereich der Nahtkanten und zu den die Formveränderungen des Oberbodens

Maßnahmen

Da für die Nutzer der Halle Stolper- und Sturzgefahr besteht, der Bodenbelag sonst jedoch eine gute Adhäsion zum Untergrund aufzeigte, kann eine Nachbesserung im Bereich der Nahtkanten durch streifenförmigen Austausch des Bodenbelags erfolgen. Dabei ist jedoch zu beachten, dass daraus dann doppelt so viele Nahtkanten wie bisher resultieren, die Schwachzonen in der Bodenbelagsebene darstellen. Wegen der Alterungserscheinungen des Belags nach mehr als zehn Jahren Nutzung ist von einem deutlichen Farbtonunterschied zur neuen Ware auszugehen (falls dieses Dessin überhaupt noch angeboten wird).

Daher bleibt nur der vollständige Rückbau des schadhaft gewordenen Oberbodens bis auf die armierte PE-Schaum-Elastikschicht sowie die Neuverlegung eines bahnenförmigen Linoleum-Bodenbelags mit anschließender thermischer Verschweißung der Nahtkanten.

14 Balkone und Terrassen

14.1 Dekorative Beschichtung auf Polymerbeton-Platten

Sachlage

Auf dem Balkon eines Einfamilienhauses waren Platten aus Polymerbeton verlegt worden. Ihr werkseitiges Dekor war im Laufe der Zeit unansehnlich geworden und sollte daher überarbeitet werden.

Auf die Polymerbeton-Platten, zwischen denen elastische Fugen angeordnet wurden, um ein Durchregnen auf die Terrasse unterhalb des Balkons zu vermeiden, wurde zur Sanierung eine dekorative Beschichtung mit Einstreuchips aufgebracht.

Abb. 14.1: Auf die Polymerbeton-Platten ist eine dekorative Beschichtung aufgetragen worden.

Schadensbild/Ist-Zustand

- Abplatzungen
- Rissbildungen und Rissmarkierungen

Abb. 14.2: Oberhalb der Fugen haben sich Risse gebildet.

Ursachen

- unsachgemäßes Beschichten von Fugendichtstoffen
- die Schäden resultieren aus einer thermischen Längenänderungen der Betonbodenplatten, beispielsweise durch Bewegungen des Untergrunds. (Der Beschichtungsstoff besitzt andere technische Eigenschaften. Die unterschiedlichen Längenänderungskoeffizienten bei thermischen

Abb. 14.3: Die Beschichtung im Bereich der elastisch abgedichteten Fuge ist vollflächig enthaftet.

und hygrischen Spannungen bewirken dann ein Abscheren der Beschichtung vom elastischen Fugendichtstoff)

- auch die an die Fugen grenzenden Bereiche nahmen infolge der Hinterläufigkeit der Beschichtung immer mehr Schaden

Maßnahmen

Generell ist bei Beschichtungsarbeiten auf horizontalen Grundrissflächen ein Einhausen (Be- und Entlüftung sicherstellen!) empfehlenswert, um Ablagerungen wie Staub, Schmutz und Laub in der frischen Beschichtung zu vermeiden.

Nach Kugelstrahlen und Ausgleich der dadurch entstandenen Unebenheiten mittels Kratzspachtelung kann dann ein Beschichtungssystem im gewünschten Dekor (Grundierung, Beschichtung, Einstreuen von farbigen Chips, farblose Deckversiegelung, Strukturierung in rutschhemmender Ausstattung) aufgetragen werden. Wobei die elastischen Fugenabdichtungen hiervon ausgenommen werden müssen.

Auf eine Verträglichkeit des Beschichtungs- und des Fugendichtstoffs muss geachtet werden, da es sonst zu Weichmacherwanderungen an den Fugenflanken kommen kann.

14.2 Beschichtung auf Holzspanplatten im Außenbereich

Sachlage

An ein bestehendes Einfamilienhaus wurde ein Balkon in Holzkonstruktion angebaut. Als Bodenbelagsebene wurden zunächst Holzspanplatten verlegt. Es folgten Grundierung und Kunstharzbeschichtung, Einstreuung von farbigen Chips sowie eine transparente Versiegelung.

Ein Jahr nach der Ausführung zeigten sich Schäden an der Beschichtung.

Abb. 14.4: Schon ein Jahr nach Ausführung ist die Beschichtung des Balkons schadhaft.

Schadensbild/Ist-Zustand

- Abplatzungen
- Rissbildungen und Rissmarkierungen

Abb. 14.5: Oberhalb von Plattenstößen zeigen sich Rissbildungen.

Ursachen

- Quellen und Schwinden der Holzspanplatten verursachte Risse in der Beschichtung
- durch die schadhafte Beschichtung konnte weitere Feuchtigkeit in die Holzspanplatten einwandern
- aufgrund chemisch-physikalischer Wechselwirkungen wurde auch das Haftvermögen der Kunstharzbeschichtung weiter herabgesetzt

Abb. 14.6: Infolge der Risse sind die Holzspanplatten durchfeuchtet worden.

Abb. 14.7: Die wasserführende Schicht ist nicht in erforderlichem Maß (15 cm) am Wandbildner aufgekantet worden.

Maßnahmen

Voraussetzung für die Applikation einer dekorativen Kunstharzbeschichtung ist ein tragfähiger Untergrund. Die schadhaft gewordene Kunstharzbeschichtung ist ebenso wenig ein tragfähiger Untergrund für eine Neubeschichtung wie die durchfeuchteten und für diesen Anwendungszweck ungeeigneten Holzspanplatten.

Daher ist eine Mangelbeseitigung durch Neubeschichtung nicht möglich, sodass ein Rückbau der eingebrachten, durchfeuchteten Holzspanplatten sowie der schadhaften, rissigen Kunstharzbeschichtung erforderlich ist.

Nach dem Rückbau kann eine neue Unterkonstruktion (mit Abdichtungsebene und Gefälle ≥ 2 Prozent zu den umlaufenden Entwässerungsrinnen) auf der Holzkonstruktion hergestellt werden.

Die Abdichtung muss analog zu den Flachdachrichtlinien (Balkonfläche als Flachdach mit leichtem Gefälle) ausgebildet und mindestens 15 cm oberhalb der wasserführenden Schicht auf die vertikalen Flächen des Wandbildners geführt werden (zum Beispiel oberhalb der Beschichtung oder des Plattenbelags).

Anschließend kann eine dekorative Kunstharzbeschichtung aufgebracht werden oder alternativ eine Abdichtungsebene (nach DIN 18 195-5 oder Flachdachrichtlinien) mit Gefälle zu den Entwässerungsrinnen. Darauf kann ein Stelzlager (Mörtelbatzen in PE-Beutel) ausgeführt und Holzroste als Gehbelag montiert werden.

Der neue Oberboden beziehungsweise die neue Beschichtung muss über eine ausreichende tritt- und begehsichere Oberflächenausstattung (mindestens Rutschhemmstufe R9, besser R10/V4, oder alternativ R11) verfügen, um die Unfallgefahr durch Ausrutschen und Ausgleiten auf dem teils freibewitterten Verkehrsweg zu minimieren.

14.3 Fehlerhafte Abdichtung einer Dachterrasse mit Bitumenschweißbahnen

Sachlage

Anlässlich der Modernisierung eines Mehrfamilienwohnhauses wurde die Dachgeschosswohnung mit einer Terrasse ausgestattet, die in die Satteldachkonstruktion integriert wurde.

Dazu war eine Bitumenschweißbahn verklebt und darauf eine Dämmstoffschicht aus PU-Platten verlegt worden. Eine weitere Bitumenschweißbahn folgte, auf die schließlich ein Plattenbelag aus Beton im Kiesbett verlegt wurde. Wiederholt kam es zu Wasserschäden an den Decken und Wänden der darunterliegenden Wohnungen.

Abb. 14.8: Auf der Dachterrasse sind Betonplatten im Kiesbett verlegt worden.

Schadensbild/Ist-Zustand

- die Bitumenschweißbahnen waren hinterläufig
- die seitlich hochgeführten Schweißbahnen im Bereich aufgehender Bauteile waren nicht arretiert worden
- die Schweißbahnen waren nicht ausreichend an den aufgehenden Bauteilen hochgeführt worden

Abb. 14.9: Zur Prüfung wird der Plattenbelag aufgenommen.

Abb. 14.10: Die Abdichtungsebene ist nicht ausreichend hoch über die wasserführende Schicht (hier: Plattenbelag) geführt worden.

Abb. 14.11: Fehlende Arretierung: Die Bitumenschweißbahn ist hinterläufig. Daher konnte die Dämmstoffschicht durchfeuchten und ihre wärmedämmende Funktion verlieren.

Ursachen

- Die vorhandene Abdichtung beziehungsweise Bitumenschweißbahn schließt bündig mit dem Plattenbelag ab. Sie erfüllt daher nicht die Forderung, mindestens 15 cm über die wasserführende Schicht (hier: Gehwegplatten!) reichen zu müssen (vergleiche Flachdachrichtlinie und/oder DIN 18 195-5)
- Zudem war die Verklebung der oberen Bitumenschweißbahn fehlerhaft. Deshalb konnte die Fußboden-/Flachdachkonstruktion bei Regen durchfeuchten und in der Folge auch Wasser in die darunterliegenden Wohnungen eindringen.

Maßnahmen

Um die festgestellten Schadensbilder an der Flachdach-/Fußbodenkonstruktion beheben zu können, sind nach Maßgabe der normativen Anforderungen der DIN 18 195-5 und/oder der mitgeltenden Regelwerke (Flachdachrichtlinie) folgende Maßnahmen und Arbeitsschritte als notwendig anzusehen:

- Aufstellen eines Dachdecker-Schutzgerüstes (nach DIN 4420 und/oder Vorgaben der Bau-BG) zum Zweck des Materialtransports – unter Umständen mit Ausleger und Aufzug – und zur Absturzsicherung
- Aufstellen eines Bauschutt-Containers
- Einrichtung der Baustelle
- Aufnehmen und Lagern der Gehwegplatten und der Kiesschüttung
- Aufnehmen und Entsorgen der vorhandenen Fußboden-/Flachdachkonstruktion aus Bitumenschweißbahn, Dämmstoffschicht (PU-Platten) und Bitumenschweißbahn
- Prüfen des Untergrunds auf Feuchtigkeit, eventuelles Trocknen bis zur zulässigen Haushaltsfeuchte der Baustoffe
- Neueinbau einer geeigneten Abdichtungsebene als Dampfsperre (gegebenenfalls Dampfdruckausgleichsschicht unter Abdichtung vorsehen)
- Neueinbau einer geeigneten Dämmstoffschicht mit ausreichendem Gefälle
- Neueinbau einer abschließenden Abdichtungsebene, seitlich hochgeführt bis 15 cm oberhalb der wasserführenden Schicht beziehungsweise der Gehwegplatten
- *alternativ:* Einbau einer seitlich umlaufenden Kappleiste mit oberer elastischer Fugenabdichtung zum Außenputz
- Wiederverfüllen der gelagerten Kiesschüttung sowie der Gehwegplatten mit mindestens 5,0 cm Rand zum Außenputz

14.4 Dekorative Beschichtung auf einer Dachterrasse

Sachlage

Das Dach einer Doppelgarage sollte zu einer Dachterrasse umgestaltet werden. Zu diesem Zweck wurde eine dekorative Kunstharzbeschichtung mit Chipseinstreuung auf einer mineralischen Lastverteilungsschicht (Stahlbeton) appliziert.

Abb. 14.12: Rückprallwasser hat den Außenputz geschädigt.

Schadensbild/Ist-Zustand

- Schäden am Außenputz
- eindringende Feuchtigkeit in die Doppelgarage
- überhöhter Feuchtegehalt der mineralischen Lastverteilungschicht (etwa 4 Gewicht-Prozent)
- Pfützenbildungen

Ursachen

- Rückprallwasser schädigt den Außenputz [15-Zentimeter-Regel wurde nicht eingehalten (vergleiche Flachdachrichtlinie und/oder DIN 18 195-5)]
- Durchdringungen wurden nicht abgedichtet
- der Bodenablauf liegt am höchsten Punkt der Dachterrasse
- aus Unebenheiten resultieren Pfützenbildungen (Verschmutzung und/oder Gefahr des Ausrutschen und Ausgleitens)

Abb. 14.13: Der Bodenablauf liegt am höchsten Punkt der Dachterrasse.

Abb. 14.14: Durchdringungen sind nicht abgedichtet worden.

Maßnahmen

- Entschichten der Fußbodenkonstruktion des Balkons und Entsorgen von Abfallmaterial
- mechanische Untergrundvorbehandlung der Estrichkonstruktion (zum Beispiel Kugelstrahlen)
- Untergrundprüfung (Stempelhaftzugprüfung; mindestens 1,5 N/mm^2, Prüfen der Haushaltsfeuchtigkeit, Überprüfen auf Risse und Hohlleger (sie müssen kraftschlüssig verschlossen beziehungsweise vermörtelt werden)
- Überprüfen der Einbausituation und Funktionstüchtigkeit der Abdichtungsebene angrenzend zu Durchdringungen (Bodenablauf) und Übergängen (Terrassentüren) sowie zum Dachrandabschluss.

Unter Umständen werden Änderungen (nach DIN 18 195 oder den Flachdachrichtlinien des Dachdeckerhandwerks) erforderlich

- Überprüfen der Neigung der Lastverteilungsschicht auf notwendiges Gefälle in Richtung der Entwässerung (Bodenablauf), eventuell Herstellen einer geneigten Oberfläche durch Aufbringen beispielsweise einer Ausgleichsspachtelung mit Gefälle
- Applikation einer zweikomponentigen Epoxidharzgrundierung und Abstreuen mit feuergetrocknetem Quarzsand in der Frischphase
- Herstellen einer Hohlkehle (beachte Fugenabdichtung) angrenzend zu aufstrebenden Bauwerksteilen mit 2K-EP-Mörtel und Stellmittel
- Kratzspachtelung zum Ausgleich vorhandener Untergrundunebenheiten mit einem elastischen zweikomponentigen Epoxidharz-Polyurethan-Material
- Applikation einer elastischen zweikomponentigen Polyurethan-Beschichtung (lösemittelfrei) und Einbringen von Farbchips in den frischen Belag
- Ausführen einer hochelastischen und witterungsbeständigen, transparenten einkomponentigen Polyurethan-Deckbeschichtung
- *Hinweis:* Die Oberfläche des Beschichtungsaufbaus muss rutschhemmend ausgestattet sein (mindestens R9), um die Tritt- und Begehsicherheit auch bei schlechten Witterungsbedingungen zu gewährleisten

14.5 Balkon mit Quarzkiesboden

Sachlage

Auf einem Balkon (auskragende Geschossdecke) wurde auf einem vorhandenen Fliesenbelag ein Quarzkiesboden mit Bindemittel (Epoxidharz) aufgebracht.

Abb. 14.15: Unebenheiten haben zu Pfützenbildungen an Tiefpunkten geführt. Im Winter besteht erhöhte Unfallgefahr durch Eisbildung.

Schadensbild/Ist-Zustand

- Pfützenbildungen
- Ablagerungen, mikrobieller Befall
- Schäden an der Bausubstanz

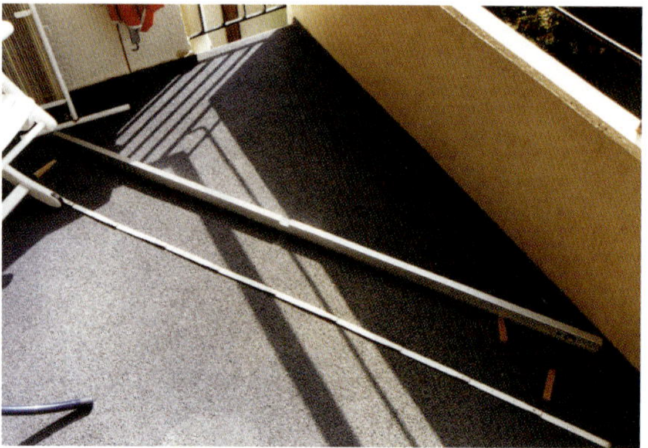

Abb. 14.16: Das Gefälle führt von der »Entwässerung« – seitliche Öffnung der Brüstung – weg, Wasser sammelt sich vor der Brüstungsplatte.

Ursachen

- Ebenheitsabweichungen führen zu Pfützenbildungen
- Gefälle führt nicht zur Entwässerung, die Bildung von Pfützen wird gefördert
- länger verbleibende Pfützen fördern mikrobiellen Befall
- trocknende Pfützen hinterlassen Ablagerungen (wie Kalk und Schmutz)
- Ableitung von Regenwasser über angrenzende Bauteile führt zu Schäden am Stahlbeton

Abb. 14.17: Abrasion: Abfließendes Regenwasser ist ursächlich für die Schäden am Stahlbeton.

Abb. 14.18: Durch Korrosion der Bewehrung ist der Beton abgeplatzt.

Maßnahmen

Die Herstellung einer geneigten Oberfläche (mindestens 2 Prozent Gefälle), die möglichst keine Unebenheiten aufweisen sollte, reicht alleine nicht aus (die Einhaltung der DIN 18 202 führt nicht automatisch zu einer pfützenfreien Oberfläche!).

Es muss vielmehr auf eine grundlegend andere Art entwässert werden, beispielsweise über Bodenabläufe oder Speier (wenn zulässig!). Die seitliche Ableitung über Stahlbetonflächen ist immer als kritisch zu erachten.

14.6 Erdreichangrenzende Terrasse mit GFK-Beschichtung

Sachlage

Auf einer erdreichangrenzenden Betonbodenplatte, die bislang ohne irgendwelche Oberböden als Terrasse diente, wurde eine Beschichtung aus glasfaserverstärktem Kunststoff (GFK-Beschichtung) aufgebracht. Nach kurzer Zeit zeigte sie jedoch Blasen und Ablösungen. Deshalb nahmen Mitarbeiter des ausführenden Betriebs eine Mangelbeseitigung vor, indem sie die losen Teilflächenbereiche entfernten und erneut eine GFK-Beschichtung applizierten.

Abb. 14.19: Erdreichangrenzende Betonbodenplatte als Terrasse mit dampfdichter Beschichtung: Hinterfeuchtung führt zu Schäden.

Abb. 14.20: Mangelnder Haftverbund: Auch die zweite Beschichtung löst sich ab.

Schadensbild/Ist-Zustand

- Risse in der Beschichtung
- Ablösungen der Beschichtung

Ursachen

- die seit Jahrzehnten bewitterte und damit auch feuchte Betonbodenplatte hatte keine Abdichtung gegen Feuchtigkeit aus dem Erdreich, deshalb kam es zur Ablösung der ersten Beschichtung
- daran wurde auch vor der Mangelbeseitigung – also dem Aufbringen der zweiten Beschichtung – nichts geändert, weshalb sich die neue dampfdichte Beschichtung wiederum vom Untergrund löste
- in Bereichen, in denen die schadensfreie erste Beschichtung überarbeitet wurde, erfolgte kein Anschleifen, daher konnte auch kein Haftverbund erzielt werden. Die Folge waren Ablösungen

Abb. 14.21: Solche Schäden lassen sich vermeiden, wenn ausschließlich diffusionsoffene Beschichtungssysteme verwendet werden, die beständig sind gegen rückseitig einwirkende Feuchtigkeit.

Abb. 14.22: Einfallsreich: Die losen Enden der ersten Beschichtung sind vor der Überarbeitung einfach mit Nägeln fixiert worden.

Maßnahmen

Ohne Abdichtungsmaßnahmen bleibt die erdreichangrenzende Betonbodenplatte ein kritischer Untergrund. Daher sollten nur diffusionsoffene Beschichtungssysteme verwendet werden, die beständig sind gegen rückseitig einwirkende Feuchtigkeit. Zur Absicherung gegen Blasen sollte vorher ein grobporiger ECC-Mörtel als »Pufferschicht« aufgebracht werden.

15 Abdichtungen in Innenräumen

15.1 Abdichtung unter den Rückkühlwerken eines Museums

Sachlage

Die Fußbodenkonstruktion unterhalb von Rückkühlwerken auf dem Dach eines Museums wurde mit selbstklebenden Kunststoffbahnen abgedichtet. Diese sollten vor Eindringen von Kühlmittel in die Museumsräume schützen und gleichzeitig als Auffangwanne für den Havariefall dienen.
Aus Gründen des Wärmeschutzes wurde auf der Abdichtung eine Dämmschicht lose verlegt und mit einzelnen Gehwegplatten als Laufgasse belegt.

Abb. 15.2: Durch mangelnde Fixierung sind die Kunststoffbahnen teilweise hinterläufig.

Abb. 15.1: Die Kunststoffbahnen sind fehlerhaft verklebt worden und daher undicht.

Schadensbild/Ist-Zustand

- infolge einer Havarie kam es zum Austritt von Kühlflüssigkeit aus den Rückkühlwerken und zum Wassereinbruch im darunterliegenden Museum

Ursachen

- Undichtigkeiten im Stoßbereich der Kunststoffbahnen
- Hinterläufigkeit der Abdichtungsebene wegen fehlender Fixierung der Aufkantung an aufgehenden Bauteilen

Abb. 15.3: Die Abdichtungsebene reicht nicht bis 15 cm über die Oberkante der Dämmschicht (Bild zeigt Messung nach Entfernen der Dämmschicht und der Gehwegplatten).

- Abdichtungsebene wurde nicht bis 15 cm über die Oberkante der Dämmschicht geführt
- ungenügende Dimensionierung der mittels Kunststoffbahnen gebildeten Auffangwanne für den Havariefall
- zu geringe Auflast (Gehwegplatten) auf den Dämmstoffplatten, daraus resultierte ein Aufschwimmen der Dämmschicht, wodurch wiederum die Havarie nicht kurzfristig beendet werden konnte, da sich die Türen nicht öffnen ließen

Abb. 15.4: Dämmschicht und Gehwegplatten, die zwischenzeitlich entfernt worden sind, haben das Volumen der Auffangwanne verringert.

Maßnahmen

Um eine Abdichtungsebene herzustellen, sind zunächst die Rückkühlwerke außer Betrieb zu nehmen (Abschaltung, Entleerung, Demontage der Zuleitungen), mit einem Autokran anzuheben, zu lagern und im Anschluss an die Abdichtungsarbeiten wieder zu montieren.

Dann kann eine Abdichtungsebene unter Beachtung der herstellerseitigen Verlegeanleitungen und der normativen Vorgaben (DIN 18 195-5, DIN 18 195-9 und DIN 18 195-10) hergestellt werden.

16 Parkhäuser und Tiefgaragen

16.1 Maßtoleranzen an einem Parkdeck aus Gussasphalt

Sachlage

Auf einem freibewitterten Parkdeck mit einer Fläche von rund 1500 m^2 ist nach entsprechenden Abdichtungsmaßnahmen eine 6,0 cm dicke Gussasphaltestrichkonstruktion auf Stahlbetondecke aufgebracht worden. Nach Vorgaben des Planers wurde ein Gefälle von 2 Prozent in Richtung Entwässerung ausgebildet. Es handelte sich um einen Neubau, der erst zwei Monate genutzt worden war.

Abb. 16.2: Die ermittelte Ebenheit liegt nicht innerhalb der in DIN 18 202 vorgegebenen Grenzen.

Abb. 16.1: Auf dem Parkdeck haben sich bei Regen Pfützen gebildet.

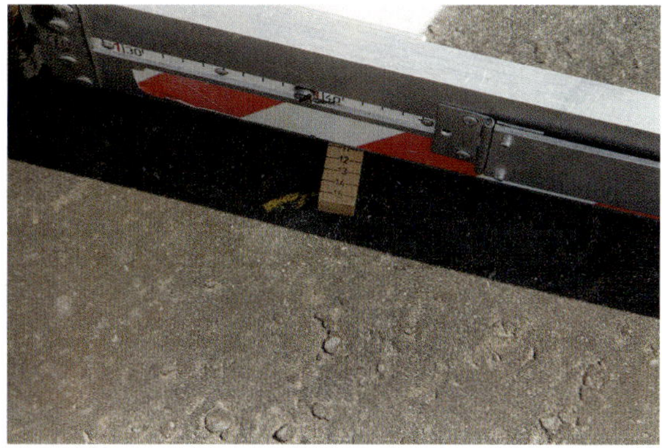

Abb. 16.3: Die Maßtoleranzen sind nicht nur vereinzelt, sondern zahlreich überschritten worden.

Schadensbild/Ist-Zustand

- bei Regen steht das Wasser pfützenartig auf dem Parkdeck
- Überprüfung der Maßtoleranzen in Anlehnung an DIN 18 202 im Raster: insgesamt 94 Hochpunkte, davon etwa ein Drittel außerhalb der zulässigen Maßtoleranzen nach Tabelle 3, Zeile 3 (flächenfertige Böden)

Ursachen

- unebener Einbau des Gussasphaltes
- in geringem Maße auch: Nachverdichtung durch Kraftfahrzeuge

Maßnahmen

Insgesamt betrachtet war die Nutzungs- und Gebrauchstauglichkeit des Parkdecks zwar nicht grundlegend beeinträchtigt und die Tritt- und Begehsicherheit nicht im Sinne einer Unfallgefahr (durch Stolpern) gefährdet. Der Zustand der Oberfläche war jedoch nicht fehlerfrei. Nach DIN 18 354 »Gussasphaltarbeiten« sind Unebenheiten zulässig, wenn diese innerhalb der Grenzen der DIN 18 202 liegen. Dies war nicht der Fall.

Aus den zahlreichen Überschreitungen von Maßtoleranzen resultierte die Bildung von Pfützen, welche die Nutzung beeinträchtigen und im Winter gefährlich glatt werden können. Daher ist der Einbau einer zusätzlichen Schicht Gussasphalt zum Ausgleich der Unebenheiten empfehlenswert (Anschlusshöhen beachten!).

16.2 Risse und Enthaftungen eines Oberflächenschutzsystems OS 11 auf einem Parkdeck

Sachlage

Ein neu errichtetes, freibewittertes Parkdeck in Stahlverbundbauweise (Stahltrapezblechprofile mit Ortbeton) wurde mit einem Oberflächenschutzsystem OS 11 (Grundierung, elastische Beschichtung als rissüberbrückende Zwischenschicht (HWO) und elastischer, gefüllter Verlaufmörtel als Verschleißschicht auf Bindemittelbasis Polyurethan) versehen.

Abb. 16.4: Im Oberflächenschutzsystem haben sich oberhalb der Auflager gerichtete Risse gebildet.

Abb. 16.5: Aufgrund der geringen Schichtdicke fehlt eine ausreichende rissüberbrückende Eigenschaft.

Schadensbild/Ist-Zustand

- das Oberflächenschutzsystem zeigt Risse und Enthaftungen

Ursachen

- ein OS 11 nach den Anforderungen der zum Zeitpunkt der Applikation gültigen Rili-SIB 90 des DafStb - Deutscher Ausschuss für Stahlbeton - besteht aus den Schichtenfolgen mit Grundierung (0,7 mm), gegebenenfalls einer Spachtelung, elastischer Beschichtung als rissüberbrückende Zwischenschicht (HWO) mit systemspezifischer Mindestschichtdicke $d_{min\ s}$= 1,5 mm und elastischem, gefülltem

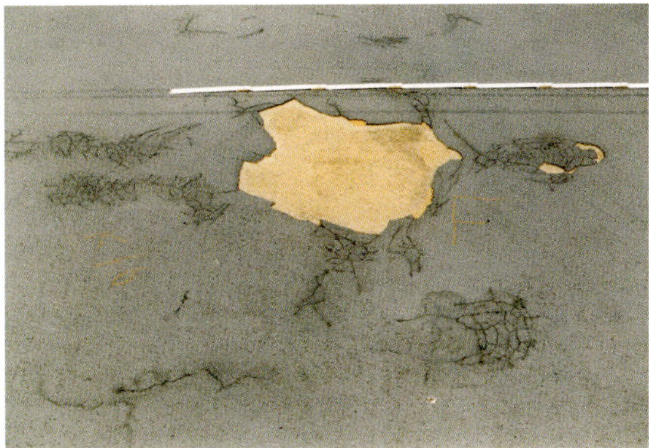

Abb. 16.6: Das Oberflächenschutzsystem ist großflächig enthaftet.

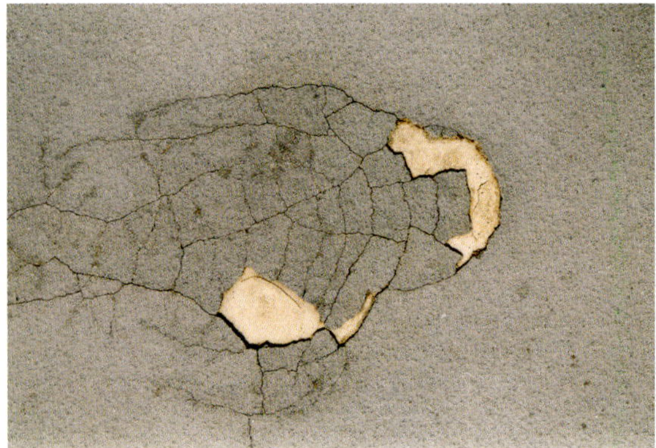

Abb. 16.7: Die Verschleißschicht hat sich von der rissüberbrückenden Zwischenschicht gelöst.

Abb. 16.8: Die Zwischenschicht ist auf einer feuchten Grundierung (eventuell Tauwasser) aufgebracht worden und daher aufgeschäumt.

Verlaufmörtel als Verschleißschicht mit systemspezifischer Mindestschichtdicke $d_{min\ s} = 3{,}0\,mm$

- es wurde aber nur eine Dicke der hauptsächlich wirksamen Oberflächenschicht von 0,72 mm (im Mittel) vorgefunden. Eine solche Schichtdicke war nach Angaben des Herstellers ausreichend und sei hinsichtlich der rissüberbrückenden Eigenschaften geprüft
- somit widersprach das applizierte System den Anforderungen der Rili-SIB 90 des DAfStb – Deutscher Ausschuss für Stahlbeton – und auch der ZTV-SIB 90
- insgesamt bestätigte die Befunderhebung die fehlende Eignung für den vorgesehenen Zweck, da aufgrund der geringen Schichtdicke offensichtlich keine ausreichende rissüberbrückende Eigenschaft gegeben war
- zudem war es zu anwendungstechnologischen Problemstellungen bei der Applikation gekommen, da Feuchtigkeit (beispielsweise durch Tauwasserfilm auf der Grundierung) zu einem Aufschäumen der rissüberbrückenden Zwischenschicht geführt hatte. Dies schwächte den Haftverbund innerhalb der Schichtenfolgen zusätzlich

Maßnahmen

Das vorliegende Oberflächenschutzsystem ist insgesamt zurückzubauen, da es mit Rissen und Abplatzungen behaftet ist. Ausgehend von den Rissen kann das Beschichtungssystem hinterfeuchten und sich schließlich weiter ablösen.

Nach geeigneten Untergrundvorbehandlungsmaßnahmen kann ein Oberflächenschutzsystem OS 11 entsprechend den Vorgaben der Instandsetzungsrichtlinie des DAfStb – Deutscher Ausschuss für Stahlbeton – (Stand Oktober 2001) aufgebracht werden.

16.3 Materialunverträglichkeit zwischen Rissbandagen und Oberflächenschutzsystem

Sachlage

Ein freibewittertes Parkdeck, das jahrelang ohne Oberflächenschutz genutzt wurde, sollte saniert werden.

Das Parkdeck bestand aus Stahlbetonplatten, die auf einer Stahlkonstruktion lagerten. Im Laufe der Zeit war es oberhalb der Auflager aufgrund von Durchbiegungen zu Rissen im Beton gekommen. Um diese Risse zu entkoppeln, wurden nach Kugelstrahlen und Grundierung aus Epoxidharz entsprechende Rissbandagen (mit ungesättigtem Polyesterharz (UP) getränkte Glasfasergewebe) eines Herstellers »A« streifenförmig oberhalb der Auflager verlegt. Danach wurde vollflächig eine 2K-Polyurethanbeschichtung als OS 8 eines Herstellers »B« (nach Instandsetzungs-Richtlinie des DAfStb – Deutscher Ausschuss für Stahlbeton) appliziert.

Abb. 16.9: Die Beschichtung des Parkdecks zeigt Risse, Blasen, Beulen, Aufwölbungen und Enthaftungen.

Schadensbild/Ist-Zustand

- die Beschichtung zeigte Risse, Blasen, Beulen und Aufwölbungen sowie Enthaftungen oberhalb der Auflager beziehungsweise der Rissbandagen

Abb. 16.10: Die Lage der Rissbandagen lässt sich durch das Auftreten entsprechender Risse und Enthaftungen ausmachen.

- nach Ablösen der Polyurethanbeschichtung fand sich ungebundener Abstreusand
- die Rückseiten der abgelösten Beschichtungsschollen rochen stechend nach Marzipan und waren zudem klebrig und feucht

Abb. 16.11: Beim Befahren haben sich Schubspannungen aufgebaut, die zu Aufwölbungen führten.

Ursachen

- der Hersteller der Rissbandagen empfiehlt eine vollflächige Überarbeitung mit gleichartigem Material, also eine Beschichtung aus ungesättigtem Polyester

Abb. 16.12: Die 2K-PUR-Beschichtung kann auf Höhe der Rissbandagen ohne besonderen Kraftaufwand abgelöst werden.

Abb. 16.13: Ungebundener Abstreusand hat als Trennschicht zwischen Rissbandagen und Oberflächenschutzsystem fungiert.

- der Abstreusand war nicht gebunden und wirkte als Trennlage, die beim Befahren und durch thermische Spannungen schließlich ein Ablösen der Beschichtung bewirkte
- da sich die Schäden auf die Bereiche der Rissbandagen begrenzten, ist unwahrscheinlich, dass der Abstreusand von vornherein ungebunden war (eventuelle Materialüberschüsse, die nicht abgefegt worden sind. Dies hätte aber auch die nachfolgende Applikation der Beschichtung praktisch unmöglich gemacht)
- UP und PUR haben grundsätzlich unterschiedliche Eigenschaften in Bezug auf das Materialschrumpfen. Daraus resultierten innere Spannungen, die zur Störung des Haftverbundes führen
- die flüssigen, klebrigen Rückstände mit starkem, marzipanartigen Geruch deuten auf Styrol hin, das infolge einer Materialunverträglichkeit und/oder anwendungstechnologischer Problemstellungen ausfallen konnte und die chemische Erhärtung der Beschichtung beziehungsweise der Rissbandagen verhinderte

Maßnahmen

Die Gebrauchstauglichkeit und der Schutz der Stahlbetonbauteile war nicht gegeben. Daher müssen Oberflächenschutzsystem und Rissbandagen zurückgebaut und – nach Untergrundvorbehandlung (eventuelle Betoninstandsetzung) – erneuert werden. Dies sollten unbedingt Produkte desselben Herstellers sein, da ihre Verträglichkeit und Funktion im System geprüft worden ist.

16.4 Imprägnierung auf einem Parkdeck

Sachlage

Im erdreichangrenzenden Geschoss eines fünfgeschossigen Büroneubaus wurde ein Parkdeck mit Tiefgeschoss und -garage angeordnet. Der horizontale Grundrissteilflächenbereich des Parkdecks wurde als flügelgeglättete Stahlbetonbodenplatte hergestellt, die anschließend durch Schleifen vorbehandelt und mit einer wässrigen 2K-EP-Imprägnierung versehen wurde.

Abb. 16.14: Im Untergeschoss des Bürogebäudes ist ein Parkdeck angeordnet worden.

Abb. 16.15: Die Stahlbetonbodenplatte zeigt deutliche Spuren des Flügelglättens.

Abb. 16.16: Aus variierenden Schichtdicken einer transparenten Imprägnierung können Glanzgradunterschiede resultieren.

Abb. 16.17: Da der optische Geltungsnutzen eines Parkdecks als nachrangig zu beurteilen ist, stellen Glanzgradunterschiede keinen Schaden im eigentlichen Sinne dar.

Schadensbild/Ist-Zustand

- Farbton- sowie Glanzgradunterschiede

Ursachen

- zwar gab es Farbton- und Glanzgradunterschiede sowie sichtbare Spuren des Flügelglättens. Da der optische Geltungsnutzen eines solchen Parkdecks aber zu den untergeordneten Ansprüchen gehört – anderweitige Anforderungen waren nicht vereinbart worden –, ist dies kein Schaden im eigentlichen Sinne

- praktisch steht jedoch die Vorgehensweise, ein Parkdeck mit einer Imprägnierung auszustatten, im Widerspruch zu den normativen Anforderungen der DIN 1045-1 (Stand Juli 2001) und/oder zum Stand der Technik auf Grund mitgeltender technischer Regelwerke (vergleiche DAfStb-Richtlinie – Deutscher Ausschuss für Stahlbeton – Stand Oktober 2001)
- nach DIN 1045-1, Abschnitt 6.2, Tabelle (3) »Expositionsklassen«, sind Bauteile im Spritzwasserbereich von taumittelbehandelten Straßen und/oder direkt befahrene Parkdecks[b] aufgrund einer Gefährdung durch Bewehrungskorrosion, ausgelöst durch Chloride (ausgenommen Meerwasser) der Expositionsklasse XD3 (Beschreibung der Umgebung = Wechsel nass und trocken) zuzuordnen. Wobei eine Mindestbetonfestigkeitsklasse C35/45c oder LC35/38 (*Legende:* c = eine Betonfestigkeitsklasse niedriger, sofern aufgrund der zusätzlich zutreffenden Expositionsklasse XF Luftporenbeton verwendet wird) gefordert ist. Hierbei wird unter dem Zusatz[b] in der Norm gefordert: »[...] Ausführung direkt befahrener Parkdecks nur mit zusätzlichem Oberflächenschutz für Beton [...]«
- ferner sind nach DIN 1045-1, Abschnitt 6.2, Tabelle (3) »Expositionsklassen«, Bauteile im Spritzwasserbereich von taumittelbehandelten Verkehrsflächen mit überwiegend horizontalen Flächen und/oder direkt befahrene Parkdecks[b] aufgrund einer Gefährdung durch Betonangriff, ausgelöst durch Frost mit und ohne Taumittel der Expositionsklasse XF4 (Beschreibung der Umgebung = hohe Wassersättigung mit Taumittel oder Meerwasser) zuzuordnen. Wobei eine Mindestbetonfestigkeitsklasse C30/37 oder LC30/33 gefordert wird. Hierbei wird unter dem Zusatz[b] in der Norm gefordert: »[...] Ausführung direkt befahrener Parkdecks nur mit zusätzlichem Oberflächenschutz für Beton [...]«
- solche Oberflächenschutzsysteme werden in den Regelwerken der Richtlinie für »Schutz und Instandsetzung von Betonbauteilen« (Instandsetzungsrichtlinie des DafStb – Deutscher Ausschuss für Stahlbeton –, Oktober 2001) und den Zusätzlichen Technischen Vertragsbedingungen und Richtlinien für Schutz und Instandsetzung von Betonbauteilen (ZTV-SIB, 1990), Bundesminister für Verkehr, Bundesamt für Straßenwesen (BAST), beschrieben
- in der Instandsetzungsrichtlinie werden für befahrbare Flächen dabei die Oberflächenschutzsysteme OS 8, OS 11a/b oder OS 13 und deren Schutzziele beschrieben
- eine 2K-EP-Imprägnierung auf mechanisch und chemisch beanspruchten, überdachten Betonbauteilen ist keine sinnvolle Ausführungsart. Sie geht nicht mit den normativen Vorgaben der DIN 1045-1 einher und steht auch im Widerspruch zum Stand der Technik (Deutscher Ausschuss für Stahlbeton – DAfStb-Richtlinie 2001, ZTV-SIB 90)

Maßnahmen

Alternativ zu den in den vorgenannten Regelwerken definierten befahrbaren Oberflächenschutzsystemen OS 8, OS 11a/b oder OS 13 sind auch andere Schutzschichten, die das gleiche Schutzziel verfolgen (zum Beispiel Gussasphalt in Verbindung mit [bahnenförmigen] Abdichtungsebenen), anwendbar. Wie auch konstruktive Maßnahmen in Verbindung mit besonderen Sorgfaltspflichten [zum Beispiel gezielte Abführung chloridhaltigen Wassers in Kombination mit – täglichen – Unterhaltsreinigungen, kontinuierliche Überwachung durch Messen der Chloridkontamination möglich (über installierte Sensoren oder kontinuierliche Ermittlung der Chloridprofile in festgelegten zeitlichen Abständen)].
Es ist jedoch unabdingbar, Rissbildungen und/oder Rissmarkierungen in Beton, die in ihrem Verlauf die tragende Bewehrung des Bauteils kreuzen,

zu schließen. Da es sich aufgrund seiner Bauweise mindestens um ein teilflächig direkt bewittertes Parkdeck handelt, sollte ein OS 11 (entspricht OS F nach ZTV-SIB 90, Bundesminister für Verkehr, BAST) als Beschichtung mit erhöhter dynamischer Rissüberbrückungsfähigkeit für begehbare und befahrbare Flächen für freibewitterte Betonbauteile nach Rückbau der Imprägnierung vorgesehen werden.

16.5 Abdichtung mit Flüssigkunststoff auf dem Parkdeck eines Supermarktes

Sachlage

Auf dem Flachdach eines neu erbauten Supermarktes wurde ein Kundenparkplatz eingerichtet. Als Abdichtungsebene wurde ein dreikomponentiger Flüssigkunststoff (ungesättigtes Polyester) mit Vliesarmierung einlagig aufgebracht.

Abb. 16.18: Auf dem Flachdach eines Supermarktes ist ein Parkdeck eingerichtet worden.

Abb. 16.19: Aufgrund der zahlreichen Risse ist es zu Undichtigkeiten gekommen.

Schadensbild/Ist-Zustand

- Risse in der Abdichtung
- Ablösungen der Abdichtung
- Undichtigkeiten
- Blasen- und Beulenbildungen
- erheblicher Abrieb

Abb. 16.20: In der Vliesarmierung gibt es Fehlstellen.

Abb. 16.21: Beulen und offene Nahtkanten: Die nur einlagige Abdichtung hat den Beanspruchungen nicht standhalten können.

Ursachen

- die Abdichtungsebene aus gewebearmiertem Flüssigkunststoff war ungeeignet
- laut Herstellerangaben im Technischen Merkblatt war sie vorgesehen für eine Verwendung als »Abdichtung, die zu Wartungszwecken begrenzt begehbar ist«

Abb. 16.22: Es ist mühelos möglich, die Abdichtungsebene lagenweise vom Untergrund abzuziehen.

Abb. 16.23: Not macht erfinderisch: Aufgrund der mangelhaften Abdichtung ist im Innern des Supermarktes ein »ausgeklügeltes« Entwässerungssystem aus Regenrinnen und Rohren installiert worden.

- daher konnte die einlagige Abdichtungsebene den Beanspruchungen aus Fahrverkehr gar nicht standhalten
- Abdichtungen aus Flüssigkunststoffen, die für solche Zwecke verwendet werden, sind in der Regel mindestens zweilagig aufzubringen
- darüber hinaus fehlten Nachweise in Form von Prüfzeugnissen über ausreichend rutschhemmende Eigenschaften der Abdichtungsebene, die für solche Bereiche gefordert werden (nach M 10 der BGE, Berufsgenossenschaft für den Einzelhandel: R 11 oder R 10 V4)

Maßnahmen

Die vorliegende Abdichtung aus Flüssigkunststoff ist zurückzubauen, da sie Risse und Ablösungen aufzeigt und ihre Funktion demzufolge nicht gegeben ist.

Wenn eine neue Abdichtungsebene aus Flüssigkunststoffen aufgebracht werden soll, muss diese eine europäische Zulassung (ETA) nach der ETAG 005 besitzen und ausdrücklich als befahrbare Abdichtung verwendet werden dürfen.

Alternativ kann nach geeigneten Untergrundvorbehandlungsmaßnahmen ein Oberflächenschutzsystem OS 11 entsprechend den Vorgaben der Instandsetzungsrichtlinie des DAfStb - Deutscher Ausschuss für Stahlbeton - (Stand Oktober 2001) aufgebracht werden.

17 Elektrostatische Eigenschaften

17.1 Elektrostatische Ableitfähigkeit einer Kunstharzbeschichtung

Sachlage

Im Neubau einer Produktionshalle für elektronische Baugruppen wurde eine Kunstharzbeschichtung auf Basis von Epoxidharz ausgeführt. Die bauherrenseitige Anforderung an die Beschichtung lautete: Erdableitwiderstand $R_E < 10^6\,\Omega$.

Die Arbeitsplätze der Mitarbeiter waren mit entsprechenden Schutzeinrichtungen (wie ableitfähige Stuhlrollen, Erdungspunkte und Handgelenkerdungsbänder) ausgestattet. Die Mitarbeiter selbst trugen spezielle Kleidung (wie ESD-Schuhe und Kittel). Laut bauherrenseitigen Anforderungen handelte es sich um eine ESD-Schutzzone (Electrostatical Discharge). Eine Überprüfung der elektrostatischen Eigenschaften zur Abnahme erfolgte nicht. Jedoch waren bereits verschiedene Sachverständige vor Ort und hatten die Eigenschaften mit unterschiedlichen Hochohm-Messgeräten und Elektroden (2,5 kg und 5,0 kg) überprüft. Dabei wichen die Ergebnisse voneinander ab. Ein Sachverständiger stellte fest, der Erdableitwiderstand $R_E < 10^6\,\Omega$ sei gegeben, der zweite Fachmann wiederum kam zum gegenteiligen Ergebnis.

Schadensbild/Ist-Zustand nach einem Jahr

- Frage: Erdableitwiderstand $R_E < 10^6\,\Omega$ gegeben?

Ursachenforschung

- Prüfung des Erdableitwiderstands nach DIN EN 61340-4-1 an verlegten Materialien mit verschiedenen Elektroden (2,5 und 5,0 kg).
  Mit beiden Messverfahren wurden parallel vier Messungen je Grundrissfeld durchgeführt (insgesamt 238 Messungen)
- Personenaufladung nach ESD STM 97.2-1999 (Walking-Test)
- Messung der Raumlufttemperatur und der relativen Luftfeuchtigkeit

Abb. 17.1: Der Erdableitwiderstand wird mit verschiedenen Hochohm-Messgeräten und Elektroden geprüft.

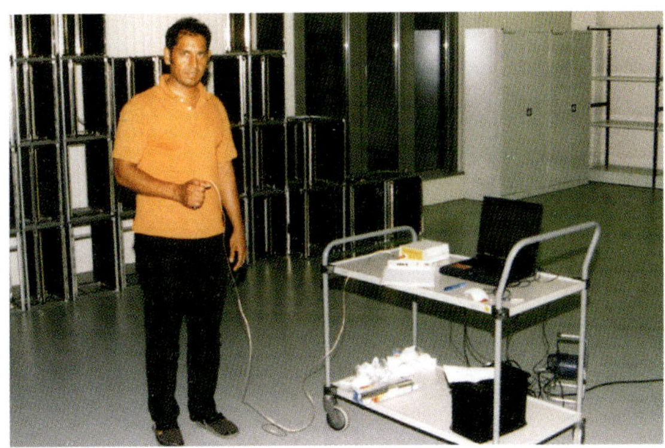

Abb. 17.2: Um die Personenaufladung zu ermitteln, wurden auch Walking-Tests (Handelektrode) durchgeführt.

Ergebnis

- bei 38 von 238 Messungen mit der 2,5-kg-Elektrode wurde eine Überschreitung des vertraglich vereinbarten Erdableitwiderstands von $< 10^6\,\Omega$ festgestellt
- bei 12 von 238 Messungen mit der 5-kg-Elektrode wurde eine Überschreitung des vertraglich vereinbarten Erdableitwiderstands von $< 10^6\,\Omega$ festgestellt

- die durchgeführten Walking-Tests ergaben, dass die maximale Personenaufladung von ± 100 V mit nur einer Ausnahme an allen Prüfstellen überschritten wird

Ursachen

- der Erdableitwiderstand hängt in erster Linie von der Dicke des Beschichtungssystems ab. Dabei gilt: Je höher die Schichtdicke des Systems, desto höher auch der Ableitwiderstand. Insofern erklären sich Abweichungen der ermittelten Messwerte bei den vergleichend durchgeführten Überprüfungen zum Bausoll gegebenenfalls auch durch lokal und/oder partiell unterschiedliche Schichtdicken der Beschichtung infolge manueller Applikation und/oder stehen im Zusammenhang mit der Beschaffenheit des Untergrunds nach seiner mechanischen Vorbereitung (durch Kugelstrahlen und daraus resultierender unterschiedlicher Rautiefe der Oberfläche)
- der Erdableitwiderstand kann außerdem durch die Luftfeuchtigkeiten <30 Prozent negativ beeinflusst werden (höhere Personenaufladung) und/oder durch Pflegefilme, falls diese nicht explizit für solche Bereiche ausgelobt sind. Beides war im vorliegenden Fall allerdings nicht festzustellen

Bewertung

- Entsprechend der DIN EN 61340-5-1 »Elektrostatik - Teil 5-1: Schutz von elektronischen Bauelementen gegen elektrostatische Phänomene; Allgemeine Anforderungen« (VDE 0300-5-1) muss der Bodenbelag in einem ESD-Bereich im gesamten Arbeitsraum (EPA) einen Widerstand $R_E \leq 10^9\,\Omega$ aufzeigen

Abb. 17.3: In ESD-Bereichen muss Schuhwerk mit leitfähigen Gummisohlen getragen werden.

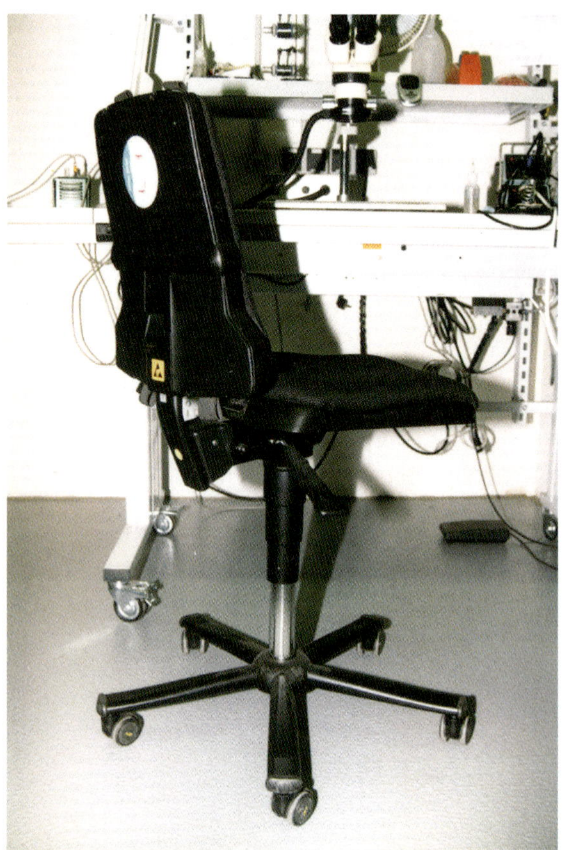

Abb. 17.4: Auch Stühle sind mit ESD-fähigen Sitzflächen und Rückenlehnen ausgestattet.

- Im Einzelfall, wie z. B. bei der Produktion oder Lagerung von Explosivstoffen, kann ein geringerer Anforderungswert gelten ($R_E \leq 10^6\,\Omega$, nach BGR 132) bzw. bei Bereichen, die durch Gase oder Staub explosionsgefährdet nach BGR 132 $R_E \leq 10^8\,\Omega$
- das verwendete Beschichtungssystem erreicht laut Technischem Merkblatt des Herstellers einen Erdableitwiderstand $R_E > 10^4\,\Omega - < 10^6\,\Omega$ und entspricht somit den Anforderungen, der üblicherweise in Räumen mit explosionsgefährlichen Gütern eingesetzt wird. Daher kann von dem verwendeten Beschichtungssystem nicht erwartet werden, dass die Anforderungen an einen ESD-gerechten Oberboden erfüllt werden
- Insofern haben die Ergebnisse der Walking-Tests lediglich orientierenden Charakter und verdeutlichen nur, dass dieses Beschichtungssystem grundsätzlich als unzureichend für den Einsatz in einem ESD-Bereich (Herstellung von hochempfindlichen elektronischen Baugruppen für die Automobilindustrie) zu bezeichnen ist
- die Messungen des Erdableitwiderstands ergaben, dass die Beschichtung in weiten Teilen die Anforderungen an einen elektrostatisch leitenden Boden erfüllt. Das heißt, bei der überwiegenden Zahl der Messungen liegt der Erdableitwiderstand unterhalb der vereinbarten Obergrenze von $< 10^6\,\Omega$
- Das geschuldete Bausoll kann also im Wesentlichen als erfüllt erachtet werden, wenn auch eine solche Beschichtung hinsichtlich der elektrischen Eigenschaften nicht als geeignet zu bewerten ist

Abb. 17.5: Unbedingt erforderlich sind auch entsprechende Stuhlrollen.

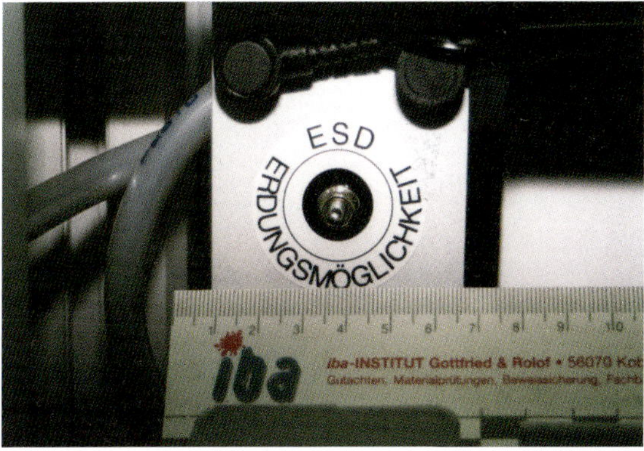

Abb. 17.6: An den Arbeitsplätzen müssen Erdungsmöglichkeiten vorhanden sein.

Abb. 17.7: Die in die Beschichtung eingelegten Kupferfahnen müssen durch einen Elektriker an die Schutzerde angeschlossen werden.

Maßnahmen

Das Bausoll war als erfüllt zu erachten, wenn auch nicht geeignet. Daher sollte eine neue, ableitfähige Beschichtung eingebracht werden. Um variierende Schichtdicken zu vermeiden – sie beeinflussen die Ableitfähigkeit –, sollte eine Kratzspachtelung vor der Applikation der Beschichtung aufgebracht werden. Bereits vor der Ausführung sollte der ESD-Beauftragte des Nutzers ein Anforderungsprofil hinsichtlich der Eigenschaften des Beschichtungssystems abfragen. Auch das Prüfverfahren zum Erdableitwiderstand muss definiert werden (Festlegung der Art des Hochohm-Messgeräts beziehungsweise der Elektrode), um Missverständnissen bei der Prüfung vorzubeugen.

17.2 Elektrostatische Ableitfähigkeit von elastischen Bodenbelägen

Sachlage

Im Produktionsgebäude eines Elektrogeräteherstellers sollte der vorhandene elastische Bodenbelag wegen seiner schlechten Reinigungsfähigkeit gegen einen neuen, leitfähig verlegten PVC-Bodenbelag ausgetauscht werden.

Dazu ist der alte Belag entfernt, und die erdreichangrenzende Betonbodenplatte beziehungsweise die noch vorhandenen Bitumenfliesen sind grundiert und gespachtelt worden. In eine anschließend aufgebrachte Leitschicht wurden Kupferbahnen unter jede Reihe der Bodenbelagsfliesen eingelegt. Dann wurde der elastische Bodenbelag mit einem leitfähigen Klebstoff arretiert. Als Bausoll galt ein Standortübergangswiderstand $< 10^5\,\Omega$ (= 100 kΩ).

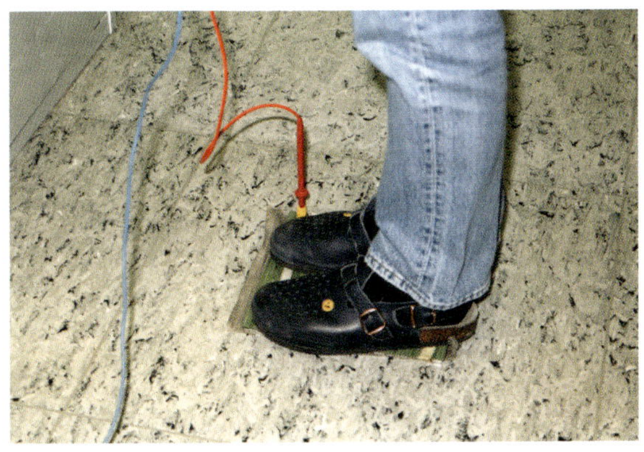

Abb. 17.8: Eine Metallplatte dient der Messung des Standortübergangswiderstands am ableitfähigen Bodenbelag.

Schadensbild/Ist-Zustand

- Standortübergangswiderstand ist fraglich

Ursachen

- in dem Produktionsgebäude herrschte eine Luftfeuchtigkeit von etwa 35 Prozent, dadurch erhöhte sich der Standortübergangswiderstand
- auch aufgebrachte Pflegefilme beeinflussten den Standortübergangswiderstand negativ

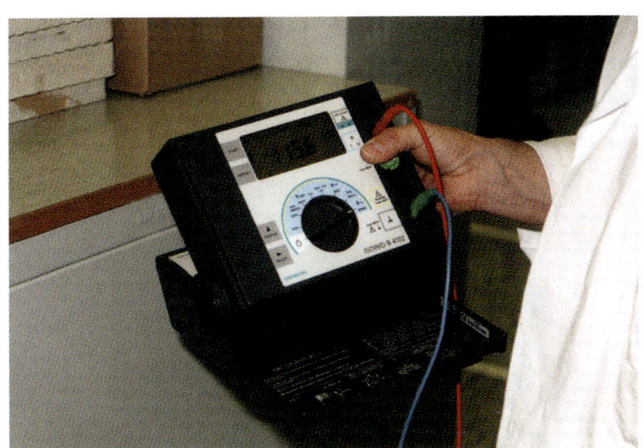

Abb. 17.9: Das Bausoll ist nicht erfüllt worden: Die Messung ergibt einen Standortübergangswiderstand > 100 kΩ.

Abb. 17.10: Die Bodenöffnung kann keine Verlegefehler zu Tage bringen: Unter den Bodenbelagsfliesen sind Kupferfahnen eingelegt worden.

Maßnahmen

Der Pflegefilm ist durch Grundreinigung zu entfernen. Es dürfen dafür – wie auch für die laufenden Unterhaltsreinigungen – nur spezielle Reinigungsmittel für ESD-Bereiche verwendet werden. Es ist zu prüfen, ob der Betrieb eine Erhöhung der Luftfeuchtigkeit durch Raumluftbefeuchter zulässt.

18 Trittsicherheit und Rutschgefahr

Es ist kein Geheimnis, dass es in der Winterzeit infolge der tiefen Temperaturen und/oder Niederschläge (Schnee) schon einmal glatt werden kann. Daher ist der Räumdienst in der kalten Jahreszeit bestrebt, die Straßen von Schnee und Eis freizuhalten.
Gleichzeitig versucht jedermann, beim Fahren oder Gehen besondere Vorsicht walten zu lassen. Sturzunfälle durch Ausrutschen oder Ausgleiten haben teils schwerwiegende gesundheitliche Folgen und können für den Betreiber oder Besitzer von nicht ausreichend tritt- und begehsicheren Fußböden Schmerzensgeldforderungen in nicht unbeträchtlicher Höhe nach sich ziehen.
Das Maß für die Rutschhemmung ist die von der Oberfläche des Bodens abhängige Gleitreibung. Mithilfe eines mobilen Gleitmessgeräts ist es möglich, orientierend die Rutschhemmung von Bodenbelägen vor Ort zu beurteilen und über eventuell notwendige weitergehende Maßnahmen zu entscheiden.

Zum Messprinzip: Die Reibungskraft ist die Kraft, die benötigt wird, um einen Körper über eine Fläche zu ziehen. Der Reibungskoeffizient (Reibungszahl) μ gibt das Verhältnis zwischen der Zugkraft F_z und dem Gewicht F_N des Körpers an. Der Reibungskoeffizient μ gibt nur das Verhältnis zwischen den beiden Kräften an und besitzt somit keine physikalische Einheit.
Die klassische Methode zur Bestimmung des Haftreibungskoeffizienten ist das Verfahren nach DIN 51 130 in Form der »Schiefen Ebene«. Dabei wird der Neigungswinkel so lange vergrößert, bis der Körper zu rutschen beginnt. Der Winkel α ist dabei ein Maß für den Reibungskoeffizienten. Diese Methode hat zwei Nachteile: Zum einen ist sie bei bereits verlegten Bodenbelägen beziehungsweise Beschichtungen nicht anwendbar. Zum anderen wird der natürliche Horizontalgang des Menschen infolge der Neigung der Ebene nicht praxisgerecht simuliert.

Bei einem mobilen Gleitmessgerät sind Messmechanik und Messelektronik in den eigentlichen Gleitkörper integriert. Ausgangspunkt dieses Konzepts war die Forderung nach leichter Bedienbarkeit eines Messsystems mit nur einer Systemkomponente.
Das Gerät besitzt Gleitkörper mit austauschbarem spezifischem Gleitmaterial (Leder/Gummi/PVC) sowie einen Mix-Gleiter nach DIN EN 13 893. Diese Gleitkörper sind entsprechend ihres Materials codiert und werden vom Gerät automatisch erkannt.
Zur Vorbereitung einer Messung wird lediglich das Zugband aus dem Gerät herausgezogen und am Fußblech befestigt. Dann wird die Messung eingeleitet. Bei der Auswahl der Messstrecke ist ein horizontaler oder ein vertikaler Schiefzug zu vermeiden. Das Gerät zieht sich selbst über die durch das ausgezogene Seil definierte Messstrecke (1,0 m) und misst gleichzeitig den Gleitreibungskoeffizienten. Bei kurzen Messstrecken wird das Seil nur zum Teil ausgezogen, wobei die Mindestauszugslänge 51 Prozent der Gesamtlänge (etwa 51 cm) beträgt. Die Testfläche muss vorher von Staub, losen Partikeln und Schmutz gereinigt werden. Die Oberflächen der Gleiter werden zur Säuberung mit Schleifpapier (Körnung 320) angeschliffen und von Staub befreit. Dies wird vor jeder Messreihe wiederholt. (Bei Messung auf nassen Böden muss ein kontinuierlicher Wasserfilm vorliegen.) Die Prüfung wird in der Richtung mit der geringsten Rutschhemmung durchgeführt. Diese ist eventuell durch einen Vorversuch zu ermitteln. Für jede Messung muss der Gleiter in einer neuen Spur bewegt werden.

Die DIN 51 130 »Prüfung von Bodenbelägen, Bestimmung der rutschhemmenden Eigenschaft, Arbeitsräume und Arbeitsbereiche mit erhöhter Rutschgefahr, Begehungsverfahren, Schiefe Ebene« beschreibt das Laborverfahren zur Ermittlung der Bewertungsgruppe der Rutschgefahr.

Die DIN 51 131 »Prüfung von Bodenbelägen, Bestimmung der rutschhemmenden Eigenschaft, Verfahren zur Messung des Gleitreibungskoeffizienten« beschreibt den Einsatz des mobilen Prüfgeräts zur Prüfung der Rutschhemmung von Bodenbelägen vor Ort über die Ermittlung des Gleitreibungskoeffizienten. Derzeit erfüllt nur das Messgerät GMG 100 beziehungsweise GMG 200 diese Anforderungen an die Messeinrichtung.

Beide vorgenannten Regelwerke sehen jedoch keine Umrechnungstabellen für den Gleitreibungskoeffizienten μ und die Zuordnung hinsichtlich einer Bewertungsgruppe der Rutschgefahr als R-Wert vor. Die Bewertung des Gleitreibungskoeffizienten erfolgt nach den Wuppertaler Kennwerten für Gleitsicherheit (auch als »Wuppertaler Sicherheitsgrenzwerte« bekannt) oder der festgelegten Tabelle des Fachausschusses bauliche Einrichtungen (FABE) im Hauptverband der gewerblichen Berufsgenossenschaften (HVBG) »Berufsgenossenschaftliche Kennwerte für die Rutschhemmung von Böden im Betriebszustand« (November 2004).

Somit kann für die Bewertung der Gleitreibung hinsichtlich der Tritt- und Begehsicherheit keine allgemeingültige Aussage getroffen werden, da hierzu bestimmte gesetzliche Bestimmungen für den jeweiligen Messort (vergleiche Anforderungen an die Arbeitssicherheit durch den Gesetzgeber und/oder die Berufsgenossenschaften und andere) berücksichtigt werden müssen.

Nach dem Merkblatt vom Hauptverband der gewerblichen Berufsgenossenschaften (HVBG), Fachausschuss »Bauliche Einrichtungen« der Berufsgenossenschaftliche Zentrale für Sicherheit und Gesundheit (BGZ) »Merkblatt für Fußböden in Arbeitsräumen und Arbeitsbereichen mit Rutschgefahr« (BGR 181, früher ZH1/571, entspricht GUV 26.18 der Gesetzlichen Unfallversicherung) werden fünf Bewertungsgruppen unterschieden:

- R9 (Neigungswinkel α 6° - 10°)
- R10 (Neigungswinkel α > 10° - 19°)
- R11 (Neigungswinkel α > 19° - 27°)
- R12 (Neigungswinkel α > 27° - 35°)
- R13 (Neigungswinkel α > 35°)

Zusätzlich kann noch ein Verdrängungsraum gefordert werden:

- V4 (4,0 cm^3/dm^2)
- V6 (6,0 cm^3/dm^2)
- V8 (8,0 cm^3/dm^2)
- V10 (10 cm^3/dm^2)

Tabelle 1: Wuppertaler Kennwerte für Gleitsicherheit

Gleitreibungskoeffzient μ	Bewertung Trittsicherheit
< 0,21	sehr unsicher
0,21 - 0,30	unsicher
0,31 - 0,42	bedingt sicher
0,43 - 0,63	sicher
> 0,63	sehr sicher

Tabelle 2: »Berufsgenossenschaftliche Kennwerte für die Rutschhemmung von Böden im Betriebszustand« des Fachausschusses bauliche Einrichtungen (FABE) im HVBG (November 2004)

Gleitreibungskoeffzient μ	Bewertung Trittsicherheit
>0,45	Der Bodenbelag verfügt über ein ausreichendes Rutschhemmungspotenzial, sodass die Rutschgefahr auch bei unterschiedlichen Betriebsbedingungen (Nässe, Reinigung und so weiter) gering ist. Bei höheren μ-Werten (zum Beispiel μ>0,8) ist mit einer größeren Stolpergefahr und stärkerer Belastung des Körperbaus (Gelenkverschleiß) zu rechnen.
0,30 – 0,45	Das Rutschhemmungspotenzial ist nur für bestimmte Betriebsbedingungen ausreichend. Stellen veränderte Betriebsbedingungen höhere Anforderungen, besteht Rutschgefahr. Regelmäßige Kontrollmessungen sind erforderlich, um das Ausmaß der Veränderungen festzustellen und die Wirksamkeit von Maßnahmen zur Verbesserung der Rutschhemmung zu überprüfen.
<0,30	Auch unter idealen Betriebsbedingungen besteht akute Rutschgefahr. Das Rutschhemmungspotenzial des Bodenbelags ist nicht ausreichend.

Beispiele:

- Eingangsbereiche außen: R11 oder R10 V4
- Speiseölraffinerien: R13 V4
- Schlachthäuser: R13 V10
- Friseursalons: R9
- Galvanisierräume: R12
- Autowaschanlagen: R11 V4
- Schalterräume in Banken: R9
- Hoch- und Tiefgaragen ohne Witterungseinfluss: R10
- Hoch- und Tiefgaragen mit Witterungseinfluss: R11

Leider gibt es bis jetzt noch kein allgemein anerkanntes Umrechnungsverfahren beziehungsweise keine Umrechnungstabelle. Das heißt, die oben genannte Zuordnung des Gleitreibungskoeffizienten μ zu einer Bewertungsgruppe der Rutschgefahr kann nur analog zu Erfahrungswerten bisher überprüfter Bodenbeläge und Beschichtungen vorgenommen werden.

Eine exakte Bestimmung der Bewertungsgruppe der Rutschhemmung ist daher dem Begehverfahren der »Schiefe Ebene« vorbehalten, das in der DIN 51 130 normativ vorgegeben ist (Prüfung im Labormaßstab an Proben der Abmessungen 1,0 x 0,5 m).
Entsprechend dem »Merkblatt Bodenbeläge für nassbelastete Barfußbereiche«, herausgegeben vom Bundesverband der Unfallkassen, Sachgebiet Bäder, Bestell-Nummer GUV 26.17 der Gesetzlichen Unfallversicherung, ist eine Prüfung der rutschhemmenden Eigenschaften nach DIN 51 097 »Prüfung von Bodenbelägen, Bestimmung der rutschhemmenden Eigenschaft, Nassbelastete Barfußbereiche, Begehungsverfahren – Schiefe Ebene« für Bodenbeläge erforderlich, die den in diesem Merkblatt beschriebenen Bewertungsgruppen der Rutschgefahr nach den Richtwerten A bis C genügen und für die dort benannten jeweiligen Einsatzgebiete zu verwenden sind.

Dabei beziehen sich auch die Bewertungsgruppe A, B und C auf den bei der Prüfung mittels der Schiefen Ebene ermittelten Neigungswinkel.

- A (Neigungswinkel > 12°, zum Beispiel Umkleideräume)
- B (Neigungswinkel > 18°, zum Beispiel Duschräume)
- C (Neigungswinkel > 24°, zum Beispiel Schreitbecken)

18.1 Anwendungsbeispiele

Abb. 18.1: Oberflächenschutzsystem in einem Parkhaus nach der Sanierung: durch Unebenheiten im Untergrund können Glatzenbildungen entstehen.

Abb. 18.2: Keramische Fliesen in der Obst- und Gemüseabteilung eines Supermarktes: Gefahr des Ausrutschens durch Feuchtigkeit, herabgefallene Salatblätter, u.a.

Abb. 18.3: Naturwerkstein im Eingangsbereich eines Verwaltungsgebäudes.

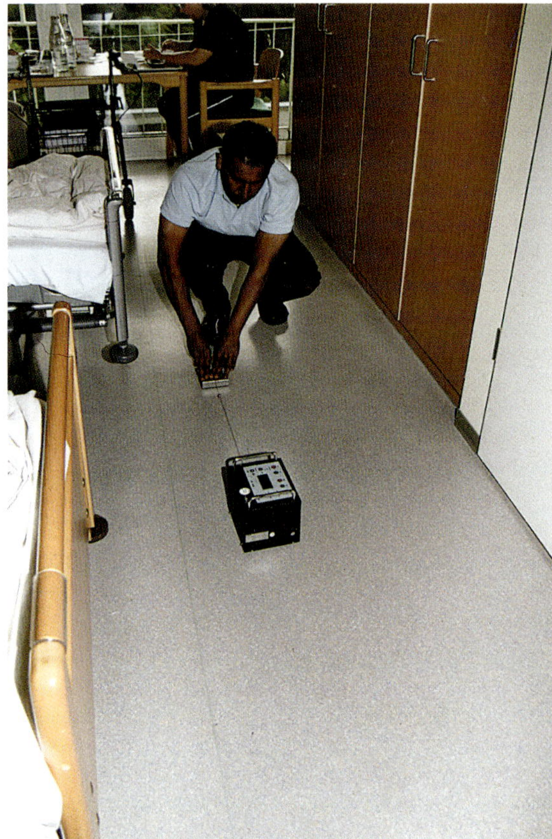

Abb. 18.6: Elastischer Bodenbelag in Räumen des Gesundheitswesens.

Abb. 18.4 und 18.5: Kondensat auf Naturstein-Belag in Dampfbad: Unfallgefahr durch Ausrutschen im nassbelasteten Barfußbereich.

19 Normen, Richtlinien, Merkblätter

19.1 Allgemein

VOB	Vergabe- und Vertragsordnung für Bauleistungen
VOB/A	DIN 1960 »Allgemeine Bestimmungen für die Vergabe von Bauleistungen«
VOB/B	DIN 1961 »Allgemeine Vertragsbedingungen für die Vergabe von Bauleistungen«
VOB/C	»Allgemeine Technische Vertragsbedingungen für Bauleistungen – ATV'«

19.2 Auszug aus den Allgemeinen Technischen Vertragsbedingungen (ATV) der VOB, Teil C

VOB/C, ATV	DIN 18 299 »Allgemeine Regelungen für Bauarbeiten jeder Art«
VOB/C, ATV	DIN 18 331 »Betonarbeiten«
VOB/C, ATV	DIN 18 332 »Naturwerksteinarbeiten«
VOB/C, ATV	DIN 18 333 »Betonwerksteinarbeiten«
VOB/C, ATV	DIN 18 334 »Zimmer- und Holzbauarbeiten«
VOB/C, ATV	DIN 18 340 »Trockenbauarbeiten«
VOB/C, ATV	DIN 18 349 »Betonerhaltungsarbeiten«
VOB/C, ATV	DIN 18 352 »Fliesen- und Plattenarbeiten«
VOB/C, ATV	DIN 18 353 »Estricharbeiten«
VOB/C, ATV	DIN 18 354 »Gussasphaltarbeiten«
VOB/C, ATV	DIN 18 355 »Tischlerarbeiten«
VOB/C, ATV	DIN 18 356 »Parkettarbeiten«
VOB/C, ATV	DIN 18 365 »Bodenbelagsarbeiten«
VOB/C, ATV	DIN 18 367 »Holzpflasterarbeiten«

19.3 Auszug mitgeltender Normen und technischer Regelwerke

Beton und Stahlbeton

DIN 1045-1	»Tragwerke aus Beton, Stahlbeton und Spannbeton – Teil 1: Bemessung und Konstruktion«
DIN 1045-2	»Tragwerke aus Beton, Stahlbeton und Spannbeton – Teil 2: Beton; Festlegung, Eigenschaften, Herstellung und Konformität – Anwendungsregeln zu DIN EN 206-1«
DIN 1048	»Prüfverfahren für Beton«
DIN EN 206-1	»Beton – Teil 1: Festlegung, Eigenschaften, Herstellung und Konformität« (mit Änderungen A1 und A2)

Bindemittel: Zement

DIN 1164	»Zement mit besonderen Eigenschaften«
DIN 51 043	»Trass – Anforderungen, Prüfung«
DIN EN 196	»Prüfverfahren für Zement«, Teile 1 bis 3 und 5 bis 10
DIN EN 197-1	»Zement – Teil 1: Zusammensetzung, Anforderungen und Konformitätskriterien von Normalzement« (mit Berichtigung 1 und Änderung A3)
DIN EN 197-2	»Zement – Teil 2: Konformitätsbewertung«

Bindemittel: Bitumen und Asphalt

DIN EN 12 591 »Bitumen und bitumenhaltige Bindemittel – Anforderungen an Straßenbaubitumen«

DIN EN 12 697-20 »Asphalt – Prüfverfahren für Heißasphalt – Teil 20: Eindringversuch an Probewürfeln oder Marschall Probekörpern«

Bindemittel: Gips

DIN EN 13 454-1 »Calciumsulfat-Binder, Calciumsulfat-Compositbinder und Calciumsulfat-Werkmörtel für Estriche – Teil 1: Begriffe und Anforderungen«

DIN EN 13 454-2 »Calciumsulfat-Binder, Calciumsulfat-Compositbinder und Calciumsulfat-Werkmörtel für Estriche – Teil 1: Prüfverfahren«

Bindemittel: Magnesia

DIN EN 14 016-1 »Bindemittel für Magnesiaestriche – Kaustische Magnesia und Magnesiumchlorid – Teil 1: Begriffe und Anforderungen«

DIN EN 14 016-2 »Bindemittel für Magnesiaestriche – Kaustische Magnesia und Magnesiumchlorid – Teil 2: Prüfverfahren«

Zuschlag, Füllstoffe

DIN 1100 »Hartstoffe für zementgebundene Hartstoffestriche – Anforderungen und Prüfverfahren«

DIN 18 555 »Prüfung von Mörteln mit mineralischen Bindemitteln«

DIN EN 13 139 »Gesteinskörnungen für Mörtel« (mit Berichtigung 1)

Dämmstoffe

DIN EN 12 431 »Wärmedämmstoffe für das Bauwesen – Bestimmung der Dicke von Dämmstoffen unter schwimmendem Estrich«

DIN EN 13 162 »Wärmedämmstoffe für Gebäude – Werkmäßig hergestellte Produkte aus Mineralwolle (MW) – Spezifikation«

DIN EN 13 163 »Wärmedämmstoffe für Gebäude – Werkmäßig hergestellte Produkte aus expandiertem Polystyrol (EPS) – Spezifikation«

DIN EN 13 164 »Wärmedämmstoffe für Gebäude – Werkmäßig hergestellte Produkte aus extrudiertem Polystyrolschaum (XPS) – Spezifikation«

DIN EN 13 165 »Wärmedämmstoffe für Gebäude – Werkmäßig hergestellte Produkte aus Polyurethan-Hartschaum (PUR) – Spezifikation«

DIN EN 13 166 »Wärmedämmstoffe für Gebäude – Werkmäßig hergestellte Produkte aus Phenolharzhartschaum (PF) – Spezifikation«

DIN EN 13 167 »Wärmedämmstoffe für Gebäude – Werkmäßig hergestellte Produkte aus Schaumglas (CG) – Spezifikation«

DIN EN 13 168 »Wärmedämmstoffe für Gebäude – Werkmäßig hergestellte Produkte aus Holzwolle (WW) – Spezifikation«

DIN EN 13 169	»Wärmedämmstoffe für Gebäude – Werkmäßig hergestellte Produkte aus Blähperlit (EPB) – Spezifikation«
DIN EN 13 170	»Wärmedämmstoffe für Gebäude – Werkmäßig hergestellte Produkte aus expandiertem Kork (ICB) – Spezifikation«
DIN EN 13 171	»Wärmedämmstoffe für Gebäude – Werkmäßig hergestellte Produkte aus Holzfasern (WF) – Spezifikation«

Fertigteilestriche, Trockenunterböden und Systemböden

DIN 18 180	»Gipsplatten; Arten und Anforderungen«
DIN 18 181	»Gipsplatten im Hochbau; Verarbeitung«
DIN 68 762	»Spanplatten für Sonderzwecke im Bauwesen; Begriffe, Anforderungen, Prüfung«
DIN EN 312	»Spanplatten – Anforderungen«
DIN EN 635	»Sperrholz – Klassifizierung nach dem Aussehen der Oberfläche«
DIN EN 12 825	»Doppelböden«
DIN EN 13 213	»Hohlböden«

Estriche im Wohnungsbau

DIN 18 560-1	»Estriche im Bauwesen – Teil 1: Allgemeine Anforderungen, Prüfung und Ausführung« (mit Änderung A 1)
DIN 18 560-2	»Estriche im Bauwesen – Teil 2: Estriche und Heizestriche auf Dämmschichten (schwimmende Estriche)« (mit Änderung A 1)
DIN 18 560-3	»Estriche im Bauwesen – Teil 3: Verbundestriche«
DIN 18 560-4	»Estriche im Bauwesen – Teil 4: Estriche auf Trennschicht«

Industrieestriche

DIN 18 560-7	»Estriche im Bauwesen – Teil 7: Hochbeanspruchbare Estriche (Industrieestriche)«

Anforderungen an Estriche

DIN EN 13 318	»Estrichmörtel, Estrichmassen und Estriche – Begriffe«
DIN EN 13 813	»Estrichmörtel, Estrichmassen und Estriche; Estrichmörtel und Estrichmassen – Eigenschaften und Anforderungen«
DIN EN 13 892	»Prüfverfahren für Estrichmörtel und Estrichmassen« (Teil 1 bis 8)

Fußbodenheizung

DIN EN 1264	»Fußboden-Heizung – Systeme und Komponenten« (Teil 1 bis 5, teilweise als Norm-Entwurf)

Oberflächenschutzsysteme

DIN 16 945	»Reaktionsharze, Reaktionsmittel und Reaktionsharzmassen; Prüfverfahren«
DIN 28 052	»Chemischer Apparatebau – Oberflächenschutz mit nichtmetallischen Werkstoffen für Bauteile aus Beton in verfahrenstechnischen Anlagen« (Teil 4 bis 6)
DIN EN 1504	»Produkte und Systeme für den Schutz und die Instandsetzung von Betontragwerken« (Teil 1 bis 10)
DIN EN 14 879	»Beschichtungen und Auskleidungen aus organischen Werkstoffen zum Schutz von industriellen Anlagen gegen Korrosion durch aggressive Medien« (Teil 1 bis 6, Teil 6 als Norm-Entwurf)

Elektrostatische Ableitfähigkeit

DIN EN 1081 »Elastische Bodenbeläge – Bestimmung des elektrischen Widerstandes«

DIN EN 13 415 »Klebstoffe – Prüfung von Klebstoffen für Bodenbeläge – Bestimmung des elektrischen Widerstandes von Klebstofffilmen«

DIN EN 61 340-4-1 »Elektrostatik – Teil 4-1: Standard-Prüfverfahren für spezielle Anwendungen – elektrischer Widerstand von Bodenbelägen und verlegten Fußböden« (VDE 0300-4-1)

DIN EN 61 340-4-5 »Elektrostatik – Teil 4-5: Standard-Prüfverfahren für spezielle Anwendungen – Verfahren zur Charakterisierung der elektrostatischen Schutzwirkung von Schuhwerk und Boden in Kombination mit einer Person« (VDE 0300-4-5)

DIN EN 61 340-5-1 »Elektrostatik – Teil 5-1: Schutz von elektronischen Bauelementen gegen elektrostatische Phänomene; Allgemeine Anforderungen« (VDE 0300-5-1)

ESD STM 97.2-1999 »Floor Material and Footwear – Voltage Measurement in Combination with a Person (Bodenmaterial- und Schuhwerkmessung in Kombination mit einer Person)« (Walking-Test)

Keramische Fliesen, Platten, keramisches Mosaik

DIN 18 156-3 »Stoffe für keramische Bekleidungen im Dünnbettverfahren; Dispersionsklebstoffe«

DIN 18 157 »Ausführung keramischer Bekleidungen im Dünnbettverfahren« (Teil 1 bis 3)

DIN 18 158 »Bodenklinkerplatten«

DIN EN 14 411 »Keramische Fliesen und Platten – Begriffe, Klassifizierung, Gütemerkmale und Kennzeichnung«

Naturwerkstein

DIN EN 1467 »Naturstein – Rohblöcke – Anforderungen«

DIN EN 1468 »Naturstein – Rohplatten – Anforderungen«

DIN EN 1926 »Prüfverfahren für Naturstein – Bestimmung der einachsigen Druckfestigkeit«

DIN EN 12 057 »Natursteinprodukte – Fliesen – Anforderungen«

DIN EN 12 058 »Natursteinprodukte – Bodenplatten und Stufenbeläge – Anforderungen«

Betonwerkstein

DIN V 18 500 »Betonwerkstein; Begriffe, Anforderungen, Prüfung, Überwachung«

Textile Bodenbeläge

DIN 66 095-4 »Textile Bodenbeläge; Produktbeschreibung; Zusatzeignungen; Einstufung, Prüfung, Kennzeichnung«

DIN EN 1307 »Textile Bodenbeläge – Einstufung von Polteppichen«

DIN EN 1470	»Textile Bodenbeläge – Einstufung von Nadelvlies-Bodenbelägen, ausgenommen Polvlies-Bodenbeläge«
DIN EN 13 297	»Textile Bodenbeläge – Einstufung von Polvlies-Bodenbelägen« (mit Berichtigung 1)
DIN EN 15 114	»Textile Bodenbeläge – Einstufung textiler Bodenbeläge ohne Pol«

Laminat-Fußbodenelemente

DIN EN 438	»Dekorative Hochdruck-Schichtpressstoffplatten (HPL) – Platten auf Basis härtbarer Harze (Schichtpressstoffe)« (Teil 1 bis 9)
DIN EN 13 329	»Laminatböden – Elemente mit einer Deckschicht auf Basis aminoplastischer, wärmehärtbarer Harze – Spezifikationen, Anforderungen und Prüfverfahren«

Holz und Holzwerkstoffe

DIN 4072	»Gespundete Bretter aus Nadelholz«
DIN 68 365	»Bauholz für Zimmerarbeiten; – Sortierung nach dem Aussehen – Nadelholz«
DIN 68 368	»Laubschnittholz für Treppenbau – Gütebedingungen«
DIN 68 702	»Holzpflaster« (zur Zeit auch als E DIN 68 702)
DIN 68 705	»Sperrholz« (Teil 2 und 4)
DIN 68 740	»Paneele« (Teil 1und 2)
DIN 68 762	»Spanplatten für Sonderzwecke im Bauwesen; Begriffe, Anforderungen, Prüfung«
DIN 68 771	»Unterböden aus Holzspanplatten« (zurückgezogen)
DIN EN 13 226	»Holzfußböden – Massivholz-Parkettstäbe mit Nut und/oder Feder« (zur Zeit auch als Norm-Entwurf)
DIN EN 13 227	»Holzfußböden – Massivholz-Lamparkettprodukte« (mit Berichtigung 1)
DIN EN 13 228	»Holzfußböden – Massiv-Overlay-Parkettstäbe einschließlich Parkettblöcke mit einem Verbindungssystem« (mit Berichtigung 1)
DIN EN 13 488	»Holzfußböden – Mosaikparkettelemente«
DIN EN 13 489	»Holzfußböden – Mehrschichtparkettelemente«
DIN EN 13 810	»Holzwerkstoffe – Schwimmend verlegte Fußböden« (Teil 1und 2)
DIN EN 13 986	»Holzwerkstoffe zur Verwendung im Bauwesen«
DIN EN 14 342	»Parkett und Holzfußböden – Eigenschaften, Bewertung der Konformität und Kennzeichnung«
DIN EN 14 761	»Holzfußböden – Massivholzparkett – Hochkantlamelle, Breitlamelle und Modulklotz«

Elastische Bodenbeläge

DIN EN 548	»Elastische Bodenbeläge – Spezifikation für Linoleum mit und ohne Muster«
DIN EN 649	»Elastische Bodenbeläge – Homogene und heterogene Polyvinylchlorid-Bodenbeläge« (mit Berichtigung 1)

DIN EN 650	»Elastische Bodenbeläge – Bodenbeläge aus Polyvinylchlorid mit einem Rücken aus Jute oder Polyestervlies oder auf Polyestervlies mit einem Rücken aus Polyvinylchlorid«
DIN EN 651	»Elastische Bodenbeläge – Polyvinylchlorid-Bodenbeläge mit einer Schaumstoffschicht«
DIN EN 652	»Elastische Bodenbeläge – Polyvinylchlorid-Bodenbeläge mit einem Rücken auf Korkbasis«
DIN EN 653	»Elastische Bodenbeläge – Geschäumte Polyvinylchlorid-Bodenbeläge«
DIN EN 654	»Elastische Bodenbeläge – Polyvinylchlorid-Flex-Platten«
DIN EN 655	»Elastische Bodenbeläge – Platten auf einem Rücken aus Presskork mit einer Polyvinylchlorid-Nutzschicht«
DIN EN 687	»Elastische Bodenbeläge – Spezifikation für Linoleum mit und ohne Muster mit Korkmentrücken«
DIN EN 1816	»Elastische Bodenbeläge – Spezifikation für homogene und heterogene ebene Elastomer-Bodenbeläge mit Schaumstoffbeschichtung«
DIN EN 1817	»Elastische Bodenbeläge – Spezifikation für homogene und heterogene ebene Elastomer-Bodenbeläge«
DIN EN 12 104	»Elastische Bodenbeläge – Presskorkplatten«
DIN EN 12 199	»Elastische Bodenbeläge – Spezifikation für homogene und heterogene profilierte Elastomer-Bodenbeläge«
DIN EN 12 466	»Elastische Bodenbeläge – Begriffe«

Mörtel und Klebstoffe

DIN 281	»Parkettklebstoffe; Anforderungen, Prüfung, Verarbeitungshinweise«
DIN EN 204	»Klassifizierung von thermoplastischen Holzklebstoffen für nichttragende Anwendungen«
DIN EN 1308	»Mörtel und Klebstoffe für Fliesen und Platten – Bestimmung des Abrutschens«
DIN EN 1323	»Mörtel und Klebstoffe für Fliesen und Platten – Betonplatten für Prüfungen«
DIN EN 1346	»Mörtel und Klebstoffe für Fliesen und Platten – Bestimmung der offenen Zeit«
DIN EN 1348	»Mörtel und Klebstoffe für Fliesen und Platten – Bestimmung der Haftfestigkeit zementhaltiger Mörtel für innen und außen«
DIN EN 12 004	»Mörtel und Klebstoffe für Fliesen und Platten – , Konformitätsbewertung, Klassifizierung und Bezeichnung«
DIN EN 14 259	»Klebstoffe für Bodenbeläge – Anforderungen an das mechanische und elektrische Verhalten«

Material- und Werkstoffprüfungen

DIN 51 130 »Prüfung von Bodenbelägen – Bestimmung der rutschhemmenden Eigenschaft – Arbeitsräume und Arbeitsbereiche mit Rutschgefahr, Begehungsverfahren – Schiefe Ebene« (zur Zeit auch als Norm-Entwurf)

DIN 51 131 »Prüfung von Bodenbelägen – Bestimmung der rutschhemmenden Eigenschaft – Verfahren zur Messung des Gleitreibungskoeffizienten«

DIN 52 108 »Prüfung anorganischer nichtmetallischer Werkstoffe - Verschleißprüfung mit der Schleifscheibe nach Böhme – Schleifscheiben-Verfahren«

DIN 53 505 »Prüfung von Kautschuk und Elastomeren – Härteprüfung nach Shore A und Shore D«

DIN EN 425 »Elastische Bodenbeläge und Laminatböden – Stuhlrollenversuch«

DIN EN 433 »Elastische Bodenbeläge – Bestimmung des Resteindruckes nach konstanter Belastung«

DIN EN 985 »Textile Bodenbeläge – Stuhlrollenprüfung«

DIN EN 986 »Textile Bodenbeläge – Fliesen – Bestimmung der Maßänderung infolge der Wirkungen wechselnder Feuchte- und Temperaturbedingungen und vertikale Flächenverformung«

DIN EN 1533 »Parkett und andere Holzfußböden – Bestimmung der Biegeeigenschaften – Prüfmethode« (zur Zeit auch als Norm-Entwurf)

DIN EN 1902 »Klebstoffe – Prüfverfahren für Klebstoffe für Boden- und Wandbeläge – Zeitstand-Scherversuch«

DIN EN 1903 »Klebstoffe – Prüfverfahren für Klebstoffe für Boden- und Wandbeläge aus Kunststoff und Gummi – Bestimmung der Maßänderungen nach beschleunigter Alterung«

DIN EN 1910 »Parkett und andere Holzfußböden und Wand- und Deckenbekleidungen aus Holz – Bestimmung der Dimensionsstabilität«

DIN EN 12 372 »Prüfverfahren für Naturstein – Bestimmung der Biegefestigkeit unter Mittellinienlast«

DIN EN 13 161 »Prüfverfahren für Naturstein – Bestimmung der Biegefestigkeit unter Drittellinienlast«

DIN EN 13 755 »Prüfverfahren für Naturstein – Bestimmung der Wasseraufnahme unter atmosphärischem Druck«

DIN CEN/TS 13 810-2 »Holzwerkstoffe – Schwimmend verlegte Fußböden – Teil 2: Prüfverfahren«

DIN EN ISO 105 »Textilien – Farbechtheitsprüfungen«

DIN EN ISO 717-2 »Akustik – Bewertung der Schalldämmung in Gebäuden und von Bauteilen – Teil 2: Trittschalldämmung«

DIN EN ISO 9239-1 »Prüfungen zum Brandverhalten von Bodenbelägen – Teil 1: Bestimmung des Brandverhaltens bei Beanspruchung mit einem Wärmestrahler«

DIN EN ISO 16 000 »Innenraumluftverunreinigungen«

Sportböden

DIN 18 032-1 »Sporthallen – Hallen und Räume für Sport und Mehrzwecknutzung – Teil 1: Grundsätze für die Planung«

DIN V 18 032-2 »Sporthallen – Hallen und Räume für Sport und Mehrzwecknutzung – Teil 2: Sportböden, Anforderungen, Prüfungen«

Sonstige Normen und Richtlinien

DIN 1055-3 »Einwirkungen auf Tragwerke – Teil 3: Eigen- und Nutzlasten für Hochbauten«

DIN 4095 »Baugrund – Dränung zum Schutz baulicher Anlagen – Planung, Bemessung und Ausführung«

DIN 4108-10 »Wärmeschutz und Energie-Einsparung in Gebäuden – Teil 10: Anwendungsbezogene Anforderungen an Wärmedämmstoffe -Werkmäßig hergestellte Wärmedämmstoffe«

DIN 4109 »Schallschutz im Hochbau«

DIN 15 185-1 »Lagersysteme mit leitliniengeführten Flurförderzeugen; Anforderungen an Boden, Regal und sonstige Anforderungen«

DIN 18 127 »Baugrund; Untersuchung von Bodenproben – Proctorversuch«

DIN 18 134 »Baugrund; Versuche und Versuchsgeräte – Plattendruckversuch«

DIN 18 195 »Bauwerksabdichtungen« (Teil 1 bis 10)

DIN 18 202 »Toleranzen im Hochbau – Bauwerke«

DIN 18 203 »Toleranzen im Hochbau« (Teil 1 bis 3)

DIN EN 12 529 »Räder und Rollen – Möbelrollen – Rollen für Drehstühle – Anforderungen«

SNV 195651 »Textilien; Bestimmung der Geruchsentwicklung von Ausrüstungen (Sinnenprüfung)«

9.4 Auszug gesetzlicher Bestimmungen und Vorgaben

- Gesetz zur Ordnung des Wasserhaushalts (WHG-Wasserhaushaltsgesetz)
- Verordnung über energiesparenden Wärmeschutz und energiesparende Anlagentechnik bei Gebäuden (EnEV Energieeinsparverordnung)
- Verordnung über Arbeitsstätten (Arbeitsstättenverordnung – ArbStättV)
- GUV-Informationen der gesetzlichen Unfallversicherung (GUV-I 8527 »Bodenbeläge für nassbelastete Barfußbereiche«, und andere)

19.5 Richtlinien, Merkblätter

Technische Merkblätter und Verarbeitungsrichtlinien der herstellenden Industrie; Technische Merkblätter von Verbänden und Institutionen im Bauwesen und der Fußbodentechnik, zum Beispiel:

- BFS Bundesausschuss Farbe und Sachwertschutz e. V.
- BEB Bundesverband Estriche und Beläge e. V., Troisdorf
- AGI Arbeitsgemeinschaft Industriebau e. V., Hannover
- TKB Technische Kommission Bauklebstoffe im IVK Industrieverband Klebstoffe e. V., Düsseldorf
- TFI Textiles und Flooring Institute, Aachen

- Zentralverband des Deutschen Baugewerbes, Bonn (Merkblattsammlung)
- Industrieverband Werktrockenmörtel (WTM) e. V.
- Bundesverband der Deutschen Mörtelindustrie e. V.
- IVD-Merkblätter, Industrieverband Dichtstoffe e. V.
- VDI Richtlinien, VDE Richtlinien
- Technischer Ratgeber für Parkett-, Holz- und Korkoberflächenschutz, CTA Chemisch-Technische Arbeitsgemeinschaft Parkettversiegelung, Unterföhring
- Schriftenreihe des Informationsdienst Holz
- Bautechnische Informationen Naturstein (BTI), Deutscher Naturwerkstein-Verband e. V.
- Flachdachrichtlinie, Zentralverband des Deutschen Dachdeckerhandwerk e. V.

19.6 Auszug gesetzlicher Bestimmungen zum Arbeitschutz

- Technische Regeln Gefahrstoffe – TRGS, zum Beispiel TRGS 519 (Asbest)
- Gefahrstoffverordnung (GefStoffV)
- Vorgaben der Bau-Berufsgenossenschaft und/oder Berufsgenossenschaft für den Einzelhandel oder Hauptverband der gewerblichen Berufsgenossenschaften, zum Beispiel BGR 181 »Merkblatt für Fußböden in Arbeitsräumen und Arbeitsbereichen mit erhöhter Rutschgefahr« (vormals ZH 1/571)

20 Sachregister

G

H

I

K

L

M

T

U

V

W

Z